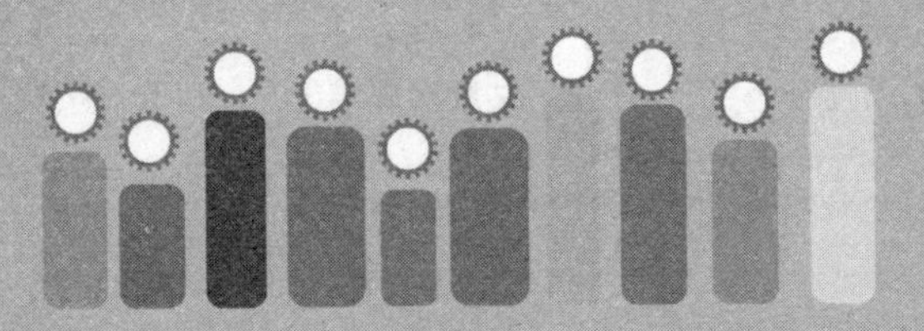

DIANZI ZHUANGLIAN YU HANJIE GONGYI

电子装联与焊接工艺技术研究

JISHU YANJIU

孙海峰 ◎ 主编

图书在版编目（CIP）数据

电子装联与焊接工艺技术研究 / 孙海峰主编 . —北京：文化发展出版社有限公司，2019.6

ISBN 978-7-5142-2606-5

Ⅰ . ①电… Ⅱ . ①孙… Ⅲ . ①电子装联－焊接工艺－研究 Ⅳ . ① TN305.93

中国版本图书馆 CIP 数据核字（2019）第 053515 号

电子装联与焊接工艺技术研究

主　　编：孙海峰

责任编辑：张　琪　　　　责任校对：岳智勇

责任印制：邓辉明　　　　责任设计：侯　铮

出版发行：文化发展出版社有限公司（北京市翠微路 2 号 邮编：100036）

网　　址：www. wenhuafazhan. com　www. printhome. com　www. keyin. cn

经　　销：各地新华书店

印　　刷：阳谷毕升印务有限公司

开　　本：787mm×1092mm　1/16

字　　数：338 千字

印　　张：18.125

印　　次：2019 年 9 月第 1 版　2021 年 2 月第 2 次印刷

定　　价：48. 00 元

I S B N：978-7-5142-2606-5

◆ 如发现任何质量问题请与我社发行部联系。发行部电话：010-88275710

前言

现代芯片封装技术更迭迅速，快速推动电子装联主流 SMT 迎来后 SMT 时代。以目前所有的电子装联技术和相应装备能力来说，部分电子元器件的组装和应用已经超越其极限，越来越不能满足电子装联的技术要求。随着技术的发展，电子元器件的尺寸逐步缩小，现已有部分半导体件尺寸缩减到了毫微级。造成基于机械组装和焊接的传统装联技术，遇到了发展的“瓶颈”。未来科技的发展不断渴求制造出需要超微级电子元器件装联才能满足尺寸要求的电子设备。目前正挑大梁的工艺技术装备是穿孔和表面安装等，所使用的设备包括贴片机、印刷机、焊接设备和检测设奋等等。这些曾经发挥重大作用的设备在新的技术要求下将被迫下线，取而代之的将是超微电子产品组装技术和装备。

D.O Popa 提出的“封装差距”概念指出，如果摩尔定律继续有效，在 2020 年将出现组装危机。届时，复杂电子系统的装联成本将超过整个系统成本三分之二，形式已迫使组装技术已不再使用机械工具方法来定位元器件了，由此可见基于机械方式的处理技术将会完全失效。此时影响毫微级元器件精确定位和贴装的因素是纳米尺寸分子间的范德华力等作用力，同时借助地面效应和静电学等原理装联电子元器件。

随着现代工业的发展，对结构和材料的要求越来越高，如造船和海洋工程要求解决大面积拼板、大型立体框架结构自动焊及各种低合金高强钢的焊接问题；石油化学工业要求解决各种耐低温及耐各种腐蚀性介质压力容器的焊接问题；航空航天工业中要求解决铝、钛等轻合金结构的焊接问题；重型机械工业中要求解决大截面构件的拼接问题；电子及精密仪表制造工业要求解决微精密焊件的焊接问题。因此，优质、高效、节能的现代焊接技术正逐步取代能耗大、效率低和工作环境差的传统焊条电弧焊焊接工艺，焊接技术结构性的转变必将对装备制造业技术水平与生产能力的提升发挥更加重要的作用。

为了满足广大电子装联从事人员和焊接工艺研究及工作人员的实际要求，作者翻阅大量电子装联及焊接工艺技术的相关文献并结合自己多年的实践经验编写了此书。

由于编写时间和水平有限，尽管编者尽心尽力，反复推敲核实，但难免有疏漏及不妥之处，恳请广大读者批评指正，以便做进一步的修改和完善。

《电子装联与焊接工艺技术研究》编委会

目录

第一章　现代电子装联工艺可靠性概论

第一节　电子设备可靠性的基本概念

一、电子设备可靠性问题的产生

现代电子设备，特别是军用电子装备越来越朝向轻、薄、短、小、高密度化、高自动化和高精度方向发展，其发展的主要技术矛盾在于：若不采取专门措施来提高其可靠性，那么设备越复杂、越精确，则其可靠性就越低。例如，一台现代电子装备系统由若干元器件及各种制造环节（工艺）集合而成，它们彼此间又是相互依赖的复杂系统。如果其中有一个元器件损坏或某一个制造环节不完善，那么整个系统就会失效。可见一个现代电子装备系统工作的可靠性并不超过构成系统中可靠性最小的元器件的工作可靠性及各制造环节的工艺可靠性。

在第二次世界大战末期（1944—1945年），特别是在朝鲜战争时期（1950—1952年），据美国相关资料报导，无线电通信设备有14%的时间，水声设备有48%的时间，雷达设备约有84%的时间等是处于非工作状态的；仅1949年就约有70%的海洋用无线电电子设备是处于非工作状态的……因此，查明不可靠性的原因，提高无线电电子设备可靠性问题，在美国就已经成为全国性的刻不容缓的事情。美国陆军、海军的数十个军事部门大规模地进行了设备的调查工作。也就是从这时开始，可靠性的统计研究方法得到了公认。

二、电子设备可靠性的定义与数学描述

1. 可靠性的定义

电子设备或系统实际使用的可靠性叫作工作可靠性。工作可靠性又可分为固有可靠性和使用可靠性。固有可靠性是产品设计和制造者必须确立的可靠性，即按照可靠性规划，从原材料和零部件的选用，经过设计、制造、试验，直到设备或系统出产的各个阶段所确立的可靠性。使用可靠性是指已生产的产品，经过包装、运输、储存、安装、使用、维修等因素影响的可靠性。

从现代观点看，随着微组装工艺技术的不断引入，可靠性包含了耐久性、可维修性、设计可靠性及工艺可靠性四大要素（见表 1–1）。

表 1–1　可靠性的因素

因素	内容
可维修性	当产品发生故障后，能够很快、很容易地通过维护排除故障，就是可维修性。而像飞机、汽车都是价格很高而且非常注重安全可靠性的要求，这一般通过日常的维护和保养来大大延长它的使用寿命，这是预防维修
设计可靠性	这是决定产品质量的关键，由于人—机系统的复杂性，以及人在操作中可能存在的差错和操作使用环境的种种因素影响，发生错误的可能性依然存在，所以设计的时候必须充分考虑产品的易使用性和易操作性，这就是设计可靠性
工艺可靠性	高密度、微组件、微焊接技术在现代电子制造中越来越普遍。美国是世界上第二个发射卫星的国家，就是这种提高国家威望的大事，也曾因为涉及焊接的一点小问题而受挫折。当今国内外电子产品由制造因素导致的失效中，约有 80% 是出自焊接质量问题。而在焊点的失效中，面阵列封装器件（如 BGA、CSP、FCOB 等）焊点的失效又约占整个焊接缺陷的 80% 左右。显然解决面阵列封装器件（如 BGA、CSP、FCOB 等）的焊点失效问题，是改善现代电子产品制造质量和可靠性的重中之重，这就是工艺可靠性所面临的挑战
耐久性	产品使用的无故障性或使用寿命长就是耐久性。例如，当空间探测卫星发射后，人们希望它能无故障地长时间工作，但从某一个角度来说，任何产品都不可能 100% 不会发生故障

2．电子设备可靠性的数学描述

在可靠性的定量测定方面，使用最广泛的是统计方法，概率论和数学统计学是研究可靠性问题的主要工具。概率论能确定影响可靠性的可变随机变数的大数与可靠性数量特征之间的相互关系。因此，可靠性理论的许多概念与概率论中所用的概念有关。

概率论能研究普遍现象，多次试验时重复的现象称为普遍现象。如果在多次试验时，每一次试验必然发生某一事件，则该事件称为必然事件。如果某一事件明知不会发生，则称为不可能事件。在每一次单独试验中不可能预言的事件称为随机事件。

除随机事件之外，概率论还研究随机变数及随机过程（随机函数）。由于试验的结果可取某一值的变数，如产品尺寸与其额定值的误差，焊点失效前的工作时间等，因而称为随机变数。

与某些非随机变数的不同值相符的随机变数的集合，如焊接温度的起伏等，称为随机过程或随机函数。

准确地预言随机变数、随机过程及随机事件是不可能的。但是，如果研究的不是每一个随机事件、随机变数或随机过程，而是它们的集合，则可用数学方法来说明其特征。

假设做N次试验时，某一事件A出现K次，这时，K/N的比例称为随机事件A的频率并以W（A）表示，即

$$W(A)=K/N$$

当试验次数增多后，事件A出现的频率就显得较稳定，即在相同条件下进行多次试验时，事件的频率近似于P，即

$$P(A)=K/N$$

P（A）称为事件A的概率并写成

$$P=P(A)$$

从上面式子可看出，做N次试验时，事件A约发生NP次，而不发生N（1–P）次。

显然，随机事件的概率在数量上符合条件

$$0 \leqslant P \leqslant 1$$

如果A是不可能事件，则P=0；如果A是必然事件，则P=1。

对于随机事件，研究计算概率的基本法则是：

（1）如果事件A_1，A_2，…，A_N是不相容的，则

$$P(A_1+A_2+\cdots+A_n)=P(A_1)+P(A_2)+\cdots+P(A_n)$$

（2）对立事件$\overline{A}$的概率可表示为

$$P=(\overline{A})=1-P(A)$$

（3）几个独立事件联合发生的概率等于这些事件的概率之积，即

$$P(A_1,A_2,A_n)=\prod_{i=1}^{n}P(A_i)$$

（4）如果事件A和B不是对立和独立的，即如果A和B是任何随机事件，则

$$P=(A+B)=P(A)+P(B)-P(AB);$$
$$P(AB)=P(A)P_A(B)$$

式中$P_A(B)$——在发生事件A的条件下，事件B出现的概率。

随机变数往往是离散的或连续的，它可用概率分布函数来说明。设ζ为一随机变数，取小于某个X的值，有

$$P(\zeta\langle x)=F(x)$$

这一事件的概率称为概率分布的积分函数或随机变量的概率分布定律。如果其

导数存在，则该函数的导数为

$$F(x)=F'(x)$$

称为随机变量的概率分布函数或密度。

三、可靠性准则

上述探讨的可靠性的数量定义，不能从数量上表达可靠性。但对作为设备系统最重要的数域特征的可靠性概念提出要求的话，就有必要对一些基本准则做出定义。利用这种准则就可以从数量上对设备系统的元器件和仪器等的可靠性进行评估，并对各种产品的可靠性做出比较性的评价。因而，我们将特征、标准等称为可靠性准则。根据这种准则就可以来评估产品的讨靠性。以下是最广泛使用的可靠性准则。例如：

（1）在规定的时间间隔内产品正确工作的概率。

（2）故障强度。

（3）正确工作的平均时间。

（4）产品的故障频率。

（5）在两次维修之间的设备平均使用时间。

（6）其他如说明产品可靠性指标的不同系数也可成为可靠性准则，诸如：

排除故障所引起的停工时间与设备系统总的工作时间的比值；由于某元器件而引起的设备系统故障数与系统故障总数之比；同型设备系统在不同的安装地点的环境因素下对可靠性的影响；在实验室（工作场地）条件下获得的有效工作特征与作为模拟真实环境条件下获得的有效工作特性之比，可作为估计真实环境对设备系统可靠性起不良影响的准则；将训练良好的人员在工作中所获得的设备系统特性与训练中等或训练不好的人员所获得的设备系统特征进行比较，就可确定出服务人员的工作质量；

四、可靠性的数量特征

可靠性的数量特征具有随机性质。利用它，就能判断出设备系统的可靠性。这些数量特征其用途各不相同。一部分特征只能评估一些普通元器件的可靠性，如电阻器、电容器、半导体器件等，也就是说这些普通元器件是不进行修理的，且发生故障后就不再用了。而另一部分数量特征则可用于评估作为普通元器件的总和的复杂设备系统的可靠性，这种设备系统的任何故障都可以排除，排除故障后仍可使用。

我们把具体的元器件、组件、机械装置、仪器仪表和系统的可靠性准则的数值统称为可靠性数量特征。

设备系统的可靠性取决于设备系统中的元器件的数量和质量，取决于元器件的工作规范，取决于电路和结构设计方案。设备系统中所用元器件通常是按较复杂的工艺流程制造的。因此，其使用寿命及参数就有偏差。由此可得出结论，两个相同的设备样品其可靠性也是不一样的，故只能对在试验时和使用过程中获得的大量数据运用统计学的方法，对其做出数量上的评估。因此，概率论就是在计算可靠性特性时使用的一种数学工具。因而，可靠性的数量特性应具有概率性质。

可靠性的评价可以使用概率指标或时间指标，这些指标有：可靠度、失效率、平均无故障工作时间、平均失效前时间和有效度等。

1. 可靠度 R 或可靠度函数 R（t）

产品的可靠度是指产品在规定条件下和规定时间内，完成规定功能的概率。

假设 N 个产品从时刻“0”开始工作，到时刻 t 失效的总个数为 n（t），当；N 足够大时，有

$$R(t)=[N-n(t)]N=N(t)/N$$

式中，n（t）表示到 t 时刻仍在正常工作的产品数，R（t）称为残存率。

现在即使是民用产品对可靠度的追求也是非常高的，如现在车用电子设备的可靠度设计要求达到 lppm，而美国的阿波罗探月宇航飞船的可靠度要求达到 10 亿分之一的水平（可靠度为 99.9999999%）。

2. 失效概率 F 或累积失效概率 F（t）

失效概率 F 是表征产品在规定条件下和规定时间内，丧失规定功能的概率，也称为不可靠度。它也是时间 t 的函数，记做 F（t），显然

$$F(t)\approx n(t)/N$$

将上面两个式子相加可得

$$R(t)+F(t)=[N-n(t)]/N+n(t)/N=1$$

显然 R（t）、F（t）为互为对立事件。

3. 失效概率密度或失效概率密度函数 F（t）

失效概率密度表示失效概率分布的密集程度，或者说是累积失效概率函数 F（t）的变化率。当 △ t 足够小时，则可近似地表示为

$$f(t)\approx[F(t+\triangle t)-F(t)]/\triangle t$$

由上式可得

$$f(t)\approx[n(t+M)/N-n(t)/N/\triangle t=n(\triangle t)/N\triangle t$$

n（△ t）表示在（t，t+ △ t）时间间隔内失效的产品数。

4．平均寿命 u

不管哪类产品，平均寿命在理论上的意义是类似的，其数学表达式也是一致的。

假设被试产品数为 N，产品的寿命分别为 t_1，t_2，…，t_n，n 为在 t 时间内的故障数，则它们的平均寿命为各寿命的平均值，即

$$u=\frac{t_1+t_2+\cdots+t_n}{N}\approx\frac{1}{N}\sum_{i=1}^{n}t_i$$

一般说来，电子元器件的平均寿命越长，在短时间内工作的可靠性越高。但是，可靠性与寿命虽然密切相关，但又不是同一个概念，不能混为一谈。不能认为可靠性高，寿命就长；也不能认为寿命长，可靠性就必然高，这与使用要求有关。通常所指的高可靠性，是指产品完成要求任务的把握性特别高；而长寿命，是指产品可以很长时间工作而性能良好。如海、地缆线通信设备所用元器件要求使用 20 年而性能良好，体现了长寿命；而导弹工作时间不一定长，但工作时间内（几秒、几分或半小时）要求高度可靠，万无一失，这就体现为高可靠性。

平均寿命 μ 对不可修复或不值得修复的产品和可修复的产品有不同的含义。

（1）MTTF。对于不可修复的产品，其寿命是指产品发生失效前的工作时间或工作次数。因此，平均寿命是指产品在丧失规定功能前的平均工作时间，通常记做 MTTF（Mean TiMe To Failure），单位为“小时”

（2）MTBF。对可修复的产品，寿命是指两次相邻故障间的工作时间，而不是指产品的报废时间。因此，对这类产品的平均寿命是指平均无故障工作时间，或称平均故障间隔时间，也即产品在总的使用阶段累计工作时间与故障次数的比值，记做 MTBF（Mean Time Between Failures）。它是衡量一个产品的可靠性指标（仅用于发生故障经修理或更换零件能继续工作的设备或系统），单位为“小时”。

关于 MTBF 值的计算方法，目前最通用的权威性标准是 MIL-HDBK-217、GJB/Z299B 和 Bellcore，分别用于军工产品和民用产品。其中，MIL-HDBK-217 由美国国防部可靠性分析中心及 Rome 实验室提出并成为行业标准，专门用于军工产品 MTBF 值的计算；GJB/Z299B 是我国军用标准；而 Bellcore 由 AT&TBell 实验室提出并成为商用电子产品 MTBF 值计算的行业标准。

MTBF 计算中主要考虑的是产品中每个元器件的失效率。但由于器件在不同的环境、不同的使用条件下其失效率会有很大的区别，所以在计算可靠性指标时，必须考虑这些因素。而这些因素几乎无法通过人工进行计算，但借助于软件如 MTBFcal 和其庞大的参数库，就能够轻松地得出 MTBF 值。

就 MBTF 本身而言，是关系着广大消费者的稳定性指数。MTBF 值越高，表示

设备系统的稳定性越好。例如，每天工作三班的公司如果要求 24h 连续运转，无故障率 p（t）在 99% 以上，则单台设备系统的 MTBF 必须大于 4500h。而对由多种和不同数量的设备系统构成的生产线要求就更高、更复杂了。

其实，我们不必关注 MTBF 值如何计算，只要知道选择 MTBF 值高的产品，将给我们带来更高的竞争力。当然，也不是 MTBF 值越高越好，可靠性要求越高的设备系统成本也越高，根据实际需要选择适度可靠就行了。

MTBF 并不是在实际运行中检测出来的，它是通过国家标准的检测算法换算出来的。

5. 失效率 λ（t）

所谓失效率，可理解为在单位时间内发生故障的产品数与在该时间段内正确工作的产品平均数之比。显然失效率也是时间 t 的函数，记做又 λ（t），故也称为失效率函数。因此，可以按下式计算失效率 λ（t）。

$$\lambda(t)=\frac{n(t)}{N(t)\Delta t}$$

式中 n（t）——t ~ t+ △ t 在时间段内发生故障的产品数；

△ t——时间间隔；

n（t）——在△ t时间间隔内正确工作的产品平均数，$N(t)=\frac{N_{i-1}+N_i}{2}$，其中，$N_{i-1}$ 为在△ t 时间间隔开始时正确工作的产品数，N_i 为在△ t 时间间隔结束时正确工作的产品数。

由各种电子元器件组成的电子设备系统的 λ（t）曲线，随着时间的推移，形成类似“浴盆”形状，故称为“浴盆曲线”，如图 1–1 所示。

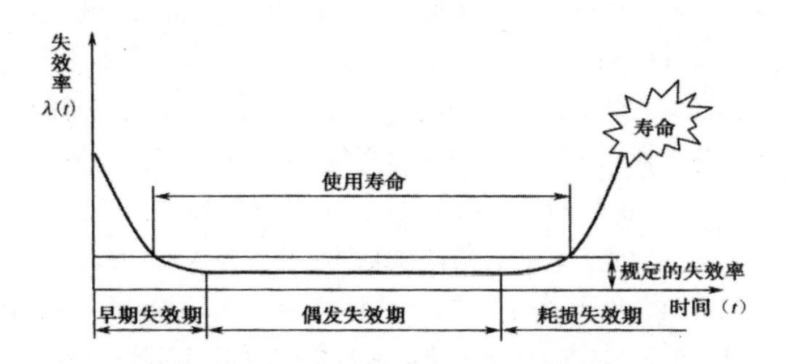

图 1–1　设备系统的失效率 λ（t）随时间变化的典型曲线

典型的失效率曲线是“浴盆曲线”，其沿时间轴方向大致可划分为 3 个阶段，即早期失效期、偶发失效期和耗损失效期。

（1）早期失效期：早期失效期的失效率曲线为递减形式，即新产品失效率很高，但经过磨合期，失效率会迅速下降。形成此现象的原因主要是元器件、材料存在缺陷和生产工艺不良，工艺过程控制不严，产品后工序环境和操作条件差等所导致。

为避开早期故障期，产品的早期设计、元器件的选定和保管、制造工艺的管理等是非常重要的。由于在产品的早期阶段对上述所可能存在的不良是不可能完全预测的，因此，开始时，必须对各制品进行百分之百的检查，采用比正常工作条件还要高的负荷条件进行筛选和分类，如图 1–2 所示。

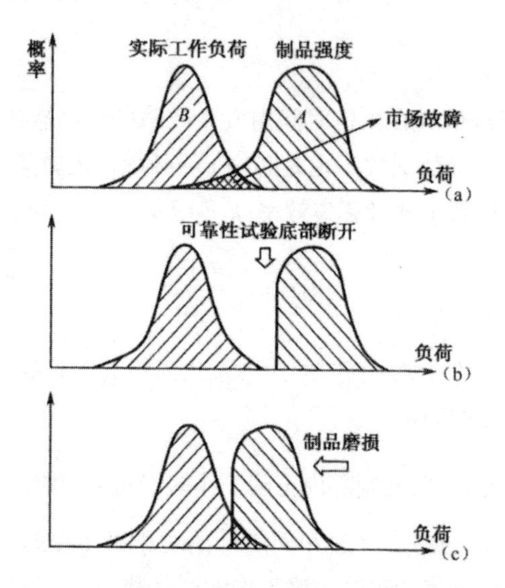

图 1–2 制品的可靠性试验和寿命的应力—强度模型

在图 1–2 中假定某制品的实际工作环境的负荷强度概率分布如图中的 B 分布，而设计某制品时的负荷强度概率分布曲线 A 应高于 B（在曲线 B 的左侧）。由于降低成本的原因，设计的制品的负荷强度概率分布曲线 A，通常不会偏离实际的负荷曲线 B 太多。因此，在 A/B 两条分布曲线之间的底部免不了会出现制品的低负荷强度部分曲线的左侧）落入实际负荷曲线的高负荷区（B 曲线的右侧），即出现如图 1–2（a）中的 B、A 二曲线间底部的重叠区。位于该区域的制品在投入市场的初期是最易发生故障的。为此，对具有负荷强度概率分布为 A 的曲线的制造，在比预测的实际负荷高的负荷条件下进行筛选，以剔除早期易失效的制品，即相当于电子元器件或设备的可靠性试验中的老化试验。通过该试验相当于将曲线 A 左侧底部重叠的区域切除掉，使 B、A 二曲线之间分离开，如图 1–2（b）所示，这样就可以达到降低早期故障的目的。

（2）偶发失效期：在此期间，系统进入了连续的可靠性设计的稳定期，如图

1–2（b）所示。在此期间实际负荷分布曲线 B 和制品强度分布曲线 A 之间没有重叠，故不存在未预期的别的因子作用而产生的故障。

偶发失效期的失效率为一个平稳值，产品系统可靠性在经历早期失效期后，一些因材料和制造工艺的不良及问题得到暴露和排除，意味着产品进入了一个稳定的“使用寿命”期，其特点是失效率低，且 λ（t）= λ（为常数），工作稳定。失效率 λ（t）越低，可靠性越高。工业部门最常用 1×10^9h 作为失效率又(7)的单位，定义为 10^6 个元器件工作 10^3h 后出现 1 个元器件失效，称为 1Fit。

（3）耗损失效期：随着应用时间的增加，制品强度概率分布曲线 A 徐徐变形而落入低负荷侧，即和实际负荷分布曲线 5 产生了重叠，如图 1–2（c）所示。

耗损失效期的失效率曲线为递增形式，即产品进入老年期。由于机械零部件的磨损，元器件的大量老化，制品的负荷强度不断降低，故其失效率随时间的增加而快速增加，产品需要更新。

提高可靠性的措施可以是：对元器件进行筛选；对元器件降额使用，使用容错法设计（冗余技术），使用故障诊断技术等。

6．故障

将元器件、仪器仪表及系统等工作不可靠的事件称为故障。故障的概念直接与可靠性概念有关。由可靠性的定义可知，当设备系统的本身参数不能保持在给定的范围内时，尽管系统仍保持其工作能力，但我们也说它发生了故障。

故障并不一定是元器件和零部件发生了电气损坏或机械损坏，当由元器件的参数超出了容许范围而使得系统调节受到破坏时，故障就可能发生。故障可能是随机事件或规律事件。如果许多系统中的相同元器件发生机械损耗或电气损耗，则这种故障是规律事件。以概率论及数学统计学为基础的作为一门科学的可靠性，基本上将故障看作随机事件。

作为随机事件的故障可能是独立的或非独立的。若系统中一个元器件不成为其他元器件发生故障的原因，则这种故障就是独立事件。由于其他元器件发生故障而引起的故障称为非独立事件。

由于老化的缘故，使得参数长期、逐渐地变化，这样也会使故障突然发生。故障可能是彻底的和间歇性的。间歇性的故障延续一段短时间后，系统就能自动恢复可靠的工作。彻底的故障则要在修理过程中将故障排除之后系统才可能可靠地工作。

不影响可靠性的辅助元器件所发生的故障有时称为次要故障。这种故障与决定可靠性的故障不同。如信号灯烧毁，保护层破坏等都属于次要故障。

第二节　现代电子装联工艺可靠性

一、电子装联工艺的变迁和发展

1. 电子装联工艺的基本概念

电子装联工艺是将构成产品的各单个组成部分（元器件、机电部件、结构件、功能组件和模块等）组合并互连制成能满足系统技术条件要求的完整的产品过程，也有人习惯将电子装联工艺称为电子组装技术。

电子装联工艺过程通常分两步。第一步完成内部组装，即解决形成各个结构成分和电路元器件布置等的基本问题；第二步完成外部组装，即根据最佳满足各个装置和仪器的使用条件及技术要求来解决成形、组装中的一般问题。

电子设备系统是由若干装配单位逐步积累而成的结构。制作最简单的装配单位的根基是基础元件（电路元件），它是最低的、不可分割的结构等级。基础元件包括通用电路元件或分立元件。在微电子设备中，微型电路也是基础元件。

装配等级由组装单位的尺寸和复杂程度表征。在采用分立元件的电子设备中，结构的最小装配单位是简单的部件、小单元、组件或典型的替换元件，把这样的装配单元称为第一结构层次。当利用微型电路作为基础元件时，第一级结构层次的功能将大为复杂化。微型电路的集成度可以使组装的结构等级变得更高。由第一结构层次的部件装配的分单元、单元是第二结构层次。而第三结构层次等构成单一单元或包括分单元、单元的机架。装在设备的机架（机柜、机箱）上的一组单元，单一单元或一组安装好的机架便构成装置，它是最高装配单位即第四结构层次。

2. 微电子设备的基础元件

按照工艺原理，集成电路分为厚膜集成电路、薄膜集成电路和半导体集成电路。当用薄膜集成电路和半导体集成电路组成微电子设备的部件和单位时，微型电路（集成电路）是最小的结构成分而同分立电路一样加以利用，因为它们的元件封装密度高（元件电气上相连），且结构上是一个尺寸可以和分立元件相比拟的统一整体。

当从个别电路集成过渡到整个装置集成时，便可能进一步缩小设备的体积和提高设备的工作速度，这是因为集成电路的可靠性高，故设计制造有高集成度的电子设备在经济上是适宜的。

3. 电子装联工艺的变迁和发展

电子设备结构的发展分为 5 个阶段，或正如人们所说的 5 代，每一代的特点都体现在基础元件的结构上。在评价电子设备结构的质量或可靠性时，基础元件成为决定性的因素。

第一代是用电子管和榫接电路元件制成的电子设备；

第二代是用半导体器件、小型榫接元件和印制布线制成的电子设备；

第三代是用经封装了的集成电路和印制电路板制成的电子设备；

第四代是用高集成度的微型电路组件或模块、多层电路板及HDI-PCB制成的电子设备；

第五代是在内藏无源元件（R、C、L）和有源芯片的基板上再贴装复杂的SoC、SiP、MCM等系统芯片包构成的新封装。

电子设备组装的完善应看成电子技术和工业生产技术水平所体现的质量发展史，电话、电报通信技术，特别是无线电通信技术则应看成现代无线电电子技术的起源，而首批工业用真空三极管的出现可称为广泛普及电子设备的起点。

20世纪30年代大批生产的无线电通信和无线电广播用的无线电收发设备中，所采用的无线电元件的外形尺寸大，它们之间用单股铜导线进行电气安装，而元件的固定和接触连接在多数情况下是用可拆卸零件来实现的。零件在底盒内随意布置和电子管的外露安装不要求对元件采取专门的散热措施。当时的组装结构有两大缺点，即工艺性差及可靠性低。

20世纪40年代“指型”电子管、“橡实型”电子管和“弹丸型”电子管的出现，组装密度又获得了明显的提高。在成批生产电阻器（合成可变电阻器、金属膜固定电阻器）和电容器（可变的和固定的金属化纸介电容器与陶瓷电容器）的同时，工业部门还掌握了一些安装电气元件（信号灯头、熔丝座、安装板、连接接线板等）的生产。此时，改进工业用无线电元件（改善参数及缩小外形尺寸）常常是完善电子设备组装的根本途径，但尺寸的缩小是靠提高电路元件的布置密度来实现的。

电子设备复杂性的日益增加，使设备中的电子管和电路元件数目过分地增多。对于一个中等复杂程度的电子系统而言，设备的体积占数十个机架，总重量达数吨，而功耗达数千瓦。它消耗相当大的电能，使设备的内部发热增大，使所用散热系统的重量和体积均已不能适应电子设备组装密度的需要，这对系统的结构设计似乎造成了不可克服的困难。因此，设备的电路和结构设计的完善性决定了整个设备系统的工作可靠性。进一步要求缩小体积，减小重量，降低功耗，是提高可靠性和改善工艺性的根本出路。

20世纪50年代随着大批量生产半导体器件和印制板安装技术的全面掌握，微小型化成了电子设备组装发展的新方向。

20世纪60年代薄膜技术和半导体材料的发展为制作厚膜和薄膜集成电路及半

导体集成电路奠定了基础。随着微电子学的发展，结构设计方法也发生了变化。假如在制作第一、二代电子设备时为了减小设备的外形尺寸、减轻重量和降低成本而力求减少各级电路、电子管和其他电路元件的数量，那么，在第三代和第四代电子设备中则力求无限制地增加等效电路元件的数量，也就是无限制地提高集成度。因为电子元件的外形尺寸已大大减小，重量和相对成本已显著降低，而它们的可靠性也得到了明显的提高。

二、现代电子装联工艺可靠性问题的提出

现代电子装联工艺可靠性问题是伴随着微电子封装技术和高密度组装技术的发展而不断积累起来的。

（1）在由大量分立元器件构成的分立电路时代，电路的功能比较单一。产品预期的主要技术性能和可靠性特性主要由设计的质量和完善性所决定。产品的制造难度也并不很高,由于组装的空间比较大,焊点形状比较单一,焊点数也不是太多,因此，装联工艺可靠性并不占有特别的地位。

（2）随着电子产品复杂程度的不断增加，各种小型化元器件和小规模的 1C 器件在各种类型的收音机、录音机、录放像机、通信机、雷达、制导系统、电子计算机及宇航控制设备等中大量应用。因此，此阶段电子设备复杂程度的显著标志是所需的元器件数量大量增加。一般说来，电子设备所用的元器件数量越多，其可靠性问题就越严重,为保证设备或系统能可靠地工作,对元器件可靠性的要求就非常突出、非常苛刻。

（3）随着世界经济发展的国际化，电子设备的使用环境日益严酷，从实验室到野外，从热带到寒带，从陆地到深海，从高空到宇宙空间，经受着不同的环境条件的考验。温度、湿度、海水、盐雾、冲击、振动、宇宙粒子、各种辐射等对电子元器件所构成的综合影响导致产品失效的可能性增大。因此,设计加固技术越来越重要,甚至构成了确保电子设备系统在严酷环境中工作可靠性的关键因素。

（4）随着现代半导体封装技术的日新月异的发展，多芯片封装（SoP）、系统级封装（SiP）、多芯片模块（MCM）等的应用，使得电子设备技术全面跨入了第四代。

各种超大规模的模组化芯片封装技术不断涌现，诸如：

① SoC：把多种芯片的电路集成在一个大的硅圆片上，导致由单个小芯片级封装转向硅圆片级封装。

② SiP：把多个芯片置于单一封装中，构成系统级封装。各芯片通过三维堆叠封装集成在一起，实现较高的性能密度和集成度。SiP 还允许无源元件和其他元件（如滤波器和连接器）在同一个封装中集成。SiP 的最终目标是在一个封装体内组装入系

统的整个功能，这样有利于小型化、薄型化和轻量化，具有开发周期短，交货期快等特点，提高了电气特性，降低了噪声和耗电。

③ MCM：20 世纪 90 年代初随着 LSI 设计技术和工艺技术的进步，以及深亚微米技术和微细化芯片尺寸等技术的应用，即将多个 LSI 芯片组装在一个多层布线的外壳内，形成了 MCM 多芯片封装器件。近年来，MCM 技术通过 FOP（堆叠封装）的形式，将 2 ~ 4 个裸片装在球栅阵列封装基板上，出现了多芯片模块（MCM）。

过去所说的 MCM 是指在一块基板上组装多个半导体芯片和元器件，近些年来半导体制造商开始由供应组装了多个芯片的存储器转向供应组装有多个芯片的 SiP。

SoC、SiP、MCM 模组化微芯片技术的应用，导致了传统的电路设计技术发生了历史性的变革，设计和工艺的技术界限越来越模糊了。传统的电路设计技术功能越来越退化（未来的电路设计功能更多的是选用合适的芯片级功能模块及其接口类型），而微组装工艺技术却得到了极大的发展。未来电子装备的可靠性越来越取决于微电子组装工艺技术的发展。例如：

SiP 使用的技术要素最基本的是 CSP 中所使用技术的组合。

作为新加入的要素技术是芯片薄化加工技术、芯片积层技术、芯片积层中的互连技术。

SiP 安装形态目前包括：在印制板上平面配置芯片的形态（主要使用 BGA），在印制板上直接积层芯片的形态（主要使用 CSP），最近也使用了倒装芯片连接方式。

芯片堆叠最具经济效益的是 4 ~ 5 个芯片的堆叠。“聚合物中芯片”工艺不采用金丝球焊，而是将芯片减薄后嵌入薄膜或聚合物基中。

（5）电子设备的安装密度不断增加。从第一代电子管进入第二代晶体管，后又从小、中规模集成电路进入大规模和超大规模集成电路，电子产品正朝小型化、微型化、立体化封装方向发展。其结果导致装置安装密度的不断增加，从而使内部温升增高，散热条件恶化。而电子元器件将随环境温度的增高，降低其可靠性，因而元器件（特别是功率芯片）的可靠性引起了人们的极大重视。

（6）将无源元件 R、C、L（甚至 IC 裸芯）内藏于 PCB 基板中，然后再将未封装的 IC 芯片或 IC 封装贴装或绑接到内藏无源元件的基板表面，完成全部组装过程。

HDI-PCB 技术、内藏元器件基板技术，以及 SoP、SiP 及 MCM 等的结合，驱动了电子设备技术迈入了第五代。它改变了传统的由前决定后的串行组装模式，而迈入了前后并行的微组装模式的新时代。传统的产品可靠性管理和评估模式将面临着严重的挑战。由于有源和无源芯片封装的高集成化，系统安装的高密度化和立体化，焊接点的微细化和不可视化，导致了微组装工艺可靠性问题将变得异常突出。

三、现代电子装联工艺可靠性的研究对象和现实意义

1. 现代电子装联工艺技术的划界及其可靠性

（1）电子装联工艺技术的划界

电子装备技术从20世纪20年代末开始应用以来已经历了80余年的发展，跨越了4个发展阶段，现进入了第五个发展时代。

（2）现代电子装联工艺技术的内涵

现代电子装联工艺技术的内涵主要是以PCB板级组装为对象。图1–3示出了在现代电子设备中典型的板级组装的安装层次。

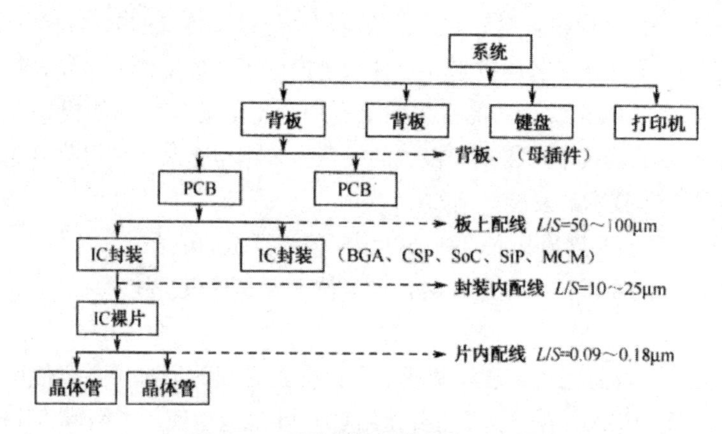

图1–3 系统板级组装层次示意图

随着电子设备和安装技术高密度化程度的不同，具体的安装层次也有所差异。例如，将未封装的IC裸芯片直接搭载在PCB上时（裸芯片安装），在IC片内导体图形的配线是最精密的，最前端的IC布线间的间距（LAS）约为0.09μm。但是，当由多个IC、LSI及其他元器件等集合构成超精密图形连线时，它还不能成为人们能操作的系统。只有最终配上键盘、开关等后才能达到人们能操作的尺寸，此时布线的间距就可能扩大了上万倍。

（3）现代电子装联工艺可靠性的研究对象

随着高密度面阵列封装器件（uBGA、CSP、FCOB等）和微型元器件（O201、01005、EMI等）在工业中的大量应用，“微焊接”技术对高密度组装的可靠性的影响越来越大。其特点是：

由于焊点的微细化，人手不可能直接接近，基本上属于一种“无检查工艺”。因此，必须要建立确保焊点接触可靠性的保证系统（对制造系统的要求）。焊点内任何空洞、异物等都会成为影响接续可靠性的因素（对接合部构造的要求）。

在再流过程中由于热引起的BGA、CSP或PCB基板的变形翘曲均会导致焊点钎

料空缺，并把大量残留应力留在钎料连接上，造成早期故障。因此，研究芯片封装和 PCB 在再流焊接过程中的变形规律及其抑制措施，对提高产品的可靠性有着特殊的意义。

在封装芯片与基板的二级互连微焊接过程中，控制其冶金物理过程，以确保生成的金属间化合物层（也称合金层或 IMC）的厚度和成分均在焊点可靠性要求的范围之内。

在已焊好的 BGA、CSP 球阵封装的二级互连微焊接焊点中，为避免在应用过程中因 IMC 层厚度及金相组织发生变异，导致微焊点因可靠性蜕变而失效，研究和掌握其蜕变机理及其对策，对延长焊点的工作寿命有重大的现实意义。

研究微焊点在各种恶劣环境中工作的可靠性问题及其加固措施。

分门别类地深入研究各类芯片封装的微焊点与 PCB 焊盘互连工艺的优化，及其对焊点可靠性的影响程度。

研究组装工作环境因素对微焊点可靠性影响的统计学规律。

研究球阵封装芯片二级互连焊盘的表面处理类型，对“微焊点”焊接质量及可靠性蜕变的诱导作用。

焊盘设计：包括形状、大小和掩膜界定，对于可制造性和可测试性（DFM/DFT），以及满足制造成本和可靠性等方面的要求都是至关重要的。

推进“微焊接工艺设计”。所谓“微焊接工艺设计”，就是用计算机模拟焊接接合部的可靠性设计，从而获得实际生产线的可靠性管理措施和控制项目；对生产线可能发生的不良现象进行预测，从而求得预防不良现象发生原因。

0201、01005 元件的推出，蜂窝电话制造商就把它们与 CSP 一起组装到电话中，PCB 尺寸由此至少减小一半，间距可小至 100pm。处理这类封装相当麻烦，要减少后工艺缺陷（如桥接和立碑）的出现，焊盘尺寸优化和元器件间的间距是关键。

2. 研究现代电子装联工艺可靠性的现实意义

电子组装的可靠性依赖于各个元器件的可靠性，以及这些元器件界面间的力学、热学及电学的可靠性。这些接触界面，表面贴装焊接层不但提供了电气连接，还提供了电子元器件到 PCB 基板的机械连接，同时还有元器件严重发热时的散热功能。一个单独的焊点很难说可靠还是不可靠，但是电子元器件通过焊点连接到 PCB 上时，这个焊点就变得唯一了，也就具有了可靠性的意义。

钎料中的晶粒结构本来就是不稳定的。SnPb 钎料的重结晶温度是在其共晶温度之下的。晶粒尺寸随着时间的增加而增大。晶粒结构的生长减少了细晶粒的内能。这种晶粒的增长过程是随着温度的升高及在循环载荷中输入的应变能的增加而增强的。晶粒的生长过程到达某个特定点，便会显露出累积疲劳损伤的迹象。这种迹象在对焊点进行加速试验时，比焊点在工作环境中使用时表现得更为明显。

污染物，像铅的氧化物及助焊剂残留物，绝大多数滞留在晶粒的边界处。随着晶粒的生长，这些污染物的浓度在晶粒边界处增长，因此会延缓晶粒的生长。当其消耗掉钎料约 25% 的疲劳寿命后，在晶粒边界的交叉处就可以看到微空穴；当消耗掉约 40% 的疲劳寿命后，微空穴变成微裂痕；这些微裂痕相互聚结形成大裂痕，最后会导致整个焊点的断裂。

焊点常常连接的是特性不相同的材料，导致整体热膨胀不匹配。作为主要材料的钎料，在特性上与焊接结构材料有很大的不同，导致局部热膨胀不匹配。热膨胀不匹配的严重性以及由此造成的可靠性隐患，依赖于电子组装工艺的设计参数和工作使用环境。

当今国内外由制造因素导致的电子产品失效中，约有 80% 是出自焊接的质量问题。而在焊点的失效中，面阵列封装器件（如 BGA、CSP、FCOB 等）焊点的失效又占整个焊接质量缺陷的 80% 左右。显然解决面阵列封装器件（如 BGA、CSP、FCOB 等）的焊点失效问题，是改善现代电子产品制造质量和工作可靠性的重中之重。

第二章　影响现代电子装联工艺可靠性的因素

第一节　基础内容

一、现代电子装联工艺可靠性的内涵

电子产品由各种电子元器件组装而成，在组装过程中最大量的工作就是焊接。焊接的吋靠性直接威胁整机或系统的可靠性，换言之，焊接的可靠性已成为影响现代电子产品可靠性的关键因素。它直接关系到国计民生，在各行各业中广泛使用的电子产品的可靠性的高低，以及国防军事装备能否正常运转都与之息息相关。有人说在现代高度信息化战争中,军事行动成败的关键取决于电子装备的精度和可靠性。这就是为什么世界各国都非常重视焊接技术可靠性研究的原因。

显然，解决现代电子产品工艺可靠性问题，首先就要解决焊接中的不良问题，而解决焊接中的不良现象，最突出的就是要关注 BGA、CSP 等一系列新型密脚封装芯片的焊接问题。研究和解决电子产品后工序的焊接可靠性及加固等问题对整个电子产品系统可靠性影响的权重也正在快速地增加中。

综上所述，可以把电子产品在后工序制造中所发生的将要影响系统可靠性的各种质量现象，统一划归为电子装联工艺可靠性的研究范畴。

二、现代电子装联焊接过程中的缺陷现象

为了更好地理解焊接可靠性对改善现代电子装备系统可靠性的影响及重要程度，首先，应了解现代电子装备的焊接工艺方法，分析和归纳在组装过程中所有可能会产生的影响可靠性的因素。

1．焊接过程中所发生的物理现象

现代电子装联焊接工艺方法，主流是波峰焊接工艺和再流焊接工艺，以及利用蒸汽的气相焊法（VPS），传统的手工烙铁焊接工艺仅作为一种补充和个别缺陷焊

点返修用。

在焊盘上印刷焊膏并贴装好元器件，然后进入再流焊接炉中并在再流炉中的温度作用下，焊膏中助焊剂的活性物质被激活发生化学反应去除基体金属表面的氧化物，熔融焊料润湿基体金属表面并在界面上发生冶金反应，形成所需要的金属间化合物层，达到电气连接的目的。

2．与焊点缺陷相关联的影响因素

焊接条件的好坏，将涉及对焊接接续部分可靠性的影响，直接威胁电子产品早期故障率及寿命期的长短。例如，采用有铅焊料 Sn37Pb 时其再流焊接温度的典型炉温曲线如图 2-1 所示；而采用无铅 SnAgCu 时其再流焊接的典型的炉温曲线如图 2-2 所示。选用不当就必然影响焊点的可靠性。

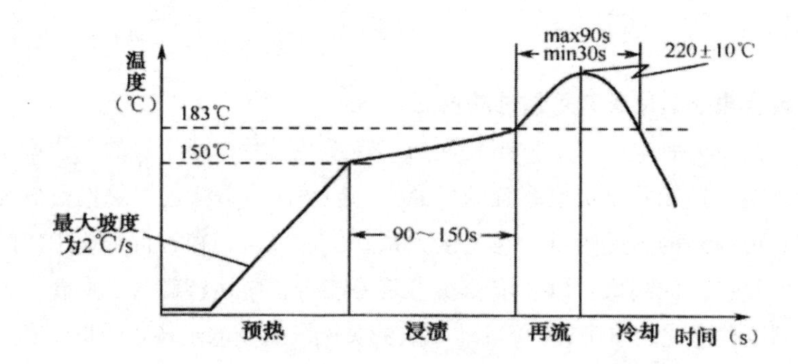

图 2-1　Sn37Pb 的典型再流焊接炉温曲线示意图

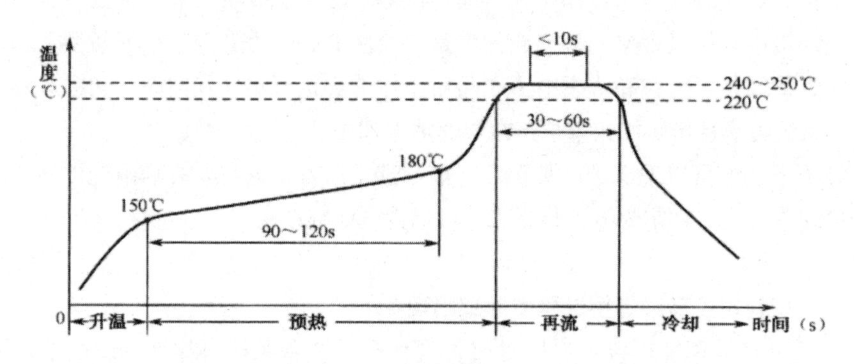

图 2-2　SnAgCu 的典型再流焊接炉温曲线示意图

不同的焊接条件和炉温曲线对焊点的形成质量影响如下。

升温速度，影响温度的均匀性；

预热温度和时间，影响助焊剂的活性和基板上温度的均匀性；

峰值温度和保持时间，影响钎料的润湿性和界面合金层的生成质量；

冷却速度，影响熔融钎料的固化和焊点的微组织结构，决定钎料初期的结晶组织质量。除此以外，再流炉内的气氛、加热手段及气流的方向和强度等，也将对焊接的状态构成很大的影响。若能对这些条件进行恰当组合，就能确保获得高可靠性的焊接连接，相反就会使得焊接连接的可靠性变得低劣。

对在被连接的界面附近发生的组织和结构的不良表现，将会对焊点可靠性造成影响。

为了更好地理解焊接时在界面形成的金属间化合物层，过厚的金属间化合物，对高可靠性安装来说实际上是一种妨碍。因为金属间化合物与构成基板和电子元器件等的材料有不同的热膨胀率和杨氏模量等物理特性，既硬又脆。为此，只要从焊接温度下一冷却，就会因热膨胀失配而产生变形，严重时还会产生龟裂。然而同样从焊点可靠性出发，该层又不能没有，若没有肯定该焊点不是虚焊就是冷焊。问题是在工艺上如何控制其厚度在所要求的范围。

对界面金属间化合物形成的确认，是判断焊接是否良好的依据。假如在界面上见不到金属间化合物，则表示界面已被污染或氧化了导致焊料不能润湿。

采用SnZn焊料在无助焊剂的典型的焊接界面上，由于SnZn合金容易氧化，若没有合适的助焊剂配合的话，即使是在真空中焊接，氧化膜的影响也是很强的，被焊接的电极也是不能润湿的。在照片中，形成了界面化合物的区域就是润湿了的区域，而见不到化合物的区域是由于氧化变成了不能形成界面金属间化合物的地方。

焊料在电极上润湿而形成化合物，这一冶金现象，可以将其作为界面层形成的指标。由此可知，所期望的在界面上所形成的金属间化合物，应该是厚度均匀且无缺口的状态。

钎料在电极上润湿时，在界面上可能存在异物卷入或存在气泡的痕迹。后者受存在的氧化膜的影响很大，这些气泡存在于焊料圆角内部或界面上，可能将导致焊接强度的弱化。因此，对焊接场地的控制要求是，焊接场地空间尘埃要少，要避免异物的混入，要防止PCB某板的污染和氧化，同时要加强对焊料的管理。

焊接温度过高或者在峰值温度下滞留的时间过长，这在促进界面反应，加速金属间化合物层生成的同时，也是形成空隙的条件。这种在焊接过程中由于元素原子扩散沿方向上的差异所导致的空隙，称为柯肯多尔效应。这是在焊接过程中所发生的现象。由于孔隙是洞穴，不言而喻将使界面的强度降低。为此，加强对焊接温度曲线的管理是非常重要的。

另一个使人困扰的现象是电极侧在焊接前因劣化导致的黑色焊盘现象。这是由于在电镀过程中所发生的腐蚀现象而隐藏于基板上的。由于该现象在焊接时看起来是正常的，但在生产和市场服役中却屡次引起故障。显然，它是导致焊接时界面反应形成黑色焊盘的一个原因。因此，应该将黑盘问题纳入基板的质量保证和验收的条款内。

焊接结束后熔融焊料凝固时，体积要缩小，焊接这个特性的重要性是最近的研究才弄清楚的。在焊接安装基板时，使焊料凝固过程照原样状态进行。保持焊料凝固的组织状态自然是很重要的。特别是无铅波峰焊接场合，产生的焊盘剥离、凝固裂纹或形成硬而脆的金属间化合物等特殊现象，这些现象在后续相关章节将深入讨论，此处就不再赘述了。

三、应用中焊点可靠性的蜕变现象

作为焊接后的 PCBA 等制品，装入机柜内便可以进入实际的工作状态，通常均称为焊接制品。由于产品使用条件千差万别，因此，电气、电子机器种类也是成千上万。为此必须确保每一种产品的可靠性，这应成为每一个产品设计和制造工艺的基准。

笔记本电脑比台式电脑使用的条件更严。在室外的极寒状态工作易发生电源不运行，在炎热天气的车厢内严酷的温度下暴露，由于高集成化和 CPU 的高发热而导致温度上升。移动电话的工作环境与上述基本相同。不论如何，最严酷的条件是汽车车厢内，特别是引擎附近以及从极寒地区到炎热的沙漠。卫星比战斗机条件更严酷。

在市场服役中发生的故障，大多数都具有复合因素综合作用的结果。据统计，凡涉及 BGA、CSP 芯片的故障，几乎有 90% 是发生在焊接部分，分析其影响因素几乎都具有复合性。

再如，由高温储存所导致的产品劣化现象，这是由于接续界面金属间化合物层在持续地生长，导致其生长得过厚所带来的后果。另外，由于人们在操作中反复开关机器时所施加于机器等的周期性应力造成的机械疲劳、振动等也是导致失效的原因。不过该类缺陷一般是比较容易排除的。

第二节　电子元器件电极表面状态对互连焊接可靠性的影响

一、从可靠性看对电子元器件引脚材料的技术要求

认真研究现代各类电子元器件引脚（电极）所用基体金属材料及其特性，以及在基体金属上所可能采取的各种抗腐蚀性及可焊性保护涂层材料的焊接性能，涂层在储存过程中发生的物理、化学反应，涂层的成分、致密性、光亮度、杂质含量等对焊接可靠性的影响，从而优选出抗氧化能力，可焊性、防腐蚀性最好的涂层，以

及获得该涂层的最佳工艺条件，是确保焊接互连可靠性的重要因素之一。

在现代电子产品中已普遍实现 IC、LSI、VLSI 化，对其所使用的电极材料越来越重视。例如，材料的电阻率、热膨胀系数、高温下的机械强度、材质和形状等都必须要细致地考虑。对现代电子工业用的引脚（电极）材料的基本要求是：

导电性和导热性要好；热膨胀系数要小；机械强度要大；拉伸和冲裁等加工性能要好。

目前普遍使用的引脚材料可分为 Fe-Ni 基合金和 Cu 基合金两大类。

二、电子元器件引脚用材料对焊接可靠性的影响

1. Fe-Ni 基合金

（1）特征及应用范围

Fe-Ni 基合金系中的科瓦合金等品牌，当初是作为玻璃封装用的合金而开发的。其热膨胀曲线与 IC 芯片的 Si 是近似的，如图 2-3 所示。而且还可将其作为 Au-Si 系焊接的焊材进行直接焊接。因此，在 MOS 系列器件中普遍采用它作为引脚材料。

Fe-Ni 基合金系的代表性合金是 42 合金，由于它机械强度大，热膨胀系数小，故广泛用作陶瓷封装芯片的电极材料。

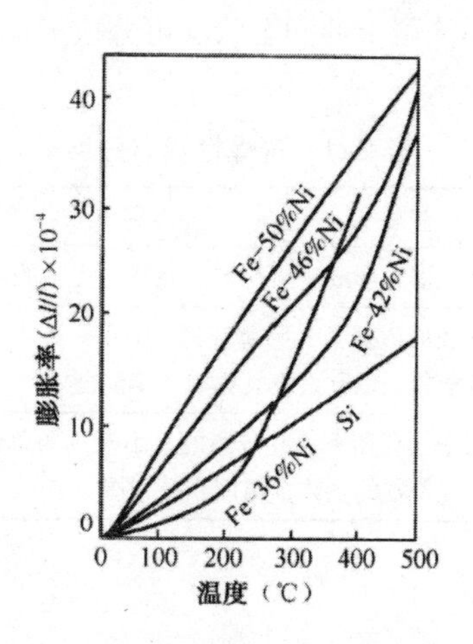

图 2-3 Fe-Ni 基合金和 Si 的热膨胀曲线示意图

2）常用品牌成分及其特性

由于本合金系存在着磁性及电阻率大的特点，故作为引脚材料是其不足之处。因此它专用于功率消耗比较小，产生热量比较少的 MOS 类 IC 器件。

2. 铜基合金

当电子电路进入大集成化、高密度组装化阶段，发生在其引脚上的电阻热已成

为不可忽视的问题。因此，广泛采用导热性、导电性好及在高温下机械性能也好的新的Cu基合金替代Fe-Ni基合金，来满足元器件引脚材料的发展要求，已成为电子元器件业界所关注的问题。

由于Cu基合金系导电性和导热性均好，散热性也不错，而且与42合金相比价格上也有优势，故广泛应用于塑料封装芯片中。

3. Cu包不锈钢引脚材料

为了能同时满足机械强度和散热性的目的，在日本正在开发以不锈钢（SUS430系）作为芯材，再在其两面按10 ∶ 80 ∶ 10的比例镀无氧铜的金属包层的新的引线框材料。

三、引脚的可焊性涂层对焊接可靠性的影响

1. 可焊性

表示金属及其金属涂层表面对软钎料的润湿能力。这种能力通常都是在规定的助焊剂和温度的条件下，测定熔融焊料在其上的实际润湿面积和润湿的最小时间来评估其优劣的。

2. 可焊性状态分类

软钎料在金属及其金属涂层上的润湿状况可分成下述3种类型（见表2-1）。

表2-1　可焊性状态分类

类别	内容
润湿	钎料在基体金属表面能形成一层均匀、光滑、完整的钎料薄层
弱润湿	钎料在基体金属表面覆盖了一层薄钎料，留下一些由钎料构成的不规则的小颗粒或小瘤，但未暴露基体金属。也有人将其称为“半润湿”
不润湿	钎料在基体金属表面仅留下一些分离的、不规则的条状或粒状的钎料，它们被一些小面积薄层钎料和部分暴露的基体金属面积所包围

3. 可焊性涂层的分类

焊接过程是熔化的软钎料和被焊的基体金属结晶组织之间通过合金反应，将金属和金属结合在一起的过程。许多单金属或合金都可以和SnPb、SnAgCu等钎料发生冶金反应而生成IMC，从理论上讲，它们均可以作为可焊性镀层。按焊接时的熔化状态的不同，又可将其分成3类：

（1）可熔镀层：焊接温度下镀层金属熔化，如Sn、Sn-Pb合金镀层等。

（2）可溶镀层：焊接温度下镀层金属不熔化，但其可溶于焊料合金中，如

Au、Ag、Cu、Pd 等。

（3）不熔也不溶镀层：焊接温度下镀层金属既不熔化，也不溶于焊料中，如 Ni、Fe、Sn–Ni 等。

4. 可焊性镀层的可焊性评估

（1）影响镀层可焊性的因素

影响可焊性镀层可焊性的因素有：镀层本身的性质、厚度、施镀方法、表面涂敷、存放时间和环境、焊接工艺条件（焊料和助焊剂、焊接参数和工艺方法）等。归纳起来如下。

1）基体金属镀层表面被氧化。

引线涂敷后未能彻底清洗，表面可能有氯离子、硫化物等酸性残留物。这些残留物质与空气中的氧和潮气接触后就会使镀层表面氧化。Sn 或 Pb 的氧化物熔点非常高，如 PbO 熔点为 888℃；PbS 熔点为 1114℃，SnO_2 熔点为 1127℃。Sn、Pb 等的氧化物在正常焊接温度下不能熔解，形成有害的物质覆盖在镀层的表面上，从而导致引线可焊性劣化。

即使表面清洗干净的引线如果储存条件不良，长时间置放在潮湿空气中或含有酸、碱等物质的有害气体中，引线表面镀层金属也会发生氧化，使引线表面出现白点或发黄、发黑。

2）引线基体金属表面处理不良。引线涂敷前某些金属表面有金属氧化物或油脂等时，这层物质会使金属镀层与基体金属结合力下降，造成虚焊和脱焊。

3）引线镀层不良。镀层太薄或镀层不连续或疏松、有针孔，会影响引线的储存性能，使焊性劣化。

在 Cu 表面镀 Sn、SnPb 合金，能防止 Cu 氧化。但由于镀层疏松有针孔，使基体 Cu 表面与空气之间产生了通道，从而导致下述后果：

大气中的氧和潮气通过镀层中的针孔与基体金属表面接触，使基体金属氧化和腐蚀。

由于 Sn、Pb 的标准电极电位都比 Cu 负，是阴极性镀层，当潮气通过镀层中的针孔与基体金属表面接触时便形成一个微电池，镀层金属 Sn 或 SnPb 合金将被腐蚀。

（2）金属扩散层的影响

在电镀中镀层 Sn 和 SnPb 合金与基体金属 Cu 表面是原子结合，而热浸涂层 Sn 和基体金属 Cu 之间存在 Cu_6Sn_5 化合物。这种化合物能使镀层 Sn 黏附在基体金属上，但随着时间增长，基体金属 Cu 和镀层金属 Sn 之间继续扩散，合金层生长过厚就有可能生长出极薄的 Cu_3Sn 化合物，这将降低可焊性，影响焊接强度。

5．引脚可焊性镀层对焊接可靠性的影响

（1）Au 镀层

1）镀层特点。该镀层有很好的装饰性、耐蚀性和较低的接触电阻，镀层可焊性优良，极易溶于钎料中。其耐蚀性和可焊性取决于有否足够的镀层厚度及无孔隙性。薄镀层的多孔隙性，易发生铜的扩散，带来氧化问题而导致可焊性变差。而过厚的镀层又会造成因 Au 的脆性而带来不牢固的焊接头。

许多公司将 ENIGNi/Au 用作表面涂层，并获得了成功。然而，在将 ENIGNi/Au 涂层与 BGA 结合起来使用时，有时其结果是不可预见的。最近几年出现两种失效模式：

第一种失效模式是不润湿或半润湿，这种现象被称为“黑色焊盘”；

第二种失效模式是与机械应力相关的层间开裂。

2）镀层厚度。焊接用镀金层是 24k 纯金，具有柱状结构，有极好的导电性和可焊性。

其厚度：

1 级：0.0.5 ～ 0.05 μm；2 级：0.05 ～ 0.075 μm；3 级：0.127 ～ 0.254 μm。

（2）Ag 镀层

1）镀层特点。Ag 在常温下具有最好的导热性、导电性和焊接性，除硝酸外，在其他酸中是稳定的。Ag 具有很好的抛光性，有极强的反光能力，高频损耗小，表面传导能力高。然而，Ag 对 S 的亲和力极高，大气中微量的 S（H_2S、SO_2 或其他硫化物）都会使其变色，生成 Ag_2S、Ag_2O 而丧失可焊性。

Ag 的另一个不足是 Ag 离子很容易在潮湿环境中沿着绝缘材料表面及体积方向迁移，使材料的绝缘性能劣化甚至短路。

2）化学镀 Ag。化学镀 Ag 层既可以焊接，又可“绑定”（压焊），因而普遍受到重视。化学镀 Ag 层本质上也是浸 Ag。Cu 的标准电极电位为 φ℃ $u^+/Cu=0.51v$，而 Ag 的标准电极电位为 φ° $Ag^+/Ag=0.799V$，因而 Cu 可以置换溶液中的 Ag 离子而在 Cu 表面生成沉积的 Ag 层。

（3）Ni 镀层

1）镀层特点。Ni 有很好的耐蚀性，在空气中容易钝化，形成一层致密的氧化膜，因而它本身的焊接性能很差。但也正是这层氧化膜使它具有较高的耐蚀性，能耐强碱，与盐酸和硫酸作用缓慢，仅易溶于硝酸。

焊接件镀 Ni 主要是防止底层金属 Cu 向表层 Au 层扩散。实际上它是充当一层阻挡层，故要求镀 Ni 层的应力要低，并且与 Cu 和 Au 层之间结合力要好。

2）镀层厚度。Ni 镀层分下述两种。

半光亮 Ni：又称低应力 Ni 或哑 Ni，低应力 Ni 宜于焊接或压接，通常作为板面镀金的底层；

光亮 Ni：做插头镀金的底层，根据需要也可作为面层，光亮 Ni 层均匀、细致、光亮，但不可焊。

镀 Ni 层应具有均匀致密、孔隙率低、延展性好的特点，用于焊接和压接时适宜采用低应力 Ni。镀层厚度（IPC-6012 规定）：

不低于：2 ~ 2.5μm。打底：1 级 2.0μm；2 级 2.5 ~ 5.0μm；3 级≥ 5.0μm。

（4）Sn 镀层

Sn 不仅怕冷，而且怕热。在温度低于 13.2℃时发生相变，由 p 相（白锡）演变为 a 相（灰锡），即发生锡瘟现象。而在 161℃以上时，白锡又转变成具有斜方晶系结构的斜方锡。斜方锡很脆，一敲就碎，展性很差，叫作“脆锡”。白锡、灰锡、脆锡是锡的 3 种同素异性体。

1）镀层特点。镀 Sn 在钢铁上属于阴极镀层，只有其镀层无孔隙时，才能有效地保护钢铁免受腐蚀。不同的工艺方法获得的镀层，其焊接性能也是不同的。

镀暗 Sri 层外观呈无光泽的灰白色，其焊接性能比光亮镀 Sn 层好，但它不能抵抗手汗渍的污染。镀暗 Sn 层经热熔后，其可焊性最好，抗手汗渍污染能力也大为提高。

光亮镀 Sn 层焊接性能好，且在工序传递及储存过程中有很好的抗手汗渍和其他污染的能力。但由于有机添加剂的存在，在加热时会放出气体，造成焊缝中出现气泡、裂口等缺陷，影响焊点的可靠性。

2）镀层厚度。Sn 容易与 Cu 生成金属间化合物，这种金属间化合物可焊性不良。但一定量的金属间化合物是润湿的标志。故 Sn 镀层中应该有一部分用于金属间化合物的生成，而镀层的表面为氧化膜所占用，剩余部分才可用于改善可焊性。因此，通常镀 Sn 层厚度为 8 ~ 10μm。

（5）Cu 镀层

Cu 是一种优良的可焊性镀层，只要它的表面是新鲜的，或者采取了有效的保护而没有氧化或腐蚀。细晶粒的镀层比粗晶粒镀层具有更好的可焊性。

（6）Pd 镀层

化学浸 Pd（钯）是元器件引脚的理想 Cu-Ni 保护层，它既可焊接又可“绑定”（压焊）。可直接镀在 Cu 上，因 Pd 有自催化能力，镀层可以增厚，其厚度可达 0.08 ~ 0.2μm。它也可镀在化学 Ni 层上。

Pd 层耐热性高、稳定，能经受多次热冲击。由于 Pd 价格高于 Au，故在一定程度上限制了它的应用。随着 1C 集成度的提高和组装技术的进步，化学镀 Pd 在芯片级组装（CSP）上将发挥更有效的作用。

（7）SnPb 镀层

SnPb 合金镀层在 PCB 生产中可作为碱性保护层，对镀层要求是均匀、致密、半光亮。

SnPb 合金熔点比 Sn、Pb 均低，且孔隙率和可焊性均好。只要含 Pb 量达到 2% ~ 3% 就可以消除 Sn“晶须”问题。

在 PCB 上电镀 SnPb 合金必须有足够的厚度，才能为其提供足够的保护和良好的可焊性。MIL–STD–27513 规定，SnPb 合金最小厚度为 7.5 μ m。此规定由美国宇航局提出，并得到美国空间工业的公认。英国锡研究所提供的报告中也指出 SnPb 合金镀层的最薄厚度为 7.5 μ m。

普通 SnPb 合金镀层结构是薄片状的，有颗粒状暗色外观，镀层多针孔。这种镀层在加工过程中易变色而影响可焊性。经过热熔（红外热熔或热油［甘油］热熔）后，即可得到光亮致密的涂层，提高了抗腐蚀性，延长了寿命。热熔还可使 SnPb 合金镀层中的有机夹杂物受热逸出，可减少波峰焊接时气泡的产生。

热熔时，Cu、Sn 间会生成一层薄的金属间化合物，这是润湿所必需的，但其量必须合适，才能确保良好的润湿性，如果量大反而有害。温度越高，时间越长，越有利于金属间化合物的生长，耗 Sn 就越多，这样就可能造成靠近金属间化合物的钎料层附近出现富铅相，导致半润湿。

（8）SnZn 镀层

Sn、Zn 都广泛用于钢铁的防腐蚀上，但它们的防腐蚀机理不一样。Sn 是比钢铁更贵的金属，故它是一种阴极镀层，钢铁只有通过 Sn 镀层的孔隙才能形成腐蚀微电池，故锈蚀出现在孔隙处。

Zn 是比钢铁更贱的金属，它是通过自身的阳极腐蚀来保护钢铁的。SnZn 合金镀层兼备了 Sn、Zn 两金属的优点，而弥补了它们的缺点。该合金镀层不仅具有很高的耐腐蚀性（75%Sn/25%Zn），可焊性很好（10%Sn/90%Zn），而且不会形成“晶须”。镀层为银白色，具有镜面光泽，成本低，在电子产品中可用于代替 Ag 镀层。

（9）镀 SnCe 合金

镀锡层有生长晶须的危险，其倾向随 Sn 浓度的提高、内应力的增加而增加。Sn 还有结构变异，低温产生锡瘟。Sn 与 Cu 有互相渗透生成 Cu6Sn5 合金扩散层的倾向，过厚的合金层熔点高而脆，影响可焊性。

SnCe 合金所得到的镀层亮度高，抗蚀，改善可焊性，能细化晶粒，改善镀层。然而在镀层中还几乎测不到 Ce。这种镀层能防止基体 Cu 与 Sn 的相互扩散，镀层化学稳定性好，抗氧化能力强，可焊性稳定。

（10）其他无氟、无 Pb 的 Sn 基合金

无 Pb 合金的可焊性镀层已投入生产的有 Sn/Cu（Cu0.3%），用于电子引线电镀可获得光亮和半光亮镀层。

第三节　PCB 焊盘涂层对焊接可靠性的影响

一、PCB 常用可焊性涂层的特性描述

1．ENIGNi（P）/Au 镀层

（1）镀层特点

ENIGNi（P）/Au（化学镀镍、金）工艺是在 PCB 涂敷阻焊层（绿油）之后进行的。对 ENIGNi/Au 工艺的最基本要求是可焊性和焊点的可靠性。

化学镀 Ni 层厚度为 3 ~ 5pm，化学镀薄 Au 层（又称浸 Au、置换 Au），厚度为 0.0.5 ~ 0.1μm。化学渡厚 Au 层（又称还原 Au），厚度为 0.3 ~ 1μm，一般在 0.5μm 左右。

化学镀镍的含 P 量，对镀层可焊性和耐腐蚀性是至关重要的。一般以含 P7% ~ 9% 为宜（中磷）。含 P 量太低，镀层耐腐蚀性差，易氧化。而且在腐蚀环境中由于 Ni/Au 的腐蚀原电池作用，会对 Ni/Au 的 Ni 表面层产生腐蚀，生成 Ni 的黑膜（Ni_xO_y），这对可焊性和焊点的可靠性都是极为不利的。P 含量高，镀层抗腐蚀性提高，可焊性也可以改善。

（2）应用特性

成本高；黑盘问题很难根除，虚焊缺陷率往往居高不下；ENIGNi/Au 表面的二级互连可靠性比 OSP、Im-Ag、Im-Sn 及 HASL-Sn 等涂敷层的可靠性都要差；由于 ENIGNi/Au 用的是 Ni 和 5% ~ 12% 的 P—起镀上去的，因此，当 PCBA 工作频率超过 5GHz，趋肤效应很明显时，信号传输中由于 Ni-P 复合镀层的导电性比铜差，所以信号的传输速度变慢；焊接中 Au 溶入钎料后与 Sn 形成的 $AuSn_4$ 金属间化合物碎片，导致高频阻抗不能“复零”；存在“金脆”是降低焊点可靠性的隐患。一般情况下，焊接时间很短，只在几秒内完成，所以 Au 不能在焊料中均匀地扩散，这样就会在局部形成高浓度层，这层的强度最低。

2．Im-Sn 锻层

（1）镀层特点

Im-Sn 是近年来无铅化过程中受重视的可焊性镀层。浸 Sn 化学反应（用硫酸亚

锡或氯化亚锡）所获得的 Sn 层厚度在 0.1 ~ 1.5um 之间（经多次焊接至少浸 Sn 厚度应为 1.5μm）。该厚度与镀液中的亚锡离子浓度、温度及镀层疏孔度等有关。

由于 Sn 具有较高的接触电阻，在接触探测测试方面，不像浸银的那样好。常规 Im–Sn 工艺，镀层呈灰色，由于表面呈蜂窝状排列，以致疏孔较多，容易渗透导致老化程度加快。

（2）应用特性

成本比 ENIGNi/Au 及 Im–Ag、OSP 低；存在锡晶须问题，对精细间距与长使用寿命器件影响较大，但对 PCB 的影响不大；存在锡瘟现象，Sn 相变点为 13.2℃，低于这个温度时变成粉末状的灰色锡（a 锡），使强度丧失；Sn 镀层在温度环境下会加速与铜层的扩散运动而导致 SnCu 金属间化合物（IMC）的生长；经过高温处理后，由于锡层厚度的消耗，将导致储存时间缩短；新板的润湿性好，但存储一段时间后，或多次再流后润湿性下降快，因此后端应用工艺性较差。

3．OSP 涂层

（1）涂层特点

OSP 是 20 世纪 90 年代出现的 Cu 表面有机助焊保护膜（简称 OSP）。某些环氮化合物，如含有苯骈三氮唑（BTA）、咪唑、烷基咪唑、苯骈咪唑等的水溶液很容易和清洁的铜表面起反应，这些化合物中的氮杂环与 Cu 表面形成络合物，这层保护膜防止了 Cu 表面被氧化。

（2）应用特性

成本较低，工艺较简单；当焊接加热时，铜的络合物很快分解，只留下裸铜，因为 OSP 只是一个分子层，而且焊接时会被稀酸或助焊剂分解，所以不会有残留物污染问题；对有铅焊接或无铅焊接均能较好地兼容；OSP 保护涂层与助焊剂 RMA（中等活性）兼容，但与较低活性的松香基免清洗助焊剂不兼容；OSP 的厚度（目前较多采用 0.2 ~ 0.4μm）对所选用的助焊剂的匹配性要求较高，不同的厚度对助焊剂的匹配性要求也不同；储存环境条件要求高，车间寿命短，若生产管理不能配合，就不能选用。

4．Im–Ag 镀层

1（1）镀层特点

Ag 在常温下具有最好的导热性、导电性和焊接性，有极强的反光能力，高频损耗小，表面传导能力高。然而，Ag 对 S 的亲和力极高，大气中微量的 S（H_2S、SO_2 或其他硫化物）都会使其变色，生成 Ag_2S、Ag_2O 而丧失可焊性。

Ag 的另一个不足是 Ag 离子很容易在潮湿环境中沿着绝缘材料表面及体积方向迁移，使材料的绝缘性能劣化甚至短路。

Ag 沉积在基材铜上厚 0.075 ~ 0.225um，表面平滑，可引线键合。

（2）应用特性

与 Au 或 Pd 相比其成本相对便宜；有良好的引线键合性，先天具有与 Sn 基钎料合金的优良可焊性；在 Ag 和 Sn 之间形成的金属间化合物（Ag3Sn）并没有明显的易碎性；在射频（RF）电路中由于趋肤效应，Ag 的高电导率特性正好发挥出来；与空气中的 S、C1、O 接触时，在表面分别生成 AgS、AgCl、Ag_2O，使其表面会失去光泽而发暗，影响外观和可焊性。

二、目前国内外电子业界在 PCB 镀层的应用情况和评价

1. 有铅应用情况

大面积使用的是 HASLSn37P 钎料工艺，也有使用 OSP 工艺的。

2. 无铅应用情况

在无铅用 PCB 表面可焊性保护涂层中，发现现有的 4 种涂层（ENIGNi/Au、Im-Sn、Im-Ag、OSP）谁也没有明显的优势，因此造成了不同地区和国家选用的类型都不一样。例如，北美优选 Im-Ag，欧洲只用 Im-Sn，日本较普遍采用 OSP（少量采用 HASL-Sn），国内较多采用 ENIGNi/Au、OSP 等。综合各种 PCB 表面涂层的主要特性。

三、综合提升 PCB 镀层可焊性和抗环境侵蚀能力对改善工艺可靠性的现实意义

（1）现在电子产品的制造质量越来越依赖于焊接质量。在焊接质量缺陷中占据第一位同时也是影响最严重的是虚焊，它是威胁电子产品工作可靠性的头号杀手。

（2）虚焊现象成因复杂，影响面广，隐蔽性大，因此造成的损失也大。在实际工作中为了查找一个虚焊点，往往要花费大量的人力和物力，而且根治措施涉及面广，建立稳定、长期的解决措施也是不容易的。为此，虚焊问题一直是电子行业关注的焦点。

（3）背板产品表面保护镀层不仅要求可焊性好、抗工作环境侵蚀能力强，而且还要求与压接工艺有良好的适应性。寻求合适的背板产品表面镀层新的镀涂层工艺，能同时适应上述要求的镀层，国内外均在研究中。

（4）系统 PCBA 单板无铅化实施中，由于无铅钎料 SAC 的熔点比有铅钎料的高了 34℃，而且润湿性也差很多，在现有的 PCB 涂层工艺下，焊接缺陷率（虚焊）将比有铅情况明显增加。因此，针对系统 PCBA 单板的无铅制程全面实施，有必要对影响系统单板焊接质量的主要因素进行预先研究和试验。

（5）利用上述4种PCB表面处理涂层组装的PCBA组件，在抗恶劣环境侵蚀能力方面都不理想。

（6）采用ENIGNi/Au镀层的背板产品在用户应用中也不时发生点状锈蚀而返修。

经过上述大样品数的应用性能分析，现有的4种工艺虽各有优点和不足，但没有一种综合性能均较优的。电子组装业一直在从事有关于可能解决HASL、OSP和ENIG、Im（化学镀）等涂层相关缺点的替代表面涂层的试验和研究，寻找一种新的涂层工艺，是同时抑制PCB焊盘虚焊和提高表面非焊金属部分抗环境侵蚀能力的唯一出路。

四、Im-Sn+重熔工艺在恶劣环境下改善抗腐蚀能力和可焊性的机理

1. Im-Sn+重熔工艺流程

为了解决现有PCB表面涂层在存储一段时间后，在恶劣环境条件下耐腐蚀性能差，可焊性不良的问题，有必要研究一种改进的新工艺，以提供一种PCB耐腐蚀可焊涂层的新的处理方法，通过该方法处理后的PCB，同时具有抗恶劣环境侵蚀，延长车间寿命，保持可焊性和降低焊接缺陷（如虚焊、冷焊）的优点。

2. 试验结果

经过各种恶劣环境的多项可靠性试验证明，采用Im-Sn+重熔工艺生产的PCBA组件抵抗恶劣环境的侵蚀能力及可焊性，与现有技术Im-Sn及ENIGNi/Au、Im-Ag、OSP等相比，均表现了非常明显的优势，具体如下。

能有效地抑制虚焊、冷焊，改善焊点质量，提升电子产品工作可靠性；降低PCB储存和组装过程中对组装环境的要求，延长车间寿命；降低电子产品的生产成本和使用成本。以侵蚀现象最为严重的盐雾试验为例加以说明。

（1）经历各种恶劣环境侵蚀后抗环境的侵蚀能力

Im-Sn（重熔）样本组中，通过率为80.95%；OSP样本组中，通过率为13.04%；Im-Ag样本组中，通过率为0；ENIGNi/Au样本组中，通过率为0。Im-Sn（重熔）涂层表现了非常明显的优势。

（2）各种恶劣环境侵蚀后可焊性的综合保持能力

Im-Sn（重熔）镀层合格率为91.67%；Im-Ag镀层合格率为48.94%；ENIGNi/Au镀层合格率为31.91%；OSP涂层合格率为28.72%。Im-Sn（重熔）镀层表现了非常明显的优势。

第四节 镀层可焊性的储存期试验及试验方法

一、储存期对可焊性的影响

元器件在长期存放过程中，各种镀层金属表面的可焊性均会恶化，而且这种恶化是随着储存期的增加而增加的。

出现上述现象的原因是：

金属表面接触空气中的氧气、水分，在个别场合还会有 SO_2 气体、盐雾之类的腐蚀性气体，生成氧化膜和氯化膜，使金属镀层的可焊性不断劣化。

上层镀层与基体金属之间，两种金属原子的扩散形成的金属间化合物，使镀层有所降低，从而使表面可焊性下降。例如，将镀 Sn 导线暴露在 155℃温度下进行加速老化，就会在基体 Cu 和镀层 Sn 之间形成铜锡金属间化金物的界面层，此界面层持续 16h 作用后，其厚度将增至 2μm。这对于镀层较薄或偏心的镀 Sn 引脚而言，可想而知会把镀 Sn 层完全消耗掉，或者将引脚周围的一部分消耗掉，从而在引脚表面上露出金属间化合物界面，这样的表面是很难焊接的。因此，国际锡金属研究协会研究了镀 Sn 层和基体金属之间的相互扩散情况后，提出在镀 Sn 层和基体金属间引进一层阻挡层以延缓金属间化合物的生长速度。

当然在室温下也会形成界面合金层，但是由于这个过程进行得非常缓慢，其厚度经常都不会超过 1μm。因此，尽管长期存放，可焊性也不会明显改变。

二、加速老化处理试验

为了使元器件买方能用加速老化的方法来检查储存后的元器件可焊性，且只有那些在老化处理后仍保持良好可焊性的元器件引脚，才能经得起在室温下长期储存，其可焊性也不会有明显的下降，人们想出了各种加速老化处理办法，作为鉴定保管期间可焊性历时变化的参考。

1. 国际电工委员会推荐的老化方法

国际电工委员会推荐的老化方法中，包括 1h 和 4h 的蒸汽老化，155℃、16h 的高温老化和 10 天的恒定湿热老化等几种。湿热老化和蒸汽老化的主要影响是表层氧化和腐蚀，而 155℃的高温老化除了使基体金属表层氧化之外，还将大大加速 Cu-Sn 合金层的形成。首先显然高温老化对可焊性的影响最为严重，其次是 10 天的湿热老化和 4h 的蒸汽老化。对于 1h 的蒸汽老化，按照美国军标 MIL-STD-2O2F 中试验方法 208D 的规定，至少相当于具有各种退化效应的综合储存条件下 6 个月的自然老化量。

对于评定长期储存的导线端头可焊性在 155℃下加速老化 16h 的方法不适合于快速测定。若一定要在 155℃下做投拟试验，只要加速老化 4h 便足够了。

2．日本土肥信康等人的研究试验结论

日本土肥信康等人通过研究试验认为：

（1）与加热（150℃、lh）处理、亚硫酸气体（25℃、90%RH，SO_2 浓度为 2000ppm，5h）和盐雾（35℃、5%NaCl 水溶液喷雾、5h）处理等方法相比，蒸汽老化（90%RH、100℃、3 ~ 24h）是一种条件极为苛刻的加速老化处理方法，它能模拟所有使镀层可焊性恶化的因素，而且使用的设备相对简单，重复性良好，认为是最适宜的加速老化处理方法。

（2）对现今电子工业领域中的各类可焊性镀层，为鉴定其长期保管的可焊性，可采用试验条件控制精确度良好的可焊性试验方法，再加上能囊括所有影响可焊性恶化因素的蒸汽老化处理方法二者并用。

3．国内电子业界的试验建议

国内工业部门也有人通过试验后认为，镀层可焊性在自然储存后的变化通常可通过下述两项等效加速试验来进行模拟。

蒸汽加速老化试验。蒸汽加速老化试验把样品悬挂在沸腾的蒸馏水面上，距离水面为（25 ± 5）mm，老化时间不少于 2h。据有关资料称，蒸汽加速老化试验 2h 的可焊性劣化程度与无工业气体的储存室中无包装自然储存 25 个月后的可焊性是等效的。显然要预测 2 年后引线的可焊性，只需进行 2h 的蒸汽加速老化即可。

稳态湿热加速老化试验。稳态湿热加速老化试验把样品放入潮湿箱中，温度为 40℃，相对湿度为（93 ± 3%）RH，老化时间根据使用要求确定。稳态潮湿老化 10 天和无工业气体的储存室中无包装储存 25 个月后的可焊性是等效的。

第三章　焊接界面合金层的形成及其对焊点可靠性的影响

第一节　焊接界面

一、焊接界面的物理状态

焊接过程中，在钎料和母材之间所形成的接合面就定义为焊接界面。焊接的界面状态对焊点的物理、化学、机械及电气性能起着关键性的作用。界面的物理状态取决于被焊母材的表面洁净度，通常界面的物理状态有下述3种情况。

（1）表面很洁净，焊接过程中冶金反应进行得很充分，界面层为金属组织的连接。

（2）表面为氧化（或硫化）物膜所包覆，此时的界面层为非金属性的氧化或硫化膜所构成。

（3）表面为有机物（如油脂、手汗渍等）所污染，此时的界面层为有机物膜所组成。

上述情况（1）是确保焊接连接可靠性所必需的，而情况（2）、（3）是导致焊接连接失败（如虚焊）的根源。因此，焊接前必须彻底予以消除。

二、界面合金层的形成

1. 界面合金层形成的物化过程描述

（1）扩散

1）扩散现象。通常，由于金属原子在晶格点阵中呈热振动状态，故温度升高时，它会从一个晶格点阵自由地移动到其他晶格点阵，该现象即扩散现象。此时的移动速度和扩散量取决于温度和时间。

一般的晶内扩散，即使扩散的原子很少，也会成为固溶体而进入母材金属中。不能形成固溶体时，可认为只扩散到晶界处。因为在常温加工时，靠近晶界处晶格紊乱，从而极易扩散。

固体之间的扩散，通常可认为是在相邻的晶格点阵上交换位置的扩散。一般说来，固体金属（如 Cu）溶解在液体金属（如钎料）中变成一种液体，这时在固体金属和熔化金属之间就要产生扩散。

液态钎料和母材金属之间产生的扩散，当钎料凝固后，即呈钎料—合金—母材状态，这时金属间的相互间扩散速度虽然减慢，但扩散还在继续进行，这种扩散叫作固相间扩散。同液相—固相间的扩散相比，其速度慢得多，常温下甚至可忽略不计。

2）扩散的分类。

①按扩散类型分。

自扩散：同种金属间的原子移动。

相互扩散：异种金属原子间的扩散，如焊接时钎料和母材间的相互扩散。也有人将相互扩散称为化学扩散。

选择扩散：用两种以上金属元素组成的钎料合金焊接时，其中某一金属元素先扩散，或者只有某一金属元素扩散，其他金属元素根本就不扩散。例如，用 SnPb 焊接 Cu 时，只有钎料中的 Sn 向固体金属 Cu 中扩散，而 Pb 不扩散。

②从扩散的样式分。

表面扩散：熔化钎料的原子沿被焊金属结晶表面的扩散。一般认为，这种扩散过程活化能是比较小的。例如，用 SnPb 钎料焊接 Fe、Cu、Ag、Ni 等金属时，Sn 在其表面有选择地扩散，由于 Pb 能使表面张力下降，还会促进扩散，因此，这类扩散也属表面扩散。

晶界扩散：熔化钎料原子和固体金属的晶界扩散。一般来说，晶界扩散的活化能比晶内扩散要小。但在高温下，活化能不占主导作用，所以晶界扩散和晶内扩散均很容易发生。然而在低温下，活化能的大小成为影响扩散的主要因素，这时晶界扩散将非常显著，而晶内扩散将减少，故看起来只有晶界扩散。

另外，越是晶界多的金属，即金属的晶粒越细，就越易结合，机械强度也就越高。而经过退火的金属，由于出现了再结晶、孪晶、晶粒长大，所以扩散过程很难进行。因此，为了易于焊接，加工后的母材晶粒越小越好。

晶内扩散：熔化钎料原子扩散到晶粒中去的过程叫晶内扩散或体扩散。钎料原子向母材金属内部的晶粒内扩散，可形成不同成分的合金。在某些情况下，晶格变化会引起晶粒自身分裂。例如，钎料原子的扩散超过母材的允许固溶度，就会产生像 Cu 和 Sn 共存时的那种晶格变化，使晶粒分裂，形成新晶粒。这种扩散在铜及黄铜等金属被加热到较高温度时常发生。

（2）菲克（Fick）定律

1855 年，菲克在热传导理论研究中导出了关于扩散的两个法则，即菲克定律。因此，扩散常用“菲克定律”来描述。它明确地给出了参与扩散的温度、扩散速度、浓度、时间等参数的相互关系。用它计算所得结果与实验值近似。

1）菲克第一定律。假定有 B（如熔化的钎料）、A（如母材铜）相接触，在某一温度下加热 t 时间，B 金属原子通过截面积 S 有质量 m 的原子扩散到 A 金属中去，如图 3–1 所示。

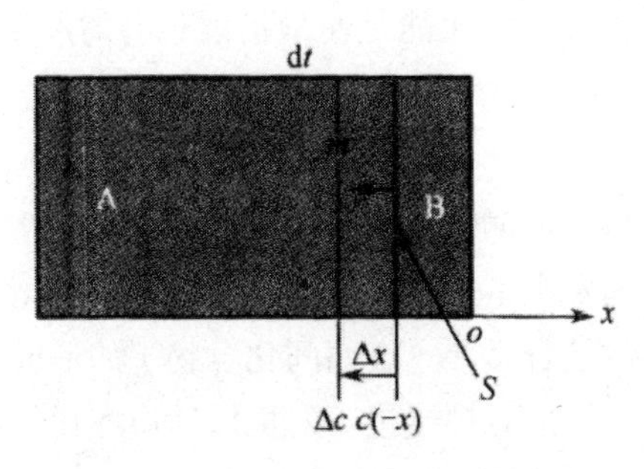

图 3–1　菲克第一定律示意图

由于扩散是沿 x 轴的负向进行的，若设距离为 –X 处的 B 的浓度为 c，则 B 原子在母材金属 A 中的扩散浓度梯度为 dc/djc。则单位时间通过面积 S 的扩散量 m 可由下式确定：

$$m = -SD\frac{dc}{dx}dt$$

式中 D——扩散常数（表示扩散原子的移动）；

S——接触面积；

dc/dx——扩散物质的浓度梯度；

dt——扩散时间。

2）菲克第二定律。当扩散服从于菲克第一定律时，处在扩散方向上 x 点的扩散物质的浓度 c 和时间 t 的关系，可由菲克第二定律确定。

$$\frac{dc}{dt} = D\frac{\partial^2 c}{\partial x^2}$$

3）扩散的活化能。由上式可知扩散量 m 同截面积 S 和浓度梯度 dc/ck 成正比。而扩散常数可由阿尔海纽斯（Arrhenius）公式求得：

$$D = Ae^{-E/kT}$$

式中 A——频度常数（cm^2/s）；

k——玻尔兹曼常数；

T——绝对温度；

E——活化能（kcal/mol）。

由上式可知，扩散常数 D 与绝对温度 T 成正比的指数函数关系，随温度成正比地发生明显的变化。

由于扩散的发生必须经过活化状态，即物质的扩散必须要某种活化能，我们把它定义为扩散活化能。因此，活化能是衡量扩散难易的尺度。由上式可知，D 与 E 成反比指数函数关系，活化能小的扩散就容易发生。

2．合金层的形成

焊接过程与水在玻璃上的润湿情况是不同的，由于焊接是熔融的钎料和母材金属间直接接触，二者之间发生了金属学的相互反应。作为该现象的代表性产物，是伴随着合金化反应而导致了合金层（金属间化合物）的形成。该合金的存在必须用显微镜才能识别。其存在不但对焊接接头的机械性质或化学性质有很大的影响，而且对接头的电气性能如电阻也有影响。

正常焊接情况下，钎料成分中的原子向母材金属组织内扩散，而母材金属原子也向钎料中扩散、溶解而生成合金。这些位于焊接界面上的合金层可以区分为：

生成均一的扩散层（固溶体型合金）；生成化合物层（金属间化合物生成扩散层和化合物混合层。

焊接时，这些扩散层作为被焊母材上的润湿层，是由钎料成分中元素原子向母材内部扩散而形成的。其扩散模式随母材和钎料等的合金学特性、母材金属的结晶形状、焊接条件（温度、时间）等的不同而异，如图 3–2 所示。

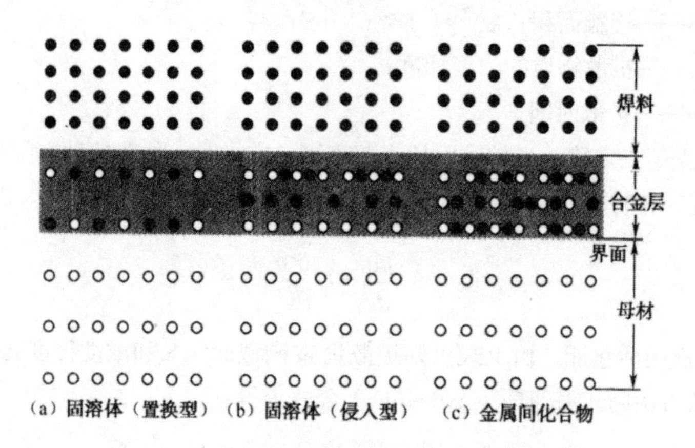

图 3–2　在焊接界面上原子扩散模式示意图

这层介于钎料和母材金属之间的扩散层的形成类型，是随母材和钎料的不同组合而异的。通常，多数情况下是形成金属间化合物。

图 3-2 示出了焊接界面上原子扩散的三种模式，即：

（1）固溶体（置换型）：钎料中的原子进入母材内部并置换了母材中的原子。

（2）固溶体（侵入型）：钎料中的原子进入母材结晶格子的中间，在其界面附近与母材的结晶格子呈不规则的混合状态。

（3）金层间化合物：扩散的钎料原子和母材原子按原子量的比例以化学键结合的状态存在。例如，用 SnAgCu 钎料合金焊接 Cu 基体时，此时在 SnAgCu 钎料合金中出现了 Cu_6Sn_5 和 Ag_3Sn 两种金属间化合物。

三、影响合金层生长的因素

1．温度的影响

Cu 母材和 Sn 系钎料之间，焊接时在其界面必定会形成合金层（以下简称 IMC）。熔融 Sn 和固体 Cu 在不同温度下反应所形成的 IMC 的种类和厚度的关系如图 3-3 所示。所形成的 IMC 包括 η 相（Cu_6Sn_5）、ε 相（Cu_3Sn）、δ 相（Cu_4Sn）、γ 相（$Cu_{31}Sn_8$），由于反应温度的不同而形成的金属间化合物也是不同的。

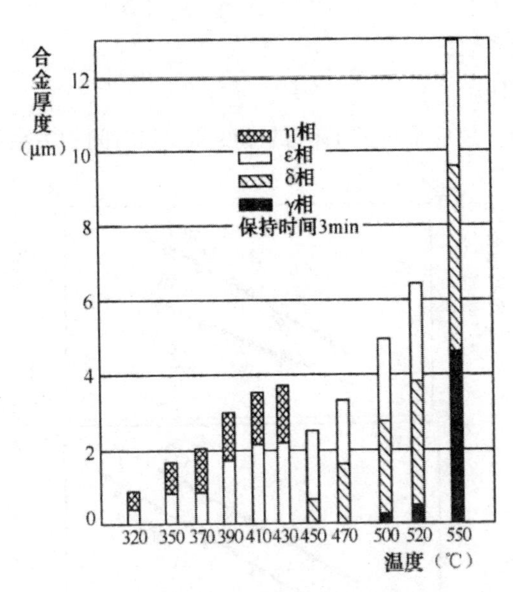

图 3-3　熔融 Sn 和 Cu 之间在不同温度下形成的 IMC 层的种类和厚度

SnPb 共晶钎料和 Cu 之间，在正常的再流状态下 lmin 以内的短时间所形成的界面组织。在现实中它几乎是电子器件焊接中典型的界面构造。此时，焊盘金属表面的形态变化小，几乎是平坦的。而高温长时间的焊接场合下，钎料合金对 Cu 的溶蚀将变得激烈起来，焊盘 Cu 层将显著地被侵蚀。

在 Sn 系合金和母材 Cu 之间，形成 $\varepsilon-Cu_3Sn$ 和 $\eta-Cu_6Sn_5$ 两层金层间化合物。在正常再流情况下 $\varepsilon-Cu_3Sn$ 的厚度非常薄因而很难将其分辨出来，在图中所能见到的反应层几乎都是 $\eta-Cu_6Sn_5$。Cu_6Sn_5 金属间化合物与 Cu 在所有钎料中均有很好的黏附性。

界面层的形态对连接的可靠性影响很大，但由于金属间化合物的脆性和母材的热膨胀等物性上的较大差异，因此，很容易产生龟裂。

IMC 的生长和发育受扩散现象所支配，由上面式子可知，扩散常数 D 与绝对温度 r 成正比的指数函数关系，扩散随温度的增减将发生明显的变化。因此，为了抑制 IMC 的过分生长，控制好焊接温度不能过高是非常重要的。

2. 反应时间的影响

IMC 厚度的生长速度一般服从扩散定律，即一方面和加热时间的平方根成比例，另一方面也随加热温度的上升而随扩散系数的平方根成比例地增加。合金层的厚度 W 可按下式近似地求得。

$$W=\sqrt{2Dt}$$

式中 D——扩散系数；

t——反应时间。

熔融 Sn 和固体 Cu 反应形成的 IMC 的厚度和加热时间的关系如图 3-4 所示。

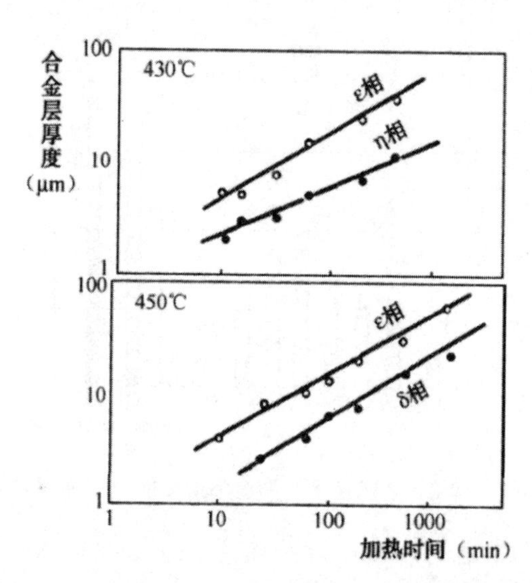

图 3-4 熔融 Sn 和固体 Cu 反应形成的 IMC 的厚度和加热时间的关系

由图 3–4 可以看出它们之间成直线关系。而且，厚度除 η 相太小（Cu_6Sn_5）外，其他的各相直线斜率大体为 0.5，即大致和加热时间的平方根成比例增加。

IMC 不仅在固体金属和熔融金属之间形成，而且也能在固体金属之间反应形成。即在焊接时即使是生成的 IMC 厚度合适的良好焊点，如果将其放置在高温环境场合，还会生成新的合金层。以 SnPb 系钎料合金焊接的接合部为例，其 IMC 的成长和环境温度的关系如图 3–5 所示。

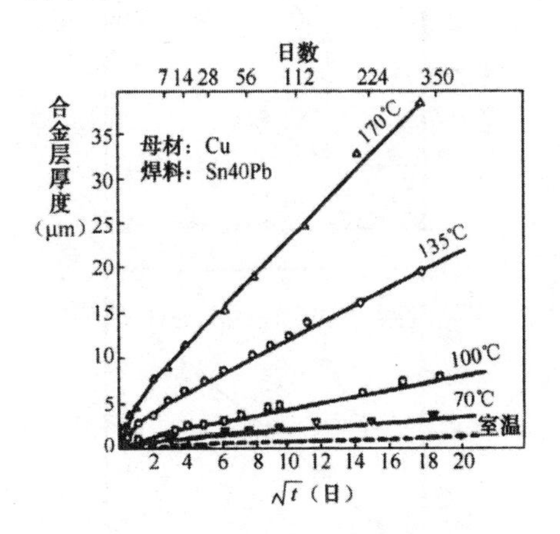

图 3–5 接合部合金层生长受环境温度的影响

由以上分析可知，即使是很完善的焊接接头，如果是使用在高温环境中，由于其 IMC 过于发育，导致界面发生破坏和断裂的事故也时有发生。特别是对微小焊接点来说，IMC 的增厚会使 IMC 在焊点中的比例增大，这对焊点的连接可靠性是非常不利的。

3．钎料中 Sn 浓度的影响

IMC 的生长通常随钎料中 Sn 的浓度增大而变厚，如图 3–6 所示。

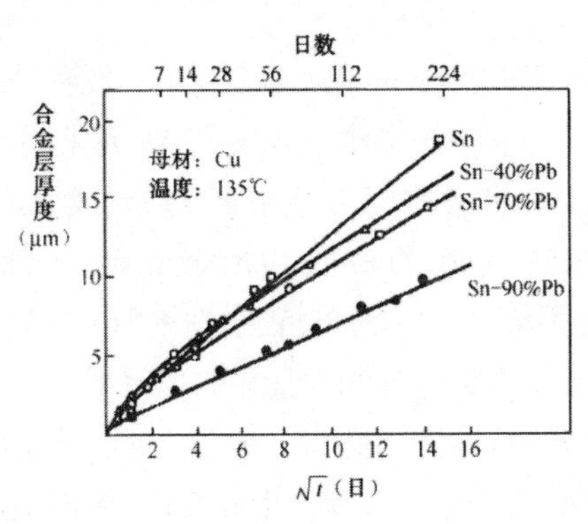

图 3–6 IMC 的生长与钎料中 Sn 浓度的关系

4．钎料成分的影响

图 3-7 表示了钎料为固态的温度下，Sn 和 Sn3.5Ag 对 Cu 之间的界面反应层的生长情况。反应层的构成是相同的，但生长的情况是不同的。这与 Sn 的浓度上的差异及合金元素 Ag 的影响有关。

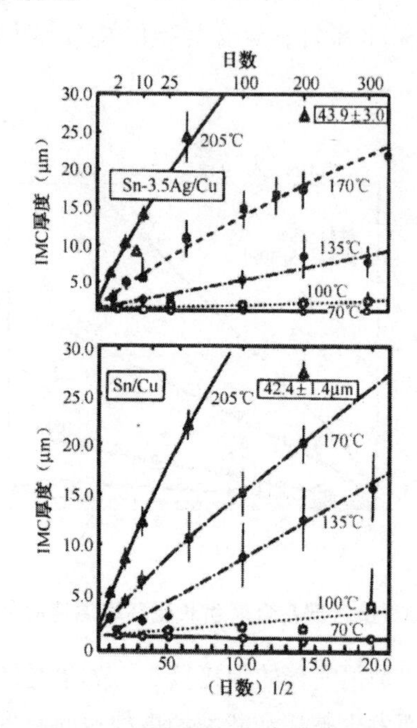

图 3-7　固相情况下反应层的生长

5．母材涂层种类的影响

PCB 铜焊盘目前最常用的涂层是：ENIGNi/Au、Im-Ag、Im-Sn、OSP。然而从焊接时发生冶金反应的属性来看，最终与液态钎料中的 Sn 起冶金反应的底层金属元素可区分为下述两种情况：

（1）底层金属 Ni 与钎料中的 Sn 发生冶金反应：此种情况只发生在底层金属镀 Ni 的 ENIGNi/Au 镀层工艺。因为在焊接过程中，Au 元素很快熔入钎料中去了，仅有暴露的底层金属 Ni 元素与钎料的 Sn 发生冶金反应形成 IMC。

（2）母材金属 Cu 与钎料中的 Sn 发生冶金反应：此种情况出现在 Im-Ag、OSP、Im-Sn 等涂层工艺情况下。在焊接过程中发生的 Im-Ag 涂层工艺的 Ag 将很快熔入焊料中去；而 OSP 涂层在助焊剂和焊接热的作用下，也将很快分解完。上述两种情况下，最终直接暴露的是母材金属 Cu 与 Sn 发生冶金反应。而 Im-Sn 镀层中的 Sn 溶化也直接与母材金属 Cu 发生冶金反应生成 CuSn 铜锡金属间化合物（IMC）。

图 3-8 描述了上述两种冶金反应所形成的 IMC 在厚度上存在的明显差异，这

是由于 Sn 对 Ni 的扩散活化能（65.5kcal/mol）比 Sn 对 Cu 的扩散活化能（45.0kcal/mol）要大的缘故。 所以 Sn 对 Cu 的扩散要比 Sn 对 Ni 的扩散容易，故形成了 IMC 厚度上的差异。

显然，在相同的老化温度和时间（10h）的情况下，Sn3.5Ag 和 SAC405 两种钎料合金和 OSP、ENIG 两种不同的涂敷工艺所形成的 IMC 厚度上的差异很大，例如：

·对 Sn3.5Ag 钎料，在 OSP、ENIG 两种不同的涂敷工艺下所形成的 IMC 厚度上差异比值为

$$IMC_{(Osp)}/IMC_{(enig)}=2.75\text{倍}$$

·对 SAC405 钎料，在 OSP、ENIG 两种不同的涂敷工艺下所形成的 IMC 厚度上差异比值为

$$IMC_{(Osp)}/IMC_{(ENIG)}=2.33\text{倍}$$

至于两种不同的钎料成分（Sn3.5Ag 和 SAC405）所形成的 IMC 厚度上的差异，则是由于两种钎料中 Sn 的浓度不同所导致的结果。

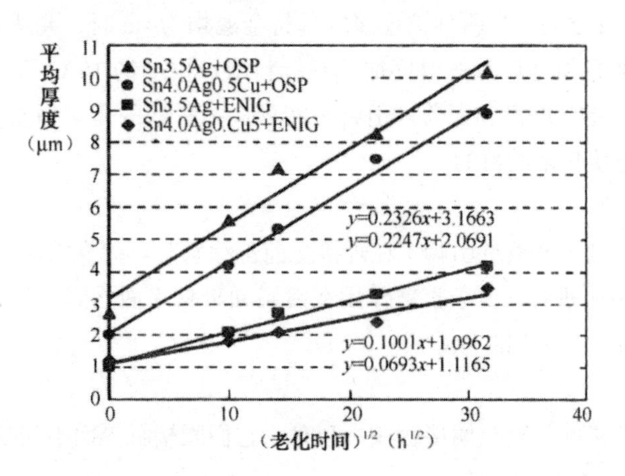

图 3-8　不同的母材表面涂层工艺对 IMC 厚度的影响

第二节　IMC 对焊点可靠性的影响

一、IMC 对焊接连接的意义

1．IMC 对焊点强度的影响

焊接是依靠在接合界面上生成 IMC 而实现连接强度要求的。而 IMC 的生长形态

是多种多样的，因此它对连接界面可靠性的影响也是很复杂的。焊接界面的稳定性依赖于 IMC 的厚度，由此也可预测 IMC 对构成焊点钎料的体积的影响。如上所述，作为焊料球将会有比较多的 Cu 能参与界面层的形成，但若是由焊膏供给的场合，则钎料的体积将减小，而界面化合物将相对增加。特别是随着安装越来越朝着微细化方向发展，随着焊接部的微小型化，IMC 的相对体积也将增加。为了确保可靠性，必须充分考虑焊接界面所可能出现的各种各样的形态，选择最优化的合金设计，这对焊接接头的机械、化学、电气等性能有着关键性的意义。

2. 理想的界面组织

界面层的形态对焊接接续部分的结构可靠性有很大的影响。特别是厚度，要特别注意避免过厚的 IMC 层，易导致诸如组织结构变化、微小空洞、尺寸等不必要的缺陷。

二、IMC 状态对焊点可靠性的影响

以 SnPb 钎料为例，当两种被连接的母材金属均为 Cu 时，要达到持久牢固的机械连接目的，就必须将焊点的温度加热到钎料溶点以上约 15℃，时间为 2 ~ 15s。这时钎料才有可能在焊盘和元器件引脚之间形成一种新的化学物质，而达到持久地将二者牢固地连接起来的目的。

1. 焊接之前

通常母材金属（元器件引脚）在焊接之前都涂敷有可焊性涂层，如 Sn 涂层。它们经过了一段储存期后，由于扩散作用在镀层和母材表面之间的界面上都会不同程度地生成一层 η-Cu_6Sn_5 的 IMC 层。

2. 接触

当两种被连接的母材金属接触在一起时，它们间接触界面中间是一层纯 Sn。

3. 加热接合

在 Cu 基板和共晶或近似共晶钎料 SnPb、SnAg、SAC 及纯 Sn 的界面处的初始生成的 IMC 为 η-Cu_6Sn_5。不大确定的是，在 Cu 基板和 η 相之间的界面处另一稳定的 ε-Cu_3Sn 相能否生成，这种不确定性的原因是 ε 相非常薄，即使存在也需要透射电镜（TEM）才可分辨出来，而普通扫描电镜（SEM）不能识别焊点凝固后的 ε 相。而在较高温度下 ε 相却能在更早的反应时间内生成。

Cu_3Sn 比较薄，且 Cu 和 Cu_3Sn 的界面比较平坦，而 Cu_6Sn_5 比较厚，在钎料侧形成许多像半岛状的突起。

当连接部受到外力作用时，界面的高强度应力集中最易发生在凸凹的界面处，而不会在平坦的界面上形成。

在实际的基板上，由热疲劳等而引发的龟裂，与由钎料圆角、引线、基板上的图形，以及部件的材质和形状等所引发的应力集中的情况是不同的。因此，所有发生在界面上龟裂的原因，多数场合是由于在界面形成了不良的合金层所致。

$\eta-Cu_6Sn_5$ 层有三种形貌，即：

界面粗糙的胞状层：在俯视图中其形状与圆柱状晶粒相似，但横截面表现为树枝晶，树枝间有大量空隙。故这种 IMC 层不致密，与焊料接触界面粗糙。

扇贝状界面的致密层：在俯视图中这种形状类似胞状晶粒，但 IMC 层是致密的。与焊料接触的界面类似于扇贝状。

平直界面的致密层：当 Pb 含量、温度和反应时间增加时，η 层的形貌逐渐从粗糙的胞状层向扇贝状的致密层转变。ε 层总是致密的且界面接近平直。

快的冷却速率产生平直的 Cu_6Sn_5 层，慢的冷却速率出现小瘤状的 Cu_6Sn_5 形貌。再流时间对 IMC 形貌也有影响，时间短产生平直的 η 相形貌，时间长则更多产生小瘤状的或扇贝状的 η 相。而 ε 层与再流时间无关，它总是平直地生长。

因此，当将两种接触的母材金属加热使 Sn 熔融时，由于温度的作用，在两母材金属表面将发生明显的冶金反应而使两母材金属连接起来。此时在两母材表面之间的接缝中将同时存在 $\varepsilon-Cu_3Sn$ 和 $\eta-Cu_6Sn_5$ 两种金属间化合物层。贴近 Cu 表面生成的是 $\varepsilon-Cu_3Sn$，而原来中间的纯 Sn 层为生成的 $\eta-Cu_6Sn_5$ 相所取代。

4. 加速生长

在等温凝固的最初阶段，$Cu_6Sn_5$5 和 Cu_3Sn 相的生长，是以 Cu_6Sn_5 的生长为主。当所有可反应的 Sn 都消耗完后，Cu_3Sn 相的生长通过消耗掉 Cu 和 Cu_6Sn_5 进行反应，最后，接合层就仅由 Cu_3Sn 构成了。

若此时对接合部继续加热，$\varepsilon-Cu_3Sn$ 快速发育，其结果是整个接缝均被 $\varepsilon-Cu_3Sn$ 填充。由于 $\varepsilon-Cu_3Sn$ 金属间化合物是一种硬度更高而脆性更大的合金相，如果温度过高，生成的金属间化合物太厚，焊点的机械强度就会降低。

三、IMC 厚度对焊点可靠性的影响

有学者针对纯 Sn、Snl.5Ag、Sn2.5Ag 三种合金在 Cu 上组成的 BGA 焊点进行实验研究表明，IMC 层存在一个临界厚度，此时的剪切强度最大。所有三种钎料的临界 IMC 层厚度约为 0.2μm。但三种钎料出现 IMC 临界厚度时的再流时间不同，纯 Sn 为 60s，含 Cu 钎料约为 15s。当 IMC 厚度薄于临界厚度时，剪切疲劳发生在钎料内部。随着再流时间的增加，剪切强度随钎料基体中 Cu_6Sn_5 的增多而增高。随着再流时间的进一步增加，界面 IMC 超过了临界厚度，剪切试验观察到在 IMC 层中发生脆断。因此，剪切强度随再流时间的增加反而降低。

德国ERSA研究所的研究表明，生成的金属间化合物厚度在4μm以下时，对焊点强度影响不大。正常时，焊接中通常CuSn合金层的厚度在2～4μm之间。

四、IMC微组织结构对焊点可靠性的影响

IMC形成质量对焊接接合部可靠性的影响主要表现在下述几个方面。

1. Pb偏析

有学者在研究了界面显微组织在裂纹生长中的影响时指出：沿钎料界面的疲劳裂纹的生长速率与释放的应力与老化时间有关。在长时间的高温老化，如在140℃下老化7～30天，由于在界面附近钎料中的Sri与母材金属Cu进行冶金反应形成Cu-Sn金属间化合物过程中消耗了Sn，因而在紧挨界面IMC形成了一个连续的富Pb相区域而造成Pb偏析，从而提供了疲劳裂纹易于扩展的途径。

2. 片状Ag_3Sn

当ASC387-BGA钎料球以较慢的速度（0.02℃/s）凝固时，大片状的Ag_3Sn会贯穿整个钎料。在靠近Cu_6Sn_5的IMC层处可观察到有大的片状Ag_3Sn颗粒，有人研究疲劳裂纹伸展的途径时发现，裂纹正是沿着Ag_3Sn/IMC相的界面扩展的。显然，大片状的Ag_3Sn会对焊点延展性和抗疲劳造成不利影响。

大片状的Ag_3Sn的形成取决于：

Ag的浓度：高浓度Ag有利于Ag_3Sn的形成，故Ag的含量最好低于3wt%。

冷却速率：Ag_3Sn的生长需要液相中的Ag和Sn原子的长程扩散，相对较慢的冷却速率会赋予Ag_3Sn生长的时间更长。因此，对BGA焊点的冷却速率应大于1℃/s或2℃/S。在SMT再流炉中，冷却速率一般在50～201℃/min之间。因此，大片状的Ag_3Sn在焊点中并不常见。但在大元器件或厚基板中，会出现这种风险。

Cu的含量：焊点中的Cu含量会促进大片状Ag_3Sn的生成。在SAC387等钎料中，Ag_3Sn的含量百分比随Cu含量的增加而增大。也有报导，在Cu溶解到钎料的地方，出现邻近Cu基板处Ag_3Sn的形成，以及大片状Ag_3Sn在靠近Cu/钎料界面处的形成。

3. 柯肯多尔（Kirkendall）空洞

有试验表明，随着焊点老化时间的增加，空洞在Cu_3Sn相中形成。SnAg和SnPbAg焊点的剪切强度均随老化时间的增加而降低。老化初始时刻是发生在钎料和IMC中混合断裂，而老化达1000h后就完全在IMC层中断裂。

Cu_3Sn层中空洞的形成与Cu基板制造工艺有关，有学者研究表明，如SnAg共晶钎料在电镀Cu上于190℃老化3天后可观察到空洞，而对轧制的Cu箔上在相同温度下老化12天，在ε相和η相中均未发现空洞。在Cu_3Sn的形成过程中，Sn和Cu不同的扩散速率使其物质迁移不平衡，导致了空位或微小的柯肯多尔空洞的形成，

电镀过程中带入的氢会加速这种空位或空洞的形成。

在 BGA 近似共晶的 SAC 钎料球和 Cu 焊盘上的焊点界面在 100℃、125℃、150℃和 175℃等温老化 3 天、10 天、20 天和 40 天，进行跌落和剪切试验时，在 Cu-Cu_3Sn 间的界面观察到了柯肯多尔空洞。在 125℃老化 3 天后空洞占整个焊接界面的 25%。柯肯多尔空洞随老化温度和时间的增加而增加。例如，125℃下老化 10 天的跌落试验性能比未老化的性能降低了 80%。

在无电解镀 Ni-P 合金的情况下，从镀层 Ni 向钎料侧由扩散过程形成了 Ni_3Sn_4 和薄的 Ni_3SnP。由于在与 Sn 的反应中消耗了 Ni，多余的 P 就积累在 Ni/IMC 界面；而导致了富 P 层（Ni_3P+Sn）的出现。在 Ni_3Sn_4 和富 P 的 Ni 层界面上由于 Sn 扩散进入 IMC 层后，在 IMC 层上的钎料里就容易出现柯肯多尔空洞，如图 3-9 所示。

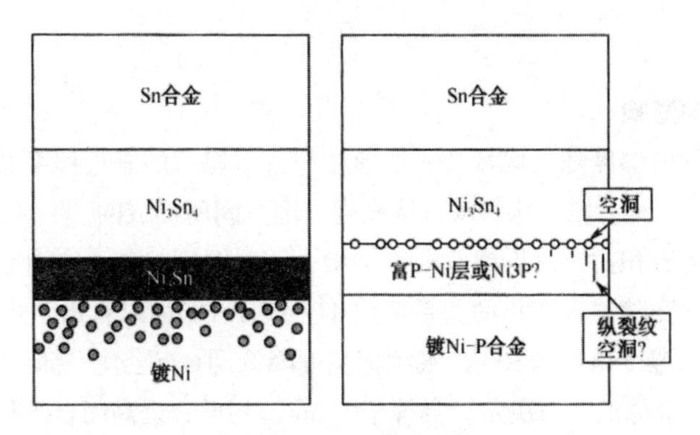

图 3-9　镀 Ni 和 Sn 合金界面的模型

第四章　环境因素对电子装备可靠性的影响及工艺可靠性加固

第一节　在环境作用下电子产品性能的变化

一、湿度的影响

大气层空气的湿度随气候特征、地形或与含水媒质的靠近程度而在大范围内变化，湿度是由露、雾、霜、冰和水直接充满周围空间所形成的。

在一个闭合容积内，降低空气温度会增大相对湿度，甚至会引起露水。例如，从空气的绝对湿度随温度变化的关系曲线（见图 4–1）可以看出，当温度从 A 点降低到 0 点时，相对湿度增大到 100%。继续把温度降低到 C 点会使一部分水汽变成露水，露水的数量由纵坐标的差值决定，且等于 $5g/m^3$。相反，提高闭合容积内的温度时，空气湿度将降低。

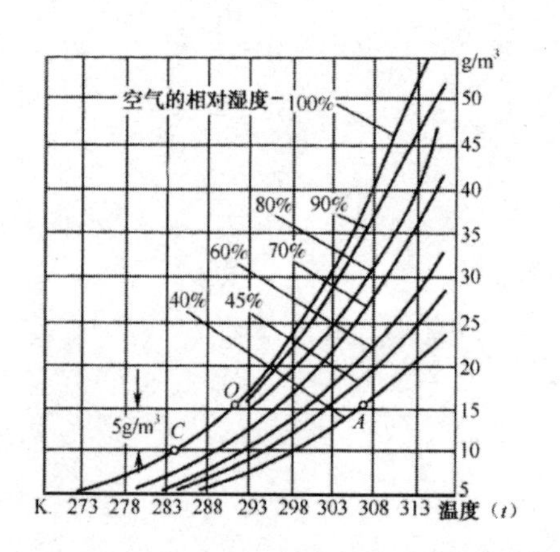

图 4–1　空气湿度随温度变化的关系曲线示意图

在海上，甲板上配置的设备不断受到海水中所含盐类的作用，当电子设备放入大海深处时，除了化学作用之外，还有水高压作用，除此之外，在海水中工作的仪器还会附上海生植物和动物。海水是导电的，它是能增强接触连接处电化学腐蚀作用的良好介质。当把金属定期放在水中和空气中时，金属被腐蚀的速度与温度相关：温带气候条件下，腐蚀速度将增大1倍或更多；而在热带气候条件下，则将增大3倍。

潮湿能加速金属的腐蚀，改变介质的电气特性，促使材料热分解、水解、长霉，以及引起设备在机、电等方面的损坏。在单位体积的空气中，水的含量取决于空气的温度和压力。空气中水的含量（温度100℃以下）受水蒸气的临界量所限制，超出这个临界量，水蒸气就变成冷凝水状。

水与材料相连接的两种基本形式是：

①水成为与物质进行化学结合的结构元素，而且除非把材料破坏，否则就不可能把它除去；

②水未与物质进行化学上的结合，只在物质中占据一些空穴，处在毛细管、裂缝之内或残存在物体的表面和分散在很细的粒子上。

物体从空气中能吸收水分的能力，称为吸湿性。介质可能具有表面的和体积的吸湿性。材料表面吸湿的物理—化学过程称为吸附作用。整个体积吸湿过程称为吸收。材料的多孔性或纤维结构可能是吸收水分的原因。

对于不溶于水的物质，吸附过程是在物体表面的自由价结合时进行的，随后逐渐填满毛细管。当物质内水分的含量，即填充毛细管的程度与空气湿度相适应时，平衡就建立起来了。当空气中相对湿度为100%时，填充量最大。

相对湿度小时，材料表面就形成单分子水层；相对湿度大时，就开始组成多分子水层；相对湿度接近90%RH时，水层厚度就急剧地增加；超过90%RH时，吸附了的水层就处于液体状态。

各种材料的水蒸气吸附作用是不一样的。若材料具有离子结构（如玻璃），则水蒸气的吸附作用就大。极性小或非极性分子组成的材料（如石蜡、氟塑料），则蒸汽的吸附作用显得比较弱。水的极性分子对离子的吸引力比对中性分子的吸引力大得多。水分子对材料表面的这种吸引力，可能比水分子之间的吸引力小也可能大。

第一种情况：水将在材料表面形成单独的水珠，但不能润湿表面；

第二种情况：水力图占据绝缘材料表面的最大面积，并将其润湿。

水分润湿材料表面的能力，可用润湿角θ估计，如图4–2所示。

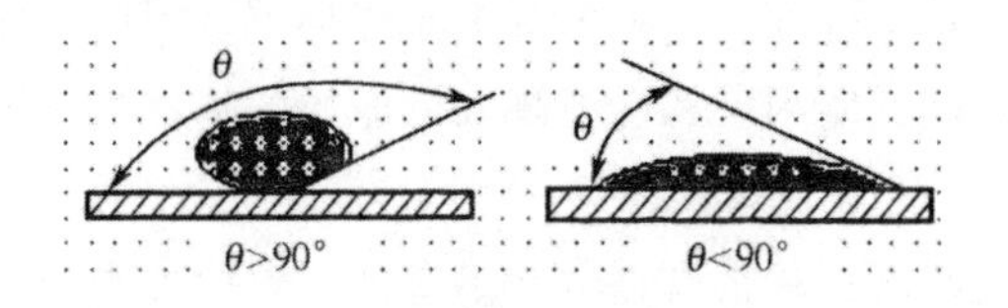

图4–2　水分润湿材料表面的能力示意图

在材料表面形成的水膜，由于其电阻低以及杂质和污垢的分解，材料表面电阻就将降低。由于大气中的CO、盐和日光对绝缘材料的作用，被材料吸附了的水膜就将变成离子化的水膜。将吸水极少的材料样品置于正常温度下，如相对湿度为100%RH的大气中，在数秒内，样品表面就将形成离子化的导电薄膜；1 ~ 5min内，表面电阻就急剧下降。玻璃、石英、滑石和云母等由于其表面具有水分子层，故表面绝缘电阻就比较低。

毛细管的凝聚作用取决于充满空间的蒸汽压力，同时还取决于弯月形液面的曲率。蒸汽的平衡压力就是由它来确定的。

水分子向着蒸汽压力低的地方移动。如果绝缘材料周围的空气湿度增大，并且这时空气中的蒸汽压力高过绝缘材料内水蒸气的压力，则空气中的水分就会透过表面的薄膜，逐渐渗入到压力小的内部。随着材料内水蒸气压力的增大，水分的渗透过程也跟着缓慢下来，当材料内部和外部压力平衡时迁移就停止。

在高湿与高温同时作用下，绝缘材料内水分的平均含量就会增加，其吸湿速度也会加快。由于分子排列不整齐和分子的热振动会造成分子间隙。分子内和分子间的间隙，是有机介质透水性不可消除的原因。

非极性材料吸收的湿气是很少的，其表面不被水所润湿（其表面是疏水的）。因此，其体积电阻率和表面电阻率都较高。

极性材料具有很大的吸水性，有着对水敏感的表面，以及材料中杂质离子的分解作用，故这些材料的体积电阻、表面电阻和绝缘强度都降低了。在分子组成中含有羟基OH的极性材料，其吸湿程度很大。孔状结构的无机介质也具有体积吸湿性。

在聚酚、酰胺和三聚氰胺缩合树脂中，水是化学反应的副产物，需长期干燥才能将其去掉。若这些材料含有剩余水分，就会使介质损耗和介电常数增大。

多数塑料吸收1%的水分就会使长度增加约0.2%；相反，损失1%的水分就会使长度缩短0.2%。当产品中的湿气或挥发物与周围介质发生交换时，聚酚压制品和氨基塑料的尺寸就会随着质量的变化而发生变化。由于扩散系数极小，起初仅仅是产品的表面层参加挥发物的交换。由于产品尺寸不均匀地变化，延伸率小的硬性塑料的整个截面上，会产生很大的内应力。该应力会大大地改变起始的物理机械性能，并使材料发生翘曲，产生表面的很深的裂缝，以致损坏。在产品表面形成的裂缝，会使湿气易于渗透到材料内部，并降低其电绝缘性能。因此，任何塑料散发和吸收挥发物的能力越小，则其使用可靠性就越高，原始的物理机械性能的改变就越小。反之则相反。

固体有机材料的吸湿，是带有部分水溶液的材料内部水蒸气活化扩散的缓慢过程。同一厚度的不同材料，由于平衡状态所达到的时间不同，其吸湿的曲线也各不相同。在转移到高湿地区和温度升高的条件下，吸收水分的极限值就会增大。

玻璃布一类的层压材料具有同样的性能。湿气被吸附在玻璃纤维的表面上，并缓慢地渗透到材料的深处。

浸渍并不能完全防止纤维材料免受湿气的影响，其作用只不过是在某些时间内阻止湿气渗透而已。因此，一般来说，层状材料的绝缘电阻不高和损耗较大。这些材料的电击穿不是取决于其组成元素的耐电强度，而是主要取决于湿气和离子混合物的含量。

水分是借水本身的或附加的压力，透过不透水织物的空隙来扩散，也可能是借织物的润湿，随后沿着毛细管来扩散的。或是二者结合起来。

绝缘材料所吸收的水分会降低介质的绝缘电阻和击穿电压。但介质的电气特性不但取决于所吸收水分的多少，而且还取决于水分在材料内的分布。材料内水分子间互相分离越小，则绝缘电阻和击穿电压降低越大。在一些材料内的水分，会分布成整片的管道状而能使导电电路发生短路。

潮湿会大大地使材料的热绝缘性劣化。水分渗入到材料内部，会将空气从气孔和细胞中排出来。水的热传导系数比空气的热传导系数大 24 倍，因此，即使材料不太润湿，也能使其热传导系数剧烈地增大。

二、热和冷的影响

温度的上升会引起物体膨胀，而冷却则会引起物体收缩。均质体则要改变直线尺寸△ l，△ l 按下列关系变化

$$\Delta l = a_t l\,(T_2 - T_1)$$

式中 l——物体的直线尺寸；

T_2——受热体温度（K）；

T_1——物体的初始温度（K）；

a_t——线膨胀的温度系数。

在 PCBA 基板组件的组装中若未考虑直线尺寸的变化，那么由于各部分构件的线膨胀温度系数（CTE）不匹配，就会使基板遭受很大的应力而发生变形、扭曲和焊点断裂。

热冲击是由环境温度急剧改变而经过 0℃时构件的温度变化的速度来表征的。结构件材料温度变化的速度取决于材料的热导率。在非均匀结构中，材料的热破坏特别严重。

由于热影响，材料急剧老化而丧失机械性能和电气性能，温度变化时，电容器

的电容量变化，绝缘电阻降低，回路的固有电容和 Q 值及电阻器的电阻值改变。结果，设备的调谐遭受破坏，无线电装置的灵敏度和选择性降低，在温度低于 233K 时，某些绝缘混合剂和其他绝缘材料会变硬而开裂。

热的影响可能是连续的（经常性的）、周期性的或非周期性的。

设备产生经常性的热影响，是由设备内部及设备与恒定的外界环境建立起来的热交换状态所决定的。这种性质的热过程并不取决于设备元器件的热容量。

周期性的热影响是由重复的短时间的接通设备或设备周围的空气温度的变化，定期的太阳照射和其他周期性的热影响所决定的。周期性的热交换是野外和飞机上使用的设备所具有的特点，在电子设备中是最经常遇到的。

非周期性的热影响，取决于冷或热对设备元器件个别的、比较罕见的影响。譬如在冬天，将设备从温暖的室内拿到室外去就是如此。

由经常性的热影响所引起的产品损坏，主要是由于设备元器件材料的极限容许温度与热影响的数值不符，或是由材料老化而引起的。

由周期性热影响所引起的损坏，通常是由设备元器件的多次变形所产生的。影响的强度取决于最高和最低温度间的差数。

非周期性的热影响所引起的损坏，与设备元器件的温度变化速度（热冲击）有关。

热和冷的作用，首先关系到材料的尺寸变化。在材料相同时，零件的各种尺寸会由于温度的升高而按比例地增加，但零件的形状并不发生变形，只有当零件的材料不均匀和各个部分的温度不一样时，或者在零件上施加机械负荷时，零件才发生变形。

与塑料在一起使用的金属，由于其 CTE 不一致，不可能使塑料和金属零件一样收缩和膨胀，因而不可避免地会在金属与塑料之间形成槽道。这些槽道就成为水分渗透到压制成的或密封在塑料内的产品中的通道。

在温度剧变的情况下，设备的表面及其内部就会凝聚水分。这些水分通过细微的毛细管，渗透到零件之间的间隙中。在低温时，充满于裂缝、气孔和间隙中的水会发生冻结，使体积增大约 10%，并使气孔、裂缝和间隙进一步扩大。

非极性塑料，如聚乙烯、聚苯乙烯、聚异丁烯、聚四氟乙烯等的电绝缘性能很少受温度影响。极性材料的体积电阻率随温度的升高而剧烈地降低，随温度的降低而升高。

热冲击的稳定性对于陶瓷材料具有重要的意义，陶瓷材料的线热胀系数越小，则其热冲击的稳定性就越高。

热固性塑料在温度剧烈变化时会引起一些微裂缝，这些微裂缝会降低这些塑料的防潮性能。

材料是在大气中使用的，在其他条件下，譬如在缺氧的条件下，对某些材料来说，可以容许将最高温度大大地增高。只有碳原子组成链的有机聚合材料的耐热性较低。在有机化合物的分子中加入硅原子，就会大大提高其耐热性。这是由于硅与碳不同，硅氧化时不产生气态物。

三、大气压力的影响

地面附近的压力受气候变化的影响，随着高度的增加，大气压力降低。大气压力的降低将降低空气的电击穿强度。结果，极性相反的接点之间的击穿电压降低，绝缘元件的表面电阻也变坏。低的气压可能引起火花放电、击穿、形成电晕等。此外，在低气压下，空气的热导率降低，设备的散热条件变坏。

四、日光、灰尘和沙粒的影响

光线对材料的影响，主要是对某些有机材料如塑料、颜料、纺织品产生化学分解。紫外线是氧化反应的一种非常强的催化剂。

灰尘是由直径 5 ~ 200μm 的有机微粒和无机微粒组成的。有机微粒大约占整个灰尘量的 25% ~ 35%，它是动植物真菌体、细菌、油粒、毛织物和棉花的最微小残余物。在大气层中，灰尘的浓度随高度增加而急剧降低。在高度为 1500m 处的灰尘浓度几乎是地面的灰尘浓度的 1/10。

落在设备元器件上的灰尘，可能是破坏设备工作的各种各样的原因之一。灰尘中所含的碳酸盐、硫酸盐、氯化物及其他溶解性良好的盐类，从周围空气中吸收水分。由有机粒子形成的灰尘，也很容易吸收水分。这样一来，灰尘就成了导电体。沙尘层在这种条件下构成了附加的电导层而成为表面击穿的原因。

在无线电接收设备，电子元器件上蒙上灰尘后将降低灵敏度。灰尘的介电常数比空气的大。因此，空气电容器片上的灰尘就会增大其电容量，从而降低电路的谐振频率。起分流作用的灰尘层电导率增大也会降低回路频率。

与灰尘一起落到绝缘材料表面上的还有霉菌孢子。它们在灰尘中寻找养料来供自己生长。在良好的条件下，以灰尘状态存在着的培养基，足以使霉菌剧烈地侵蚀产品。甚至一般看来是一些轻微的脏污，如手指印也足以使得这些地方出现霉菌。

第二节　大气中腐蚀性元素和气体对电子装备可靠性的影响

一、大气中腐蚀性元素和气体的种类及其容许的浓度

作为促进电子设备腐蚀的元素和气体，被列举的有 SO_2、NO_2、H_2S、O_2、HCl、Cl_2、NH_3 等。这些气体对某些金属和绝缘材料危害很大，如 S 对 Cu 等表面所形成的爬行腐蚀。在工业上腐蚀性气体成分的室内浓度、蓄积速度、发生源、影响和容易受影响的材料及容许浓度等。上述被列举的气体一旦溶入水中，就容易形成腐蚀性的酸或盐。

（1）SO_2 ：单纯的 SO_2 是导致 Cu、Ni 等金属腐蚀的主要因素，是否可以导致爬行腐蚀，目前还没有明确结论。

（2）H_2S ：H_2S 是可以导致爬行腐蚀的，这已被大量的案例和实验证明。对于电子产品来说，环境硫化氢浓度最高不能超过 $3\mu g/m^3$。

（3）$C1_2$ ：$C1_2$ 能导致爬行腐蚀，爬行腐蚀的潜伏期和爬行距离取决于 $C1_2$ 的浓度，爬行的倾向与湿度直接相关。Haynes 研究了在不同气氛中的实验表明，爬行腐蚀（以腐蚀产物的厚度和爬行距离表征）程度有以下排序：

（高 $C1_2$—高 H_2S）>（高 $C1_2$- 低 H_2S）>（低 $C1_2$- 高 H_2S）

这似乎也从侧面说明了氯气的确有加速爬行腐蚀的作用。

（4）NO_2 ：NO_2 对铜、银的腐蚀影响不明显，但 NO_2 对于银的腐蚀有加速作用。

电子产品所处的环境不同，大气中腐蚀性元素和气体可分：

①大气腐蚀：如 S 元素等对 Cu 金属的爬行腐蚀，Ag 离子的迁移等；

②在天然水中的腐蚀。

二、大气腐蚀

大气腐蚀又可分为：

（1）濡湿腐蚀或者水直接降到零件上所产生的腐蚀，或者金属表面在相对湿度接近于 100%RH 条件下的腐蚀；

（2）潮湿腐蚀是由于湿气在零件上凝聚而在零件上形成的电解质层下产生的腐蚀（这时空气相对湿度小于 100%RH），而腐蚀是在薄薄的看不见的水层——电解质层下进行的；

（3）干腐蚀，即零件上无湿气凝聚的腐蚀。

潮湿的大气腐蚀速度比干燥的大气腐蚀速度快。在潮湿大气腐蚀的条件下，金属表面会形成电解质薄膜。因为在大气中，水膜几乎多多少少都含有溶解了的盐类或酸类。这种大气腐蚀与金属腐蚀及金属完全浸入电解质时的电解腐蚀的情况类似，并且与局部的微量元素的作用有关。

潮湿腐蚀的历程是从形成薄膜的湿气层开始的，而湿气层的形成则与金属表面的吸附力有关。如果发生凝聚作用的材料与水发生相互作用或者产生水化合物，则已被吸附的凝聚水会进一步发展变为化学的凝聚。除此之外，金属表面的间隙和氧化膜的气孔里面，经常都会存在微毛细管状的水分凝聚中心。这些间隙和气孔即使在相对湿度小于 100%RH 的条件下，也能助长水分在这些材料中凝聚。

干燥的大气腐蚀是借助于在金属表面氧化膜的增长而透入的，并且可以解释为金属的离子和来自金属的电子是由一个方向通过薄膜。

大气，尤其是在工业企业附近的大气，除了含有盐类之外，还经常含有活性气体，如 SO_2、Cl_2、H_2S、NH_3 等。对金属结构来说，最危险的大气污染是 SO_2。含 SO_2 的大气扩散时，腐蚀就会形成一些肉眼能见到的、厚度很厚的薄膜（400A），并在金属上产生氧化色泽或产生发暗黑的表面，如 S 对 Cu 的爬行腐蚀。

SO_2 在潮湿大气条件下的金属表面所形成的水膜中溶解，会提高薄膜的酸度和导电性，从而加速腐蚀。SO_2 能被铁锈所吸收，并加速钢的腐蚀。

大气腐蚀的速度在很大程度上取决于大气的成分和湿度，也就是说，取决于产品所处的地点。

在开始阶段，影响腐蚀的不仅仅是周围环境的湿度，而且还有落在金属表面的污物。如果腐蚀已经开始，并且金属表面存在着污垢，周围空气所含的湿度对腐蚀的发展来说，就有着决定性的影响。这时在温度剧变（结露）的条件下，就造成了腐蚀的良好条件。每天早晨金属结构的温度低于空气温度，故在金属结构上就凝聚水分。安装在露天的设备，其零件的破坏机理应该看作大气降水（雨、雪、旋涡潮湿气流）的冲击作用、大气污染和所使用金属材料的化学电极电位等综合作用的结果。

三、在天然水介质中的腐蚀

设备在使用过程中常常会短期浸水，特别是当设备的温度大大高于水的温度时，这种浸水的条件最严酷。设备内部的空气迅速冷却和压缩，使设备内部产生低压力。在压力差的作用下，水就迅速地渗透到设备内部，并润湿其各个部分。当干燥时，溶解于水中的盐类、无机物和有机物就沉淀在零件上。

材料在水中的腐蚀速度取决于水的成分和物理性能、经常存在于水中的植物性和动物性的有机体、水的流动性、产品周期地或恒定地润湿等。

铁在软水中比在硬水中腐蚀得更厉害。部分的大气降水，即使在严重污染的大气条件下，也能延缓铁的大气腐蚀。这是由于它将腐蚀物中的侵蚀成分洗掉了。对其他一些金属来说，由于雨水溶解并侵蚀了腐蚀物上已形成的保护层，因而这些金属的腐蚀加速了。

当雪融化时，接触到雪的材料会加速腐蚀，这是由于材料上污垢的含量增加的缘故。

海水的温度高能促使腐蚀速度加快；置于露天下的航海用仪表的外部零件的腐蚀过程，是由于金属温度昼夜剧烈变化时，在金属表面凝聚着水滴，并黏附着非常微小的悬浮在空气中的含尘水滴而引起的。水滴中饱含盐分，水膜每次蒸发，都在金属表面留下一些盐粒。在电解质吸附层下面或者在水滴下面的电化学腐蚀过程，由于不断地与氧接触而进行得极其猛烈。残留在金属表面上的盐类晶体交替地干燥和润湿会加剧腐蚀。

浸在海水中的钢和铁的腐蚀速度的快慢取决于水中的含盐量的大小。各种黄铜完全浸在海水中时，特性最好的是含 65% ~ 85% 的铜合金。含锡的铜合金（青铜）能良好地抗御海水侵蚀。铜镍合金的耐腐蚀性大体上与镍的含量成正比。

四、接触腐蚀

在潮湿的气候下，特别是在热带地区，金属电气接触时的电化学腐蚀具有特别的意义。当金属相互接触时，其表面会受到腐蚀的损害，这在电子设备中是很多的。

不同的金属在潮湿大气条件下接触时，会形成许多微温差电偶。一种金属成为阳极，湿膜就成为电解质，而另一种金属则成为阴极。金属与金属之间在电化序上距离越远，也就是说，金属与金属之间的电位差越大，接触腐蚀的可能性就越大。电化电位接近的金属，可以相互接触使用。

腐蚀的效果也取决于较贵重的金属（阴极）的面积与不太贵重的金属（阳极）的面积之比。较贵重的金属的面积应该力求小。在钢片上使用铜铆钉比在铜片上使用钢铆钉好得多；在接触连接部分中，固定的钎焊和焊接点很少受到腐蚀。也就是说，以机械方法形成的接点会受到腐蚀，但其腐蚀程度比用来周期断开与接通的断路接点的腐蚀程度轻。

第三节　金属镀层的腐蚀（氧化）对可靠性的危害

一、金属腐蚀的定义

金属受外部环境介质（气态或液态）的作用（化学的或电化学的）在其表面所起的异相反应，而变成氧化物、硫化物、氯化物等化合物的现象。

二、腐蚀介质的分类

1. 基体金属镀层的大气腐蚀

当引脚基体镀层金属与气体介质（O_2、S）接触时，首先气体分子被吸附在镀层金属的表面上，然后与表层金属作用并在其表层生成化合物。

为分析中便于判断腐蚀生成物的成分，下面列出一些常见的化合物（氧化物和硫化物）的颜色和分子尺寸的大小。

在工业大气中，除含有 O_2 外，还含有少量的 CO_2、CO、H_2S、SO_2 等。空气中正常的 CO_2 是无害的，它既不会引起腐蚀，也不会加速腐蚀。空气中很少量的 H_2S，可引起 Ag、Cu 的爬行腐蚀而使 Ag、Cu 变色，Ag 的变色是形成了 $Ag_2S+Ag_2O+CuCl$ 膜，而 Cu 的变色是形成了 $Cu_2S+CuS+Cu_2O$ 的混合膜。

在工业大气中最具腐蚀性的气体是 SO_2，它主要来源于煤、石油、汽油的燃烧。

Sn 在城市大气中的腐蚀速度是比较小的，所以选择 Sn 基合金作为可焊性镀层在抗大气腐蚀这一点上是合适的。

2. 基体金属镀层的有机物腐蚀

元器件要经历涂漆、绝缘、烘烤、封装等处理，在这些工序中，金属往往要置于有机气氛之中而引起镀层金属的腐蚀。例如，Zn、Cd 镀层在甲酸、乙酸等有机气氛之中，会形成“白霜”状的疏松金属有机酸盐的腐蚀产物。

微生物中的霉菌、真菌和细菌在其代谢过程中也会产生有机酸，人的手汗中含有多种无机物和有机物。它们都很容易使金属镀层发生化学或电化学腐蚀，其中大多数的腐蚀产物均难以与助焊剂形成熔融性化合物，所以它们都将降低镀层的可焊性。因此，一种优良的可焊性镀层，不仅要具有优良的可焊性，而且还要具有良好的抗腐蚀性，这样才能保证基体金属长期储存后的可焊性。

三、引脚基体金属和镀层间的电化学腐蚀现象

焊接接头部的化学性质最关注的是腐蚀性，它可区分为由于钎料和基体金属等接触而引发的电化学腐蚀，以及基体金属和钎料自身的腐蚀两大类型。

1. 金属的电化学腐蚀

（1）金属电化学腐蚀反应

金属的电化学腐蚀反应通常分成以下两类。

1）反应中有电子的得失：这类反应称为氧化—还原反应，失去电子的反应称为氧化反应，失去电子的物质称为还原剂；得到电子的反应称为还原反应，得到电子的物质称为氧化剂。

金属的原子容易失去电子变成正离子，因此，金属是还原剂。金属越容易失去电子，就越活泼，还原能力就越强。例如，Zn 从 Cu 盐溶液中取代出 Cu 的反应为：

$Zn+Cu^{2+}=Cu+Zn^{2+}$

该反应的本质是 Zn 原子将自己的电子转移给了 Cu^{2+} 离子，使 Zn 原子变成了 Zn^{2+} 离子，而 Cu^{2+} 离子获得了电子变成了 Cu 原子。Zn 失去电子的过程称为氧化反应，Zn 是还原剂；而 Cu^{2+} 离子获得电子的过程称为还原反应，Cu 是氧化剂。氧化作用和还原作用总是同时发生的。

2）反应中无电子的得失：（略）。

（2）金属电化学腐蚀机理

相接触的不同金属或合金之间，由于其电极电位的差异而引起的腐蚀现象称为电化学腐蚀，也称为接触腐蚀或伽伐尼腐蚀。

金属和液体介质，如与水溶液接触时发生的腐蚀比较复杂，其腐蚀作用常常深入到金属内部。由于溶液通常是电解质，金属和这样的水溶液相接触时，就产生了原电池作用，即电化学作用。

纯金属在空气中几乎是不腐蚀的，甚至像 Fe 这样的金属在纯净状态下也不生锈。然而工业用金属常含有各种各样的杂质，杂质的存在是引起金属腐蚀的原因之一。

例如，在 Cu 板上铆一个 Fe 钉，如图 4–3 所示。这样的异种金属在空气中接触后，因空气中经常含有水蒸气、CO_2 等，而所有的固体表面都会从空气中吸附水分，所以在相接触的两金属的表面上也将覆盖着一层极薄的水膜。水的电离程度虽小，但仍能电离成 H^+ 和 OH^-H^+ 离子的数量由于水中溶解了 CO_2 而增加：

$$CO_2+H_2O\leftrightarrow H_2CO_2\leftrightarrow H^++HCO_2^-$$

因而 Fe 和 Cu 就好像放在含有 H^+、OH^- 和 HCO_2^- 离子溶液中一样，形成了一个原电池，Fe 为负极，Cu 为正极。由于它们是紧密接触的，作用便不断进行。Fe 将

离子不断投入溶液，同时多余的电子移向 Cu，在 Cu 上 H^+ 和电子结合变成 H_2 放出，溶液中的 Fe^{2+} 和 OH^- 结合，生成铁锈［$Fe(OH)_2$］附着在 Fe 的表面上。

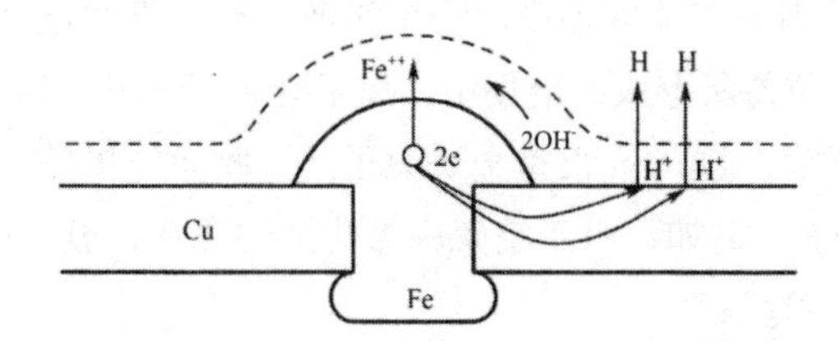

图 4–3　Cu 板上铆一个 Fe 钉的电化学腐蚀

2．金属的化学腐蚀

（1）金属化学腐蚀的特征与典型案例

与电化学腐蚀的机理不同，化学腐蚀的特征是腐蚀反应的产物直接生成于发生反应的表面区域。例如，焊接后助焊剂清除不净，在潮湿环境中基体金属和钎料间发生的直接腐蚀。诸如：

Cu 基体上出现铜绿［$CuCO_2Cu(OH)_2$］：

$$2Cu+CO_2+3H_2O \rightarrow CuCO_2 \cdot Cu(OH)_2+2H_2$$

钎料表面上生成碳酸铅（$PbCO_2$）：

SnPb 系钎料的腐蚀主要是由含有 Cl 的助焊剂残留物在湿热环境中而激发的，如图 4–4 所示，它是一种 Pb 的选择性腐蚀。被腐蚀了的 Pb 变成了多孔而脆弱的碳酸铅（$PbCO_3$），导致钎料崩裂，焊点破坏。

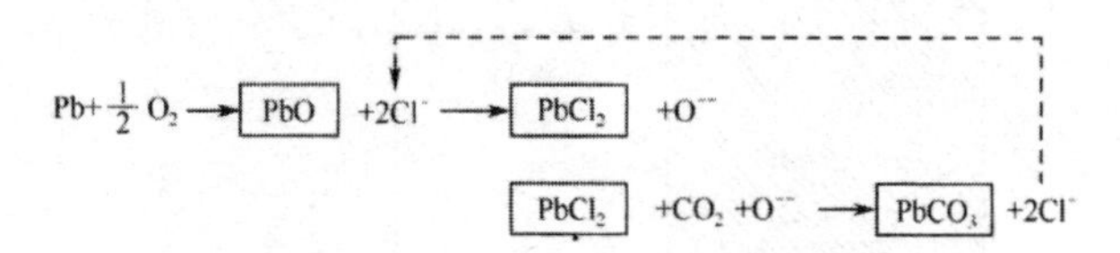

图 4–4　Pb 的选择性腐蚀示意图

（2）金属化学腐蚀（氧化）的离子—电子机理

金属上的氧化膜和盐类膜是离子的晶体结构，显然穿过膜而扩散的并非直接是金属原子而是金属离子和自由电子。当然，也可认为是氧离子从相反方向的扩散。在这种情况下，氧在膜的外表面接受了穿过膜出来的电子而变成氧离子，如图 4–5 所示。

假如设想膜的生长是由于某种原电池工作的结果：金属与膜的界面是这个电池的阳镀（放出阳离子和电子），膜与腐蚀介质的界面是阴极（氧在此接受电子），那么根据膜物质的电化学常数及氧化时自由能的降低，就可定量地计算某些金属的氧化速度。

膜既然传导电子和离子，就同时起着电池的外部通路和内部通路的作用。因此，使离子移动的不仅是因为有浓度梯度而产生扩散，更主要的是由于在氧化膜的外表面和内表面之间的电位差所形成的电场中，离子受到了该电场的作用而移动。

对大多数金属而言，膜的成长是金属原子通过膜向外扩散，同时金属原子把电子传递给 O、S 等原子。例如，由于空气中氧化剂的存在，镀 Ag 层极易受硫化物影响而形成有色的 AgS 薄膜：

$$2Ag+(1/2)O_2+H_2S \rightarrow Ag_2S+H_2O$$

Ag 层在 S 的作用下，Ag 原子不断向外扩散，从而使表面 Ag_2S 层不断增厚。

只有形成的表面膜是完整和致密的，而不是疏松和多孔的，这种膜才具有保护性，能防止金属的进一步氧化。通常金属表面形成的氧化膜分为两层，一层是紧贴在金属表面的内层，一层是较厚的外层。金属的氧化速度主要取决于外层膜是否具有保护作用。碱金属和碱土金属的氧化物膜一般是多孔性的，所以它的氧化速度较快；铝、不锈钢形成的氧化膜具有很好的保护性，不容易进一步氧化；而 Cu、Fe、Zn、Sn、Pb、Cd、Ni 等金属是介于上述二者之间的。一般金属的氧化速度是随温度的上升而加快的，但不同的金属的氧化速度随温度的变化规律是不同的，主要取决于氧化膜的致密性、挥发性和保护能力。

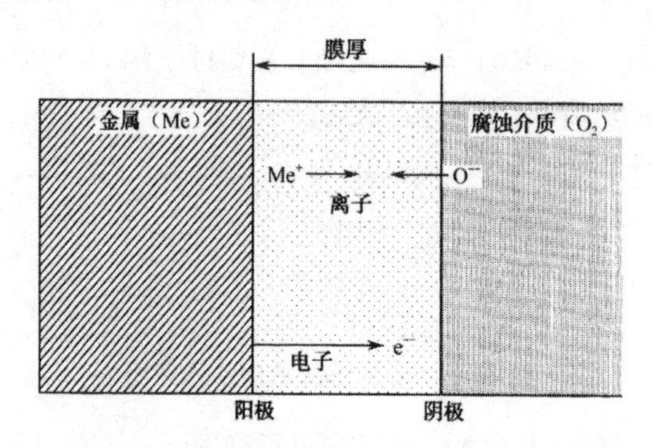

图 4-5　金属化学腐蚀（氧化）的离子—电子机理

四、非金属及金属的接触偶电极电位对可靠性的潜在影响

1．金属的电极电位

根据热力学观点，在大气中大多数工业用金属状态是不稳定的，有氧存在时，只有电极电位最正性的金属（Au、Pt）是完全稳定的，其余整个都有转变成氧化状态的趋势。

焊接连接部是母材和钎料的异种金属的接合点，在腐蚀性环境中均可能发生伽伐尼腐蚀。电极电位因金属的种类和腐蚀环境的不同而不同。

如果将金属（包括氢）按照它们的标准电极电位递升的顺序排列起来，就得到了金属电动顺序，简称电动序。金属的电动序和金属的取代顺序基本上是一致的。金属失去电子的能力或还原能力自下而上依次增强。

标准电极电位的负值越大，表示金属把它的离子投入溶液中去的能力越大，金属也越活泼；正值越大，金属把它的离子投入溶液中去的能力越小，金属也越不活泼。在电动序中越在前面的金属越容易遭受腐蚀，电子总是从电极电位较低的金属（负极）流向电极电位较高的金属〔正极）。

电极电位（E^0）应用广泛，利用它可以判断氧化—还原反应进行的方向和程度。E^0 越大的金属获得电子和氧化能力越强；越小则其失去电子和还原能力越强。

2．电化学腐蚀的典型案件

（1）焊接连接部的腐蚀

焊接连接部母材和钎料的异种金属直接接触，因此很容易引起电化学腐蚀，特别是在湿热环境中尤其如此。而且还要关注焊接接头界面上所形成的合金层，当该合金层的电极电位比钎料和母材都要明显变低时，在此场合下合金层变成了阴极，在合金层上便会出现选择性腐蚀现象，即使外观看似完好，然而其接头强度和导电性都将显著变差。例如，用 Sn 基和 Zn 基钎料焊接 A1 母材时，在其接触界面上便会出现类似的情况。

用 Sn 基钎料焊接 A1 母材时，焊接界面电极电位的变化如图 4-6（a）所示。合金层的电极电位显著变低而出现选择性腐蚀现象，因而接头部的耐腐蚀性变差。而用 Zn 基钎料焊接 A1 母材时，由于在界面上没有形成合金层，如图 4-6（b）所示，此时，钎料自身变成了阴极，钎料整体被均匀腐蚀，因而与 Sn 基钎料相比，其耐腐蚀性变大。

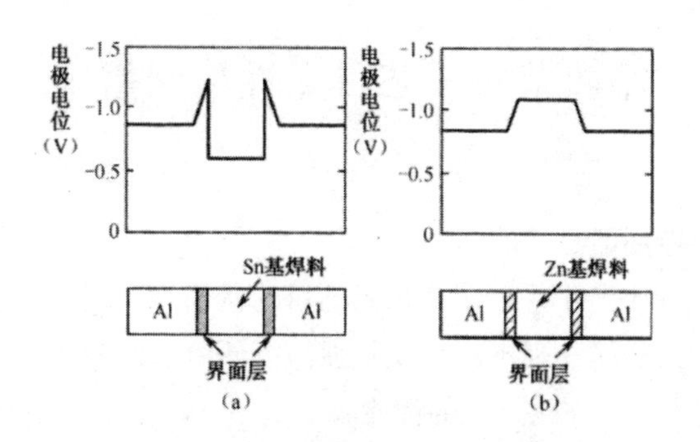

图 4-6　焊接界面电极电位示意图

（2）典型案例（镀 Sn 钢板和镀 Zn 钢板的腐蚀）

作为镀 Sn 钢板和镀 Zn 钢板，当镀层完整无缺时，则被它保护的金属便可整体都得到很好的保护。然而当镀层出现擦伤和裂缝等时，就暴露了被保护的金属面，在这些地方就存在引发腐蚀的条件。不过腐蚀的过程将随这两种金属在电动序中的相对排列位置的不同而不同。例如：

Fe 上镀 Sn：

当 Fe 上的镀 Sn 层受到破坏，而暴露出来的地方又和空气（含有水蒸气、CO_2 等）相接触时，就形成了微电池。其中 Sn 是正极，Fe 是负极，Fe 因而受到破坏，Fe^{2+} 不断地被投入溶液中，如图 4–7（a）所示。这样镀 Sn 的 Fe 在损坏的地方就比没有镀 Sn 的 Fe 锈得更快。

铁上镀 Zn：

由于作为保护金属的 Zn 的电动序是在被保护金属的前面，这时在保护层损坏的地方也产生了微电池，不过这时 Zn 是负极，Fe 是正极，电子从 Zn 移到 Fe，因此 Zn 被破坏，而 Fe 仍然被保护着，如图 4–7（b）所示。保护作用一直进行到整个 Zn 层被腐蚀完为止。

因此，要防止腐蚀，在基体金属面上镀一层较活泼的金属更合适。

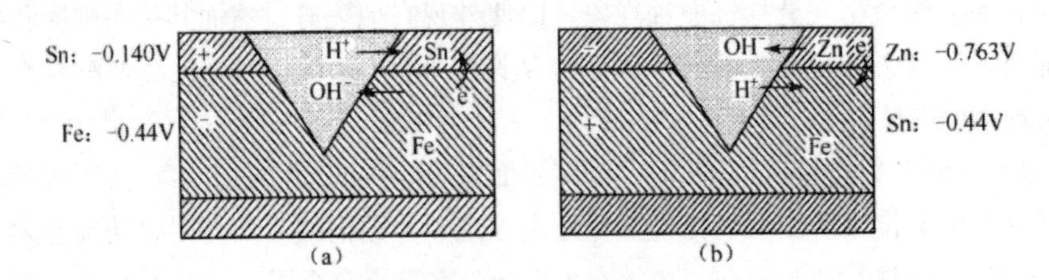

图 4–7　电化学腐蚀案例

第四节　工艺可靠性加固措施

一、工艺可靠性加固的目的

在现代电子组件生产中采取工艺加固的目的就是解决现代电子产品在各种恶劣气候环境、机械应力环境、强电磁环境及强静电环境下，储存、使用过程中的正常工作能力，提闻它们抗御恶劣环境的性能。

二、工艺可靠性加固的内容

工艺可靠性加固的内容包括：

防止环境气候因素对电子装备的影响：包括耐温性、耐热性、耐寒性、在低压和高压下的稳定性、防尘性、防溅性、防水性，以及防薄冰、霜、太阳辐射、离子辐射、微波场等；防止机械作用因素对电子装备的影响：包括耐振动稳定性和耐振动性、耐冲击稳定性和耐冲击性、抗风性、抗直线加速度和离心加速度作用等；防止环境的生物作用对电子装备的影响：包括防霉菌性、防昆虫和鼠类损害等。

三、工艺可靠性加固的技术措施

1．防潮湿

前面已介绍了空气中的湿度会降低电子组件的表面绝缘电阻，并能加速由于盐雾或不同电化序的金属间的接触腐蚀；在温度适宜时，还会加速霉菌的繁殖；柔软材料吸收湿气后在低温下冻结而导致材料变硬变脆。因此，必须采取综合措施防止潮湿气体的影响，常用的方法有：

结构性金属零件的防腐蚀：采用吸湿性小和耐腐蚀的金属材料，如采用不锈钢、铜合金或某些铝合金之类的耐腐蚀金属；采用坚固的防腐蚀敷层：如对金属进行阳极氧化或化学氧化，薄板钢的表面镀纯铝（化学的）薄层能有效地预防腐蚀；采用保护涂层隔离湿气，或对材料进行憎水处理，降低产品的吸湿性；采用环氧树脂、有机硅树脂对元器件进行灌封；用抗气候环境性能优良的浸渍材料来填充某些织物性的绝缘材料及组件中的空隙和毛细管等；对储存的元器件、零部件、组件和半成品采用密封干燥包装；烘干装备的内部空间；采取干燥过滤（湿度< 75%RH）的空气对设备循环通风；设备工作间安装空调。

2．防盐雾

盐雾和湿气在电子设备中的凝聚会形成强电解质，引起金属的电化学腐蚀。而大气中的腐蚀性气体和物质及组装焊接过程中所用的助焊剂等，对金属材料又将引起化学腐蚀。抑制措施为：

在电子组件表面喷涂三防漆以阻隔；采取措施减小相接触的不同电化序金属材料间的电位差；采用电化学方法在被保护的金属表面形成一层抗腐蚀性强的钝化膜。

3．防霉菌

防霉菌的主要措施有：

采用能遏制长霉的防霉溶夜（杀菌剂）涂敷材料；预防长霉的有效方法，是把设备内的湿度限制在 75%RH 以下；选用不长霉的材料和采用防霉剂处理零部件或组件；将电子组件进行干燥密封；对电子组件采用三防涂敷层，破坏和消除霉菌的生长条件。

4. 热环境下工艺加固措施

除了在产品设计时选择元器件参数和结构布局等方面，要进行认真的热设计之外，在组装工艺中也应采取适当措施，以确保有良好的散热效果，常采取的工艺措施如下：

对发热元器件的安装（如电阻）其引脚应尽可能短些，大于0.5W的电阻不要贴板安装，以改善散热效果；大功率晶体管和1C采用散热器散热时，在芯片和散热器之间的绝缘片的两面涂上硅脂或绝缘导热脂，以减小接触热阻（约50%）；散热器与大功率器件之间的接触面加工应平整光滑，安装前要进行清洁处理，以尽可能减小接触热阻；安装变压器等发热组件时，应使铁芯与支架、支架与固定面接触良好，以减小热阻；在PCB上采用大铜箔面、铜导热条或铝基板散热时，可用导热绝缘胶直接将元器件体粘到这些散热面上。

5. 在寒冷环境下工艺加固措施

采用抗寒材料，如选用温度直到173K都不失去弹性的特种橡胶，即有机硅橡胶；在设备中配置不致凝冻及结冰的空气预热器；对在野外工作的设备要布置在能有效地防止雪、雨和风直接作用的掩体内；对决定电路参数的关键元器件采用恒温措施。

6. 在低大气压力下的工艺加固措施

工作在从133×10^2Pa（550毫米汞柱）开始的低压下的设备均属高空设备。它可采取下列措施来降低甚至完全消除低气压对电子装备的影响。

将设备整个密封起来；增大极性不同的载流部分和元件之间的距离；提高耐电强度和表面绝缘电阻；用中性气体或空气充满密封设备的内部空间。

7. 在灰尘、水滴环境下的工艺加固措施

当空气中的沙土、白粉和高岭土含量超过空气总体积约0.1%时，空气就是高尘埃浓度媒质。把含灰尘的空气以10 ~ 15m/s的速度对准设备吹风，1h之后再打开机壳，若设备元器件表面上未发现灰尘，则设备被认为是防尘的。在有水滴的媒质中停留期间能维持其工作能力的设备，称为防溅设备。防溅设备在带水滴的媒质中应维持通电状态不少于2h，这时，设备的外壳内部不应进水。

设备自然通风时，冷却空气所经过的全部通风孔都用防尘过滤器。空气防尘过滤器应用最普遍的为：回绕式阻隔孔、多层金属栅网、玻璃绒和其他材料作为过滤部件。

在有水滴的媒质中，设备自然通风外孔深入到外壳内部，因此要防止倾斜的雨滴进入百叶窗或小孔内。

8．在电磁环境下的防护加固

电磁场能干扰电子产品的正常工作，导致产品性能降低或参数超差，甚至造成设备损坏。因此，电磁兼容问题必须要关注。

9．在静电环境下的防护加固

现代电子设备正朝向小型化、多功能、高速度方向发展，SSD（静电敏感器件）应用越来越广泛，因静电放电而造成SSD的软损伤直接影响设备的质量、寿命及可靠性。据有关资料报导，美国由于元器件受静电放电（ESD）损伤而造成的经济损失每年达50亿美元。

10．机械应力环境下的工艺加固措施

对于冲击、振动等类力学环境，除设计上要采取防护加固措施之外，在工艺上一般采用如下的防护加固措施：

提高分立元器件的安装刚性，如尽量缩短元器件引线长度，尽可能贴板安装并用环氧树脂或聚氨酯胶等将元器件体固封在底板上。对于每根引线承重超过7g的元器件，应采取绑扎、夹紧等加固措施；IC一般要贴板安装，以降低安装高度；对恶劣力学环境中使用的PCBA组件应按设计要求采用硅胶材料灌封，以将元器件固定。

第五节　免清洗助焊剂在应用中的隐患

一、助焊剂残余物的潜在危险性

使用免清洗助焊剂意味着没有清洗的必要吗？一般而言，如果严格遵循规则进行焊接，免清洗助焊剂残余物是无害的，可不清洗。但是，有些情况下，免清洗助焊剂残余物可能有害，应该从PCBA上清除掉。目前在电子行业存在一种误区，认为免清洗助焊剂残余物在任何情况下都无须清洗。这样处理的结果，有可能带来一些长期性的危害问题。

使用免清洗助焊剂时，焊接时释放的热能消耗和分解免清洗助焊剂中的活性物质。如果免清洗助焊剂没有充分暴露于焊接峰值温度下，那么助焊剂中残余的活性物质就可能未被充分分解。这就意味着未分解完的活性物质仍留在了PCBA上，在一定的温度和湿度下这种残余物是很有害的。

二、助焊剂残余物的分类及其对可靠性影响的预防

1．助焊剂残余物的分类

助焊剂残余物可分为低危险度残余物、中等危险度残余物及高危险度残余物。

（1）低危险度残余物。用于再流焊的免清洗焊膏，这种助焊剂残余物危险度很低，因为整个 PCBA 在再流炉里达到了焊接的峰值温度（假定再流温度曲线是正确的）。这种残余也可看作局部的敷形涂敷，也可能有潜在危害的元素包括在里面。

（2）中等危险度残余物。波峰焊免清洗助焊剂，在理想状态下，这种助焊剂残余物危险度很低。所谓“理想”是指所有的助焊剂残余物仅留在基板的焊接面上，且和熔化的波峰钎料接触。但是当助焊剂通过各种通路到达基板主面（非焊接面）时，此部分助焊剂不会接触熔化的钎料，也就是说助焊剂中的活性物质没有经过分解。因此，这一部分助焊剂残余物有中等程度的危险性。另外，在使用选择性焊接工艺时，助焊剂往往被施加到超出焊点的区域，此时也会有部分助焊剂可能没有接触到熔化的钎料，而潜伏着危险性。

（3）高危险度的残余物。手工焊接用钎料丝中的助焊剂。这种助焊剂残余物有很高的危险度，因为有过量的助焊剂施加到焊点上并扩散到一个较大的范围。手工焊接工具只给局部施热，也就是说绝大多数的助焊剂残留没有达到焊接峰值温度，助焊剂残留中有大量的活性物质未分解。

2．加固措施

对免清洗工艺，要严格工艺操作规范：助焊剂只能涂敷在焊接区，而不允许蔓延到非焊接区域；要实施对助焊剂涂敷量的严格控制和监管；对有可靠性要求的高频高速产品，必须执行焊后助焊剂残余物的清洗工序。

第五章　影响电子产品在服役期间的工艺可靠性问题

第一节　产品服役期的工艺可靠性

一、概述

随着现代微电子学器件技术突飞猛进的发展，现代电子装置的封装结构和技术也正在向“高密度化、多维化、模组化……”的道路上疾驰。现代电子装置的“封装技术”已经从传统的“组装技术”脱胎换骨，发展成为一个全新的应用性学科理论体系。在传统的“组装技术”时代，一个电子组装工艺工程师或专家只需要了解装置的结构原理和构成，按照设计预定的可靠性期望值和目标，依靠经验积累就能将其组装成独立的产品。在传统的组装和电子互连过程中，影响工艺组装质量的因素相对比较单一，工艺技术研究的范围仅局限于工艺技术过程、工艺方法、工艺管理等行为科学的经验积累，而产品的可靠性大部分是由产品设计所决定的。

电子产品更快、更小、更廉价的要求推动了电子工业的革命。不断缩小的封装很快使周边引线的方式走到了极限。因此，当面阵列（如焊球阵列 BGA）封装成为关注的焦点时，“封装革命”开始了。板上芯片（COB）、有机基板上的倒装芯片技术和芯片尺寸封装（CSP）也成为减小封装尺寸技术的一部分。直接芯片粘接或倒装芯片技术直接把芯片连接到电路板上，已经完全脱离了传统意义上的封装。现代微电子学器件技术中层出不穷的新技术的出现已经完全改变了传统产品技术的格局。现在及未来，产品的可靠性将更多地依赖于封装和电气互连的可靠性……由此引出的围绕工艺可靠性而展开的各项研究就构成了现代工艺可靠性的主要技术内容，同时也极大地丰富和发展了工艺可靠性理论，使之最终得以成为一个独立的理论体系。

如今，制造最精密尖端高科技产品所需的组装工序及工艺的种类之多，实在不胜枚举，这也是由现代电子组装的复杂性决定的。事实上，在高科技电子装置的制造过程中，所需材料与工序的变化范围之广，即使是业内堪称专家的高级技术人才，也无法做到对产品设计和生产过程中涉及的所有相关领域中的所有材料及工序都了如指掌。例如，电子组装制造的原材料与工艺，包括从硅半导体器件制造到电路板的制造和组装技术，不同基板和元器件的安装技术，以及越来越受到关注的环境问题……凡此种种是除高级技术人才及专家等业内精英人士外的绝大多数人都不甚了解的，专业人才极端缺乏的现状一再地提醒我们，加强对现代电子工艺技术理论体系的研究及推广是何等的紧要与迫切。

一项电子产品或装备的工艺可靠性问题，存在于产品在工厂生产和市场服役的全过程。因此，在日本有专家针对上述情况，给出了下述分类和定义：

（1）产品在企业内发生的不良称为缺陷；

（2）产品投放市场服役期发生的性能异常称为故障。

不管是缺陷还是故障，产品发生的这些不良，在剔除外部的元器件和材料等的不良因素后，剩下的均属内部的产品制造问题，与工艺的不良紧密相关。因此，都可将其列入工艺可靠性的研究范畴来解决。

二、影响产品制造缺陷的工艺可靠性问题

此类缺陷都是发生在产品在工厂制造过程中，它具有显性特点，即大部分是肉眼可见的。在工艺过程控制和检验（含电测）工序中能够发现的缺陷，这类缺陷从检测方式上可分为两类，即：

（1）在目视检验中能发现的外观缺陷，如桥连、拉尖、润湿不良、针孔、少“锡”、多“锡”、元器件损害等。

（2）电性能检验中发现的性能异常，如短路、虚焊、冷焊、内部开路等。

通常这类缺陷大部分都可以通过修理予以排除。只有少数在目检中不可能发现的所谓潜在的恶化因素或返修不完善的“合格品”可能会流入市场，这便形成了早期失效故障。早期失效故障可以通过对产品制造过程进行严密监控来加以解决。

三、影响市场服役期故障的工艺可靠性问题

电子产品投放市场并加电工作后发生性能异常或是无法正常工作的情况，就是人们常说的电气故障。此类故障几乎都具有隐性的特点，通常都是在产品经过用户一定时间的使用之后才发生的，导致电气故障的根源是焊点失效。一般这种潜在的恶化因素很少能在电子产品的制造过程中引起明显的缺陷。因此，也就很少能直接成为性能异常的原因，通常要在用户使用过程中，才会不断出现各种现象的电气故障。

一旦在焊接处潜伏着影响接合性能的因素，又受到某些客观条件的影响，恶化

就会加速从而引发故障。一般情况下，这类恶化的因素并不会在工厂检验阶段造成产品的性能异常，但它是未来产品发生性能异常的重要潜在因素。它发生的随机性，正好构成了现代电子产品有效寿命期内发生的主要故障模式。在有效寿命期内发生的故障因具有不经常出现和不可预测的属性而被称为随机故障。当然，这并不意味着故障就没有特有的根源或故障的发生是不可避免的。

第二节　金属偏析现象

一、偏析的定义及分类

1. 偏析定义

金属合金中各部分化学成分的不均匀性，称为偏析。在电子组装焊接中，偏析是一种冶金过程中发生的缺陷，由于焊点各部分化学成分不一致，势必使其机械及物理性能也不一样，这样就会影响焊点的工作效果和使用寿命，因此，在生产中必须防止合金在凝固过程中发生偏析。

2. 偏析分类

在 PCBA 制造和应用中，常见的偏析可有下述 3 种类型，即晶内偏析、区域偏析和比重偏析。对于某一种合金而言，所产生的偏析往往有一种主要形式，但有时由于条件的影响，几种偏析也可能同时出现。

（1）晶内偏析

在同一个晶粒内，各部分化学成分不均匀的现象称为晶内偏析，又称树枝状晶偏析，简称枝晶偏析。液体金属在其凝固过程中，多是按树枝状方式长大的。首先形成树枝状晶轴，然后依次长出二次、三次……晶轴，逐渐将液体所占据的枝晶空隙填满，结晶过程亦告结束。因此，必然导致树枝状晶轴与晶轴之间成分的不均匀性。

晶内偏析往往在初晶轴线上含有熔点较高的成分多。如 Sn 青铜在晶粒轴上往往含铜较多，含 Sn 较少，而枝晶边缘则相反。

产生晶内偏析，一般有两个先决条件：

首先，合金的凝固过程存在一定的温度范围；

其次，合金结晶凝固过程中原子扩散速度小于结晶生长速度。

一般情况下，合金的凝固温度范围越大，焊点结晶及冷却速度越快，则原子扩散越难于进行完全，晶内偏析现象越严重。因此，晶内偏析多发生于凝固温度范围较大，能形成固熔体的合金中。

（2）区域偏析

各区域成分不一致的现象称为区域偏析，即整个焊点断面上，各部分化学成分不一致的现象。它主要是由于合金进行选择凝固造成的。区域偏析分：

正向偏向：熔点较低的成分或合金元素溶质集中在焊点的中心和上部；

逆向偏析：与正向偏析相反，熔点较低的成分或合金元素溶质集聚在加工件的边缘。

合金在一定温度范围内结晶，是产生区域偏析的基本原因，当凝固温度范围较小时，一般倾向于产生正向偏析；而当凝固温度范围较大，树枝状晶又很发达时，较易产生逆向偏析。

（3）比重偏析

由于合金中两组元素比重不同，而在同一工件中出现上下部分成分不一致的现象，称为比重偏析。

例如，波峰焊接用钎料槽内，由于所使用的SnPb钎料中的Sn和Pb的比重不同，钎料槽中的钎料不论是熔融状态还是凝固状态，在钎料槽底部的钎料往往是富Pb的。波峰焊接过程中，钎料槽中的钎料一旦搅拌不充分，就会因钎料槽中的钎料因比重偏析而在底部成为富Pb区，致使工作波峰上的钎料偏离共晶组分，导致钎料润湿性劣化，温度特性变差而导致焊接缺陷。

对于易产生比重偏析的合金，必须采取措施，防止缺陷的形成。如加强对钎料槽中钎料的搅拌和加快焊后焊点的冷却速度等。

二、偏析对焊点可靠性的影响

偏析对焊点可靠性的影响，可举例如下。

（1）偏析少的微细强化相均匀分布的钎料结晶组织是人们所追求的。然而由于偏析等原因形成的低熔点脆性相，即使在低应力下也会成为破坏的起点。

（2）M.Date等人在研究沿钎料和Cu界面疲劳裂纹的生长速率与释放的应变能与老化时间的关系时，在140℃下老化7 ~ 30天，由于Sn进入金属间化合物层，老化产生了一个紧挨着界面IMC的连续的富Pb相区域，它提供了疲劳裂纹易于扩展的途径。疲劳裂纹扩展的阈值应变能释放率在刚再流状态下的25J/m^{2}到老化30天后的10J/m^{2}之间变化。

（3）在热循环试验中，可识别出元器件和PCB焊盘界面间的AuSn合金层，因为在再流过程中浸Au层会溶解于钎料中。界面上含Au量高形成的AuSn4层则相邻于富Pb区域。

建立在相邻于该层的局部富 Pb 区的界面是不牢固的。缺陷有可能快速蔓延，并沿着 $AuSn_4$ 金属化合物产生断裂。

三、焊接过程中 Pb 偏析形成机理

以 SnPb 合金钎料选择性扩散中所发生的 Pb 偏析为例来描述：

当使用两种金属元素组成的钎料进行焊接时，其中只有某一金属元素扩散，其他金属根本就不扩散，这种扩散叫作选择扩散。例如，用 SnPb 钎料焊接某一金属时，钎料成分中只有 Sn 向母材（如 Cu）中扩散，而 Pb 就不扩散，残留在界面上而形成 Pb 偏析。

出现选择性扩散时，当靠近 Cu 的 Sn 扩散到 Cu 内后，距 Cu 较远的 Sn 原子则由于 Pb 原子的阻挡减慢了扩散速度。经过一定时间后在靠 Cu 的附近就会形成富 Pb 层而形成 Pb 偏析。

四、抑制焊点出现偏析的措施

抑制焊点出现偏析的措施主要是：

无铅焊接时一定要预防 Pb 污染；控制好焊接温度，避免过热；控制好加热时间，避免过长。

第三节　黑色焊盘现象

一、黑盘现象

许多公司将 ENIGNi（P）/Au 用作表面涂层并获得成功。然而，在将 BGA 与 ENIGNi（P）/Au 涂层结合起来使用时，其结果并不十分理想，特别是最近几年，出现了两种失效模式。

（1）第一种失效模式是不润湿或半润湿，这种现象称为“黑色焊盘”（以下简称黑盘现象）。

（2）第二种失效模式是与机械应力相关的层间开裂。

ENIGNi（P）/Au 工艺中出现了黑盘（氧化 Ni）现象。上述现象，甚至 AAu 层已覆盖了 Ni 层，但由于 Au 层的多针孔性，以致挡不住氧化 Ni 的上下生长而形成大片氧化物。严重时大面积黑色焊盘上有腐蚀斑点穿过浸金表面底部的富 P 层延伸到 Ni 层。

二、黑盘现象的形成机理

1．置换型无电解镀（简称置换镀）

黑盘现象通常均发生在ENIGNi/Au涂层中，目前在业界获得ENIGNi/Au涂层的方法普遍采用“置换”工艺。这正是导致黑盘现象发生的根源。

所谓“置换法”ENIGNi/Au的电化过程是：把底层金属离子氧化溶解和溶液中的金属离子交换作为金属被析出的机理，叫作置换镀，也有人把置换镀称为浸渍镀。

这种镀层反应中的电子供给是：

$$M \rightarrow M^{n+}+ne^-$$

上述的析出反应是不可逆的。例如，在氰化金溶液中浸入Ni片时，在Ni片表面被覆盖一层Au膜，其反应式为

$$Ni \rightarrow Ni^{2+}+2e^-\text{（氧化反应）}$$

$$Au^{2+}+2e \rightarrow Au\text{（还原反应）}$$

由于不断地进行析出，露出的底层面积不断变小，由于底层金属的溶解反应不能充分进行，故反应速度变慢。所以要得到厚的镀层是不可能的，而且析出的镀膜是多针孔性的。

2．黑盘的形成机理

在ENIGNi（P）/Au工艺中，当Au离子镀覆成为金层时，镀液中的Au离子吸收Ni表面的电子，Ni离子被释放到镀液中。由于某些微结构特性，如晶粒边界和电化学等原因，局部交换并不是始终在进行。即可将Au沉积到一个位置或区域，而Ni离子从不同位置或区域释放出来。这种工艺的可能结果是Ni被侵蚀，留下粗糙的富P层与钎料形成弱连接。受影响的焊点不会与焊盘铜层形成牢固的机械键合。因此，在相当小的外力作用下，焊点就会失效。在焊盘上所能看到的只有很少的钎料，甚至没有钎料。而在焊盘上大部裸露着从灰色到黑色的平整的Ni表面，“黑色焊盘”就是源自这个位置。SEM分析说明类似于“不清晰裂缝”的特殊的Ni状结构。EDX分析说明P和Ni含量高，而Sn含量低。从抛光的剖面图可以观察到腐蚀标记和富P层。

3．Au层的多针孔性导致Ni层氧化

通过在Ni表面置换Au的工艺方法所形成的Au层是薄而多针孔性的。针孔发生的数量与ENIGNi/Au工艺参数及其工艺过程控制有关，同时也与化学镀Au层的厚度有关。当涂层过薄或者工艺过程参数控制不当时，就可能造成覆盖在Ni上的Au层质量低劣，存在大量的针孔，空气中的氧（O_2）穿过这些针孔直接向底层的Ni侵蚀。

上述现象，甚至当Au层已进行覆盖时，由于Au层的多针孔性，以致挡不住氧

化 Ni 的上下生长而形成大片氧化物。Au 与其底层 Ni 之界面间在焊接前早已存在一些可观的 Ni 的氧化物。

这种缺陷具有偶发性，发生的位置也无从捉摸，是一种无法预测的隐患，危害极大。

三、有关黑盘现象隐患的背景资料

1．IPC-7095 中的描述

“黑色焊盘”现象的出现看上去并不足以说明不能将 ENIGNi/Au 作为表面涂层。通过组装工艺，使用涂敷有这种涂层的 PCB 的组装厂家也应意识到存在这种潜在的问题，学会识别这些问题，并采取校正措施。

最近的分析说明，即使没有出现过度腐蚀，在施加了高应变和应变速率的情况下，在焊点 Ni 表面和 Ni/Sri 金属间化合物层间的界面出现开裂，从而导致在不同的实验测试条件下，包括弯曲、机械撞击和热循环中出现故障。数据说明当提高了应变速率时，使得故障模式转向焊点的界面间开裂。因此，如果应变速率足够高的话，即使在降低了应变的条件下也会出现界面间开裂。目前，尚没有行业的技术规范对其进行量化，故也无法分析和评估组装后的 BGA 器件的任何表面涂层的机械强度。

另一种方法是电解 Ni/ 电镀 Au 表面涂层。然而，这种镀层类似相同的 ENIGNi/Au，会产生不同的晶粒结构，不能抑制“黑色焊盘”焊点开裂的现象。

还有一个问题是板上的金层厚度是难以控制的。金层可能太薄（如致密布线的区域）或太厚（如在绝缘电路中）。由于焊点中金含量闻（＞3%），后者会使焊点产生 Au 脆化现象。

2．SMTAI2000 国际表面贴装技术学术论文集中的描述

曾在大会宣讲的论文《涂敷了 Ag、Ni/Au 和有机可焊性保护涂层（OSP）的窄间距面阵列组件的二级可靠性比较》中有下述描述：

……在 Ni 镀层表面上浸 Au 并不像涂敷钎料和浸 Ag 表面涂层的性能那样好。PCB 周围和元器件界面的高浓度 Au-Sn 金属间化合物使得这些区域的焊点裂缝快速蔓延。

……未组装的 PCB 横剖面，呈现出黑色焊盘的症状，证实这是由于氧透过金的针孔渗入到 Ni 层所致。

……Ni 表面上浸 Au 层看起来存在黑色焊盘缺陷的可能性，为此应注意观察。

……对浸 Au 工艺进行适当的控制，就可降低黑色焊盘缺陷，将 Au 含量控制在脆性等级（＜2%）以下，就能获得可接受的热循环可靠性，并能避免 Au-Sn 金属间化合物成分沿着互连界面蔓延的现象。

第四节 Au 脆现象

一、Au 脆现象的发现

Au 是抗氧化性很强的金属，钎料对它有很好的润湿性。但如果钎料中 Au 的含量超过 3%，焊出来的焊点就会变脆，机械强度下降。为此，美国宇航局（NASA）把除掉 Au 规定为焊接工作的一项义务。

Au 引起的接合部分脆化问题，在贝尔研究所的弗·高尔顿·福斯勤和马尔丁—欧兰德公司的杰·德·凯列尔等的研究报告中都有详细的分析。一般情况下，焊接时间很短，几秒内即可完成，所以 Au 不能在钎料中均匀地扩散，这样就会在局部形成高浓度层，这层的强度最低。此外，Au 在焊接后光泽变差，颜色发白，从表面看很像冷接合或虚焊。在光亮镀 Au 时，会在镀层界面产生由聚积物引起的裂纹。

由于 Au 的价值很贵，所以一般都镀得很薄，在 0.1pm 左右。这样薄的镀层，无论是测量还是厚度控制，都是很困难的。另外，因为很难搞清 Au 的覆盖层到底是多孔海绵状的还是细致而均匀的，所以镀 Au 后的基板质量能否有保证还存在疑问。镀 Au 还有一个缺点，即容易给人造成错觉，让人误以为钎料很容易在 Au 的表面润湿，所以焊接效果也会很理想，但实际上焊点却往往并没有焊好。

另一个问题是 PCB 上的 Au 厚度是难于控制的。Au 层可能太薄（如致密布线的区域）或太厚（如在绝缘电路中）。后者会使 Au 产生脆化，如焊点中金含量＞3wt% 时，在较大 PCB（＞250mm×250mm）组装较大 BGA（＞25mm×25mm）的情况下，PCB 的厚度应至少提高到 2mm，以使 PCB 弯曲和挠曲现象达到最低水平。这样就可以降低或消除由于 PCB 的弯曲和挠曲导致的机械应力所造成的界面间失效。

二、焊点中 Au 含量对脆性的影响

在焊接过程中，Au 溶解到钎料中，在凝固时析出 $AuSn_4$ 并均匀地分布在钎料中，BGA、CSP 等在再流焊接的焊点中，Au 的浓度通常都不会超过 1wt%，故这些焊点通常不会变脆。但近来据有关文献报导，在焊点固相老化过程中，析出的 AuSn4 颗粒会从钎料内部向钎料和 Cu 间的界面运动，并在界面处导致脆性断裂。

含有 Au 的由 Sn37Pb 钎料构成的焊点的机械性能（拉伸、剪切强度和延伸率）是随 Au 含量的不同而不同的。当 Au 的浓度低于 Sn37Pb 钎料的固体溶解度时，焊点的机械性能便随 Au 含量的增加而增加，达到最大的溶解度。此后焊点的机械强

度将随 Au 含量的进一步增加而降低，延伸率随 Au 含量的增加而增加，在约 3wt% 处达到峰值，并在 6wt% 处急剧降低。据国外有关专家对该类焊点失效的数据统计和观察，通常认为 Au 的浓度应限制在 3wt% 为宜。

W.Reidel 的研究试验表明，当 PBGA 在 ENIGNi/Au 表面贴装并按常规再流焊接，再在 150℃温度下烘烤两周后进行第二次再流焊接。针对不同的阶段和条件，由焊点切片的 SEM 图可见：

（1）刚再流焊后的试样，在钎料和 PCB 基板焊盘界面仅有一薄的抑 Ni_3Sn_4 层，在钎料中有 $AuSn_4$ 颗粒。

（2）经烘烤后的试样，Ni_3Sn_4 层长大，$AuSh_4$ 从钎料内部向钎料和 PCB 基板的界面迁移。由于金属间化合物中 Au 和 Sn 的比为 1 ∶ 4，所以即使很少量的 Au 也会生成较厚的 $AuSn_4$ 层。

（3）经烘烤后再进行再流焊接的试样焊点，$AuSn_4$ 化合物层从界面溶解进入焊点。

W.Reidel 在研究试验中，还采用 4 点弯曲方式对上述 3 种条件进行进一步的测试，得到以上 3 种条件下的断裂载荷分别为 45 磅、30 磅和 45 磅。其中（1）和（3）的断裂模式是相同的，是在焊点和 PCB 焊盘之间发生了劈裂，尤其是断裂发生在 Ni_3Sn_4 化合物层和富磷层之间的界面上，脆性界面断裂和 ENIG 镀层有关。而条件（2）在焊球和 PCB 焊盘，以及焊球和 BGA 焊盘的界面都发生断裂，而 BGA 焊盘的镀层为电解 EGNi/Au，在这一界面的脆性断裂与 ENIG 无关。

PBGA 组装件在 150℃老化两周后的金脆，表明主裂纹在 Au-Sn 化合物和 Ni-Sn 化合物间扩展，裂纹穿过了 Ni_3Sn_4 化合物和 Ni（P）$^+$层。

老化断裂方式与上两种不同，它是在界面处的分层断裂，而不是钎料的脆性断裂。剪切测试证实脆性界面断裂是由烘烤过程中 Au-Sn 金属间化合物的再析出造成的。按照试验样品的实际尺寸 / 实际估算出在钎料中 Au 的浓度约为 0.1wt%，远远小于 3wt%（Au 脆的浓度极限）。

三、Au 脆现象发生的冶金机制

针对上述 W.Reidd 的研究试验结果，对冶金机制可做如下解释。

1. 一次再流

用 Sn37Pb 焊膏在 Ni/Au 镀层上再流时，Au 和 Ni 溶解到钎料中的溶解行为与温度及 Ni 和 Au 在液态钎料中的溶解度有关。在少于 1s 的时间内，一般会有 0.1pm 厚的 Au 溶解到钎料中，考虑到 Ni 在熔融钎料中的低溶解度，把很薄的 Ni 层溶解几秒就会达到饱和。在随后的典型为 60s 的再流时间内，暴露的 Ni 会和液态钎料反应，

生成 Ni_3Sn_4 金属间化合物。焊接温度开始冷却时，如果钎料中的 Au 超过凝固温度时的溶解度极限 0.3wt%，针状的 AuSn4 就会形成，并且均匀分布在整个钎料体中。

2. 老化烘烤

再沉积层并不是 AuSn4IMC，而是 $A_{u○.5}Ni_{0.5}Sn4$ 或 $Aua_{0.45}Nia_{0.55}Sn_4$（可用通式 $Au_xNi_{i\_x}Sn_4$ 表示）的三元金属间化金物，其中 Ni 取代了 $AuSn_4$ 相中的部分 $Aua_{0.45}Nia_{0.55}Sn_4$ 的组分对应于 Ni 在 $AuSn_4$ 中的溶解极限。

透射电子显微镜（TEM）观察表明，Ni_3Sri_4 层由相对较大的单一晶粒组成。而层为纳米晶结构，其中有很多微小的孔洞，特别是在晶界处的微孔很多。研究认为：$Au_xNi_{i\_x}Sn_4$ 层化合物和其组元间的固相反应所产生的体积减小，导致了这些微小孔洞的生成。这些微小孔洞的出现也解释了在弯曲和剪切测试中的脆性断裂。

$Au_xNi_{i\_x}Sn_4$ 三元相在 150℃时是很强的优先形成相，并且使 AuSn4 重新位于界面以捕获在界面处的 Ni。在 150℃下，Au 在 Sn37Pb 固相中的溶解度约为 0.2 ~ 0.3wt%。相比之下，150℃下 Ni 在 Sn37Pb 固相中的溶解度可以忽略。在 150℃下的烘烤过程中，AuSn4 中的 Au 溶解到 Sn37Pb 钎料中并达到其固溶度。由于 Au 在 Sn37Pb 中的扩散较快，因此 Au 能很容易到达界面并与 Ni_3Sn_4 中可用的 Ni 反应形成 $Au_xNi_{i\_x}Sn_4$。界面处 Au 的逸失又致使 Au 从钎料体中向界面扩散。

3. 二次再流

如果烘烤后的焊点再一次再流，界面处再沉积的 $Au_xNi_{i\_x}Sn_4$ 快速溶解到钎料中。由于 $Au_xNi_{i\_x}Sn_4$ 在钎料熔点温度以上并不稳定，Au 在熔化的 Sn37Pb 或纯 Sn 中的溶解度均大于 10at%。当烘烤和再次再流重复进行后，$Au_xNi_{i\_x}Sn_4$ 相也重复发生沉积和溶解，而 Ni_3Sru_4 层单调地增厚。每次经历烘烤和再流的循环后，界面处的 $Au_xNi_{i\_x}Sn_4$ 在烘烤过程中的再沉积会明显变得更慢、更少。这是因为：

（1）增厚的 Ni_3Sn_4 层变成 Ni 通过 Ni3Sri4 层向 AuxNUm 层扩散的阻挡层；

（2）由于 $Au_xNi_{i\_x}Sn_4$ 的溶解，使钎料基体中的 Ni、Au 和 Sn 并不需要扩散到界面处与 Ni 反应，而是在钎料基体中与 Ni 反应并形成 $Au_xNi_{i\_x}Sn_4$。

四、Au 脆的控制

随着电子产品用户服役时间的延长，钎料和焊盘界面 $Au_xNi_{i\_x}Sn_4$ 逐渐沉积，钎料和 Ni/Au 表面的连接变得越来越脆。Au 镀层的厚度会逐渐减薄，直至钎料中 Au 的浓度达到其固溶度约 0.3wt%。然而，虽然 Au 的固溶度随温度的降低而降低，但 0.3wt% 的固溶度尚不能抵消低温时 AuxNUru 再沉积的驱动力。

为抑制 $Au_xNi_{i\_x}Sn_4$ 相可将 Ni 或 Ag 添加到钎料基体中，少量的 Ni 添加到钎料中，可以避免 AuxNUiu 的再沉积。Ni 原子和 Sn 反应生成焊点内的 Ni_3Sn_4 颗粒，使

$Au_xNi_{i\_x}Sn_4$ 减少。相似地，Cu 添加到钎料中也有效地抑制了再沉积并防止了 Au 脆。在钎料中存在 Cu 时，界面金属间化合物的物相有所不同。以 Sn3.5Ag0.7Cu 钎料在 Ni/Au 涂层的界面金属间化合物为例，生成（Au，Ni）$2Cu_3Sn_5$ 四元金属间化合物，而不是 Sn37Pb 钎料在 Ni/Au 上时的 Ni_3Sn_4 和（Au，Ni）Sn_4。在 155℃下老化 45 天后，Sn3.5Ag0.7Cu 在 Ni/Au 上的四元金属间化合物层只有 4μm，而 Sn37Pb 在 Ni/Au 上的三元（Au，Ni）Sn4 金属间化合物层为 20μm。

在高温（＞240℃）下对焊点进行再回流，被证明能有效抑制在后续烘烤过程中钎料和焊盘界面处的 AuxNUru。高温再流使 Ni 和 Cu 溶解到钎料基体中并包围 $Au_xNi_{i\_x}Sn_4$。

第五节　金属离子迁移现象

一、金属离子迁移的定义和分类

1. 金属离子迁移的定义

在电极间由于吸湿和结露等作用，吸附水分后加入电场时，金属离子从一个金属电极向另一个金属电极移动，析出金属或化合物的现象称为离子迁移。

离子迁移现象起因于一种与溶液和电位等相关的电化学现象，整个迁移过程可分为：阳极反应（金属溶解过程）→金属离子的移动过程→阴极反应（金属或金属氧化物析出过程）。特别是在金属溶解过程中，在钎料等金属中加入其他成分金属所组成的合金材料，由于两种金属表面结构状态的不同，导致钝态膜的形成位置及电极电位的溶解特性不同。

有些学者指出：电化学可靠性主要由免清洗产品的残留助焊剂对电迁移的抵抗力和树枝晶生长的抵抗力所决定。在使用免清洗助焊剂的产品中，焊接后残留的助焊剂会留在 PCB 上。在产品的服役过程中，导致表面绝缘电阻下降。如果出现电迁移和树枝晶生长，就可能由于在导体之间出现短路而造成严重的失效。

2. 金属离子迁移的分类

金属离子迁移根据其发生形态可分成枝晶生长（Dendrite）和导电阳极细丝（CAF）两大类。所谓的枝晶就是根据 PCB 的绝缘表面析出的金属或其氧化物呈树枝状而命名的，如 Ag 的迁移现象。而 CAF 则是根据沿着 PCB 的绝缘基板内部的玻璃纤维，析出的金属或其氧化物呈纤维状延伸而命名的。

二、Ag离子迁移现象的发现

（1）Ag离子的迁移现象是1954年由美国贝尔研究所的D.E.YOST把它作为PCB的一个问题提出来的。在该报告中介绍了在电话交换机或电子计算机等所使用的端子上的Ag，在绝缘板上溶解析出，由离子电导使绝缘遭到破坏的案例。

在PCBA上应用Ag的场合如下：

PCB上的印制导线及图形采用电镀或还原镀工艺涂敷的Ag层；引线和端子采用Ag镀层的元器件；为改善PCB导体的外观、可焊性和导电性等为目的的Ag镀层；含Ag的钎料。

特别是在场合③的情况下，Ag不只是覆盖在导体的表面，而且在导体的侧壁也有附着。而这在PCB上留下了日后Ag迁移的危险隐患。

（2）离子迁移发生过程可分为：

阳极反应（金属溶解）；阴极反应（金属或金属氧化物析出）；电极间发生的反应（金属氧化物析出）。

电子材料的离子迁移是由与溶液和电位有关的电化学现象所引起的，与从金属溶解反应、扩散和电泳中产生的金属离子移动反应及析出反应有关。特别是在高密度组装的电子设备中，材料及周围环境相互影响导致离子迁移发生而引起电特性的变化，已成为故障的原因。

金属离子的迁移现象，最典型的是Ag离子的迁移。

三、Ag离子的迁移机理

1．Ag离子迁移发生的条件

在PCB上含Ag的电极间由于吸湿和结露等作用吸附水分后再加入电场时，金属Ag从一个电极向另一个电极移动，析出Ag或化合物的现象称为Ag离子迁移。显然Ag离子迁移发生的目前提是：

（1）必须在两电极间的绝缘物表面或内部存在着导电性或导电的湿气薄膜；

（2）在两电极间施加了直流电压。

2．Ag离子迁移发生机理和阳极反应

Ag离子的迁移是电化腐蚀的特殊现象。它的发生机理是当在绝缘基板上的Ag电极（镀Ag引脚或镀Ag的PCB布线）间加上直流电压时，当绝缘板吸附了水分或含有卤素元素等时，阳极被电离，如图5-1所示。

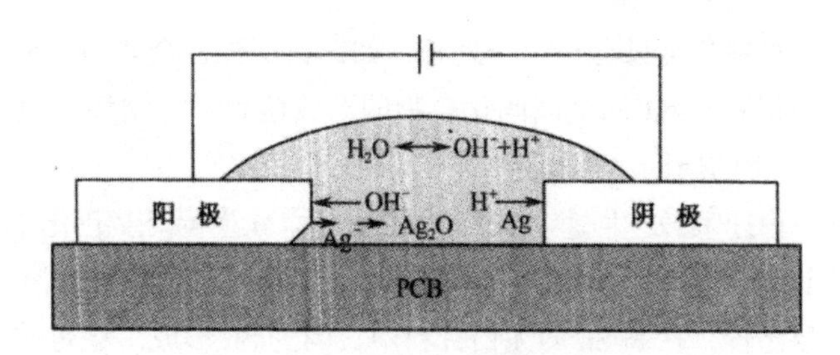

图 5-1　Ag 离子迁移机理示意图

水（H_2O）在电场作用下被电离：

$$H_2O \longleftrightarrow OH+H^+$$

H^+ 移向阴极从阴极上获得电子变氢气（H_2）向空间逸放掉，而 OH^- 则返向移向阳极，把阳极银溶解形成氢氧化银，其化学反应式为

$$Ag \longleftrightarrow Ag^{2+}e \text{（氧化反应）}$$

$$Ag^++OH^- \longleftrightarrow AgOH \text{（还原反应）}$$

由电化学反应生成的 AgOH 是不稳定的，很容易和空气中的氧或合成树脂中的基团反应，在阳极侧生成氧化银。

$$2AgOH \rightarrow Ag_2O+H_2O$$

假如阳极侧不断地被溶蚀，氧化银不断地成长，直到抵达阴极时，便从阴极侧被还原而析出 Ag，其反应如下：

$$Ag_2O+H_2O \longleftrightarrow 2AgOH \rightarrow 2Ag^++2OH$$

由于上述反应是不断循环的，故 Ag_2O 不断地从阳极向阴极方向成树枝状生长，Ag_2O 在阴极不断地被还原而析出 Ag。

3. 影响因素

（1）Ag 离子的迁移状态随有机绝缘板上的分解物的种类，施加的直流电压的大小，水的纯度，处理的温度、湿度等的不同而不同。

（2）迁移现象的发生，还受电极间存在的一些特定离子的影响，如存在 Cl^-、Br^-、I^-、F^- 等卤素离子时，迁移现象的发生将变得更容易。作为洗净剂的有机化合物也能促进迁移现象的发生，如图 5-2 所示。

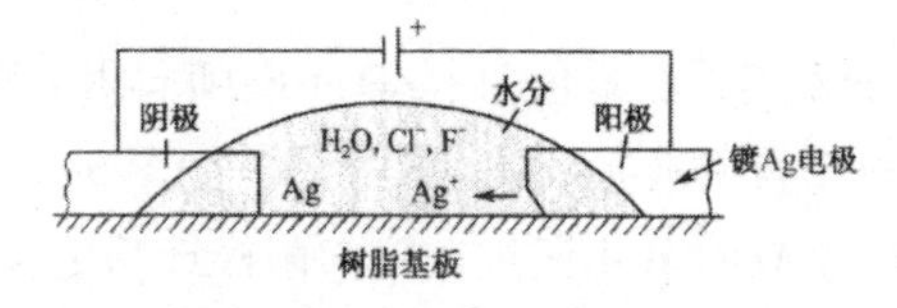

图 5-2　迁移还受电极间存在的一些特定离子的影响

（3）如果从材料角度来分析离子迁移，如钎料那样在金属中添加其他成分后形成合金材料，这时不同金属的金属间化合物的形成位置、稳定性及电极电位等多种因素相互影响，产生的原因更加复杂。

（4）由离子迁移发生速度较快的Ag及Cu生成稳定化合物（Ag_3Sn、Cu_xSn_x），无铅钎料合金Sn3.5Ag和Sn0.8Cu的耐迁移特性与Sn的溶解特性相关。与SnPb钎料合金比较，在高Sn的无铅钎料中，因为Sn形成了稳定的钝态膜，故无铅钎料的耐离子迁移性高。但是，Sn的纯态膜受环境条件的影响，其稳定性也有丧失的可能。

四、Ag迁移现象对可靠性的危害

1. 是设备工作失常的潜在隐患

电子材料的离子迁移是由与溶液和电位有关的电化学现象所引起的，与从金属溶解反应、扩散和电泳中产生的金属离子移动反应及析出反应等有关。特别是在高密度组装的电子设备中，材料及周围环境相互影响导致离子迁移发生，引起电特性的变化而成为故障的原因。

2. 绝缘电阻劣化

Ag离子迁移对PCB绝缘性能的危害。日本学者纲岛通过在酚醛纸积层PCB上的Ag电极上施加250V直流电压，在40℃、90%RH的环境放置24h，测试得到绝缘电阻的劣化情况，如图5-3所示。

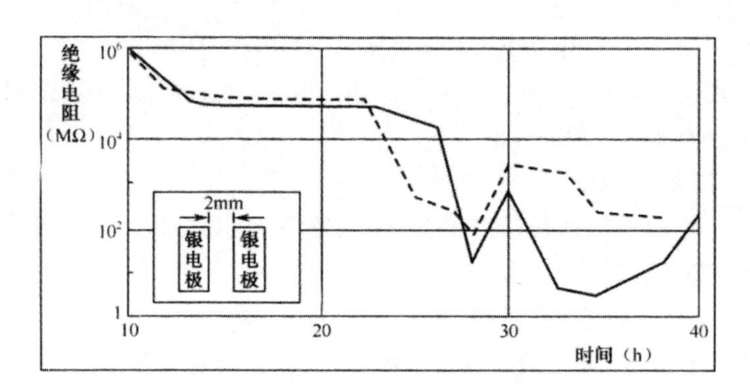

图5-3　Ag导体的迁移和绝缘电阻示意图

随着Ag迁移过程的发展，黑褐色的Ag_2O不断朝向阴极侧生长，而在阴极侧不断被还原出来的Ag反过来自阴极向阳极生长发展，如图5-4所示。

由阳极向阴极生长的Ag_2O和由阴极还原向阳极迁移生长的Ag，当它们未接触之前，电路工作尚能维持很好的稳定状态。然而，树枝状Ag_2O和还原Ag的枝晶不断生长，它们之间一旦相接触，便会在该处产生瞬间的局部过电流（短路电流）而将其熔断，于是绝缘电阻又恢复到发生短路前的状态。就这样 Ag 的还原生长与短路熔断反复进行，便导致对应的绝缘板面局部炭化，而使其处于持续的电短路状态，造成永久性破坏甚至使基材燃烧起来。

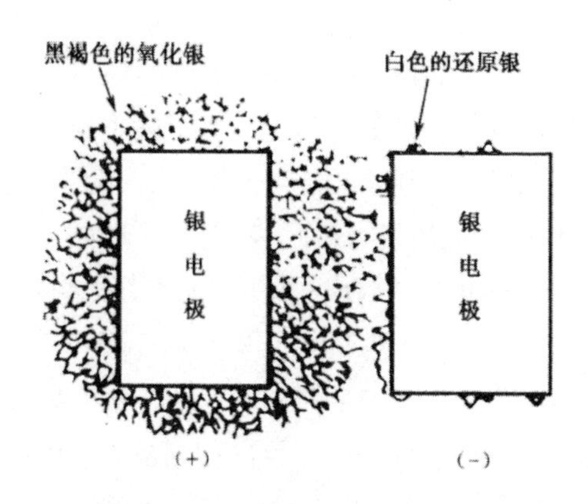

图 5-4　Ag 从阴极向阳极方向成树枝状生长

五、导电阳极细丝（CAF）现象

导电阳极细丝是另一种由于电化学反应导致的失效类型。它是在 20 世纪 70 年代由贝尔等实验室的研究人员发现的。这种失效模式是 PCB 内部的一种含 Cu 的丝状物从阳极向阴极方向生长而形成的阳极导电性细丝物，简称 CAF。扫描电镜的能谱分析（SEM/EDS）显示 CAF 中含有 Cu 和 C1 等元素。

六、CAF 的生长机理及危害

贝尔实验室的研究人员详细描述了 CAF 的形成和生长机制。即首先是玻璃—环氧接合的物理破坏。然后，吸潮导致玻璃—环氧的分离界面中出现水介质，从而提供了电化学通道，促进了腐蚀产物的输送。

特别是在无铅焊接中的高温，可能损坏玻璃纤维和环氧树脂本体之间的接合，导致玻璃纤维增强的树脂中键合的物理性能下降和分层。湿气和离子污染物就可以沿着玻璃纤维和环氧树脂的间隙迁移和渗透，成为一条化学通路。当施加电压后，将会有电化学反应发生。导电阳极细丝的生长最终将阴极、阳极连接起来而导致两极短路，引发灾难性失效。

七、对 CAF 生成因素的控制

由 TCAF 是由铜丝沿着玻璃纤维或树脂接口部迁移形成的，它会在相邻的导体间产生内部的电气短路，这对高密度 PCB 组装来说是一个严重问题，更高的再流焊接温度会导致该问题更易发生。因此，加强对影响 CAF 因素的控制，是抑制 CAF 危害的有效手段。

（1）随着电子产品体积减小及 PCB 安装密度的提高，导体之间间距的缩小，从而增大了导电阳极细丝导致失效的可能性。为了减小导电阳极细丝导致的失效概率，吸潮、离子污染、玻璃纤维和环氧树脂之间的黏结等都是需要控制的关键因素。

（2）基材种类对 CAF 生成的影响最大。因此，正确选择好基材的类型特别重要。根据有关资料，对不同的 PCB 基材形成 CAF 的敏感性程度排序如下：

$$MC\text{-}1 > Epoxy/Kevar > FR\text{-}4 >\approx PI > G\text{-}10 > CEM > CE > BT$$

PCB Interface Science（Goleta，CA）通过引入娃院开发了一种很有前途的减缓技术，可使密度和玻璃纤维的硅烷外壳一致性达到最大。更好的一致性可以使玻璃纤维和树脂接合得更加紧密，从而减小 CAF 发生的可能性。

（3）导体结构也是构成 CAF 形成敏感性的重要因素。

孔到孔的结构最易形成 CAF，这是因为电镀通孔孔壁与各层玻璃纤维都直接接触。焊盘到焊盘的结构最不易形成 CAF。其他结构形成 CAF 的难易程度是介于上述二者之间的。

（4）电压梯度的影响。电压梯度是 fAF 形成敏感性的另一个重要因素，通过电压和间距对 CAF 形成的敏感性影响的研究，可确定平均失效寿命 MTTF。

（5）PCB 存储和使用及环境湿度的影响。J.A.Augis 等人的研究表明，CAF 的形成存在一个临界湿度值，湿度低于临界值时，就不会出现。相对湿度的临界值与工作电压和温度有关。PCBA 吸潮可能发生在用户服役寿命的任何时刻。因此，运输或储藏的过程十分关键，因为这时组件可能经历很严苛的环境条件。

第六节　钎料电子迁移现象

一、钎料电子迁移概述

1. 问题的引出

电子迁移长期以来用于研究半导体配线缺陷的形成机理及对策。伴随着半导体配线的微细化，流过配线的电流值显著上升。今天 VLSI 中的 A1 或 Cu 线宽为 0.1μm、厚 0.2μm 的截面上，即使只通过 1mA 的电流，其电流密度也高达 $10^6A/cm^2$。面对如此大的电流密度，只要温度稍有变化，也将很容易导致电子迁移现象发生。

另一方面，对焊点来说现在其接续部分已经比较小了，如其细间距已可达到 200μm 的直径。然而，这还远非极限。随着现代化工艺进程的进一步推进，半导体的微细化接续点数势必会继续增加，这就意味着，焊接的接续面积必然还将继续变小。特别是在倒装片技术中，100μm 的直径流过的峰值电流约 0.2A，到 2011 年该尺寸已进一步缩小到 50μm，对上述同样的峰值电流来说，其电流密度便高达 $10^4A/cm^2$。由此，便可预见将来钎料的电子迁移现象必然会成为影响焊点可靠性的一个大问题。

2. 钎料的电子迁移

电子迁移的驱动力是“电子风”，图 5-5 说明了其涌现的过程。

在很强的电子流的场合下，电子风相当于原子风。按其形成原理对其进行仿真分析。这里把在电场 E 中的有效电荷 Z^* 作为驱动原子运动的动力 F_{em}，这样就得到下式：

$$F_{em}=Z^*Ee$$

式中 e——电子的电荷；

E——电场强度，对金属来说，在电场里流过电流时，其电场强度可表示为电流值 j 和电抗值 p 的乘积，即

$$F_{em}=Z^*epj$$

Z^*——和“散乱断面积”相关的变量，当电子获得一定程度的能量移动时，就可以求得原子的通量（单位时间通过单位面积的原子数，原子 / cm^2 · S，有

$$J_{em}=C（D/kT）F_{em}=C（D/kT）Z^*epj=n_CEe$$

式中，C 为单位体积当量的原子密度；n 为单位体积当量的电子密度；（D/kT）为原子的移动度；μ_C 为电子的移动度；D 为玻尔兹曼常数（是温度函数）；T 为绝对温度。此时库仑力因为很小故予以忽略。

由上式可以预测某时间段会发生怎样的原子移动。原子移动的本质是晶格中的空穴。这残空穴的聚集便形成空隙，空隙的成长所引起的破断就可用上式来预测。

对 LSI 的 A1 或 Cu 配线场合，电子迁移成为问题的电流密度为 105 ~ $10^6A/cm^2$，而对钎料来说，更低的电流密度 103 ~ $10^4A/cm^2$ 便能产生。即使二者的配线大小等级有差异，但不久也会成为问题的，这是必须要考虑的。

像上式所表示的，电子迁移要影响原子的扩散速度。作为在 Sn 中扩散快的原子

如 Cu、Ag、Ni 等，实际上这些原子的扩散速度是异常快的，它不溶入 Sn 的结晶格子，只在晶格间移动。由于 Sn 的间隙间的多结晶构造，故 Ni 等是在 Sn 的间隙间的缝中扩散的。由于只有 β-Sn 具有不同的方向性结晶（不同的结晶方位其特性上有较大的差异），所以 Ni 的扩散率随结晶方位的不同也存在着差异。这一性质，恐怕对微细接续部分也会产生影响。总之作为微细的钎料球，球自身几乎也有多个结晶，所以其电子迁移的效果也是不同的。

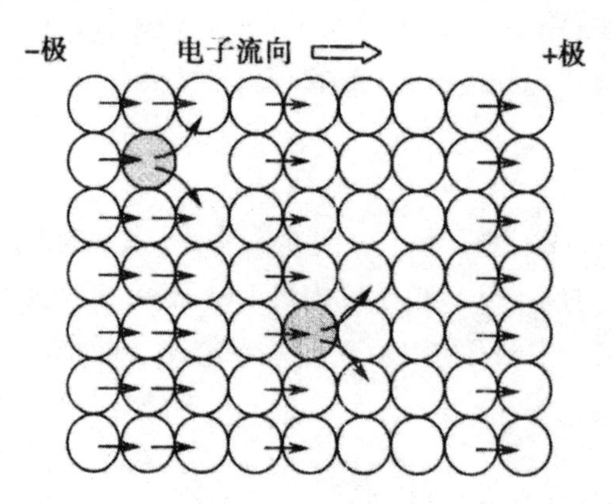

图 5-5　强电子流推进原子的扩散（灰色的原子由“电子风”引入的空穴扩散）

二、电子迁移对接合界面的影响

电子迁移不是单独发生的，它同时受热、温度梯度及应力场等的激活而对扩散产生影响。因此，在考虑复杂的组装形态时，必须充分研究上述的各种因素的影响。

首先，介绍简单的界面情况，如图 5-6 示出了 Sn-Ag-Sn 构成的接续界面的电子迁移的情况。

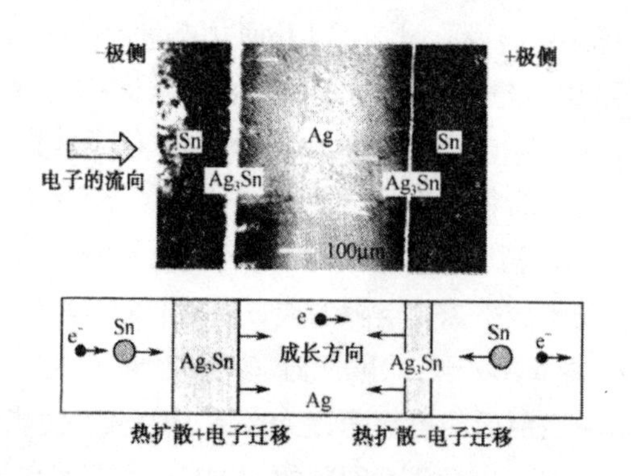

图 5-6　在 Sn-Ag-Sn 接合界面的电流流过场合时的界面组织的变化

（140℃，500A/cm^2 的条件下 15 天后）

电子从左向右流动，使左侧的界面金属间化合物层变厚，反过来在右侧的变薄。像这样在 + 极侧和 – 极侧化合物的生长的差异，是因热扩散和电子迁移扩散的和或差的不同所导致的，在左侧由于热造成的化合物生长的方向和由电子迁移扩散驱进的化合物生长的方向一致，因而化合物生长得厚，而在右侧二者是相反的，因而生长的厚度薄。

另外，还应考虑气流方面的影响。在此场合，– 极侧的电极界面的化合物消失，而 + 极侧则变厚了。在 Sn 系焊接的界面，也表现了电子迁移的影响。比较 SnNi、SriCu 等的界面化合物的生长，前者 Ni 和 Sn 的扩散具有双方性，而后者则是以 Cu 的扩散为主。

在特定的条件下，由温度引起的扩散也有可能成为主要形式，如图 5–7 所示。两个 Cu 电极和 SiiPb 共晶钎料接续，把温度变化和流过的电流场合 Sn 组成的变化比较，在室温 Sn 向 + 极侧扩散，而在 150℃时 Pb 也向 + 极侧扩散。此时，温度的影响成为主角。

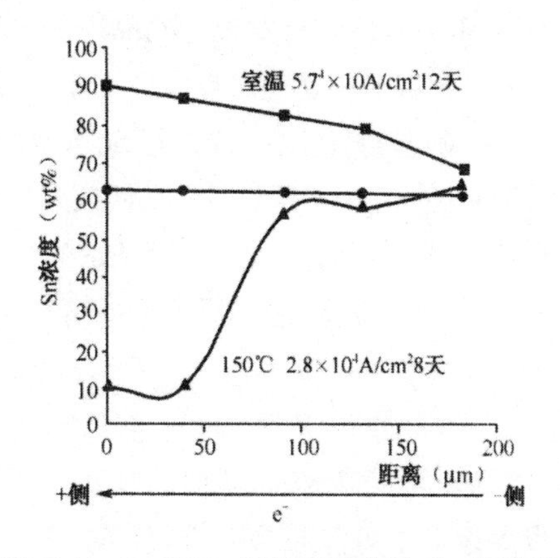

图 5–7 Sn37Pb 钎料接续部的 Sn 的浓度

三、电子迁移对倒装片接续的影响

电子迁移之所以成为问题，是随着高集成化和细间距化的进展，对倒装片接续情况，由于发热形成的温升影响显得越发严重，从而造成焊点断裂。此时，倒装片的接合部具有特异的接续形状。计算一个球在接续部分流入电流的状况。前面已介绍，倒装片流入的平均电流值大致为 $10^4A/cm^2$。由此可知，缺陷的形成集中在电流密度高的部分。这里作为化合物的生长的例子。Cu 配线电流密度高的左侧部分几乎消失，而其化合物的生长却很显著。

由于电流密度高的部分 Sn 扩散在晶格中形成空穴，这些空隙的成长首先在球的一侧开始，然后沿着电极界面向横的方向进行扩展。这时电流的流动路线也跟着转移，电流全集中在右侧流过。就时间来说，在37h之前空洞的发生不是非常明显的。然而在其之后空隙便急速发展，仅数小时便可波及接续面的全部。

第七节　Sn晶须生长现象

一、金属晶须

金属晶须的初始可追溯到60多年以前。1946年美国的Cobb开始研究镉晶须问题。当时收音机中的可变电阻器和电容的镀层使用镉镀层，随着时间的推移，由于晶须发生而短路。1945年前后，美国的电话线路系统曾发生故障，其原因是蓄电池内部短路。经检查，才知道是因为镀Sn电极板两面产生金属晶须所致。50多年前海林（Herrin）和盖尔特（Galt）通过试验发现金属晶须的强度高得令人吃惊（为一般金属的几千倍到几万倍）。金属晶须是超级导电体，耐高温性能非常好。

由晶须产生的电子设备故障多数发生在20世纪50年代到60年代，在那个时期进行了关于机理和对策的研究。研究中发现，即使是铁或者陶瓷和硅也会发生晶须，这些晶须大多数作为有用成分而被合成，纳米管就是它的极端事例。这些高熔点物质的晶须成长机理与Sn或Cd的晶须成长机理不同，就端部而言，Sn晶须在根部端生长，而高熔点物质则在尖部端生长。

晶须生长本质上属于一种自发的，不受电场、湿度和气压等条件限制的表面突起生长现象，而以含Sn镀层表面生长的Sn晶须最典型。晶须在静电或气流作用下可能变形弯曲，在电子设备运动中可能脱落造成短路或损坏。在低气压环境中，Sn晶须与邻近导体之间甚至可能发生电弧放电，造成严重破坏。例如，F15战斗机雷达、火箭发动机、爱国者导弹、核武器等各种电子产品中都曾发生过因晶须问题而导致的事故。值得指出的是，在卫星等太空电子产品中也发生了数起由晶须问题引起的故障甚至严重事故。

2000年以来，随着电子安装的无铅化，特别是细节距和挠性电缆的连接器再次成为大问题。在美国，开始于卫星或原子反应堆的故障，无铅化成为重要的晶须问题。

美国NASA最近发布了近年来由于PCB锡须而引起的问题报告，列举了一些失效的例子。

1986年：美国空军F15喷气式战斗机的雷达设备出现故障，罪魁祸首就是锡须侵入了电路中，引起雷达间歇性的失效。如果由于机舱的振动使锡须移动了位置，则故障会突然消失，雷达又能正常工作。

1987 年至今：至少有 7 次核电厂关闭，而原因就是报警系统的电路中长出了锡须。锡须使报警系统误判有一些重要的系统不能正常工作，而实际上反应堆本身并没有任何问题。

1989 年：凤凰城美国海军的空对空导弹的目标监测系统中也发现了锡须现象。

1998 年至今：在轨道中运行的商业卫星至少因为锡须而发生了 11 次故障。问题出现在控制卫星位置的处理器中，包括其他的一些功能。有 4 颗卫星丢失，包括为北美几千万寻呼机提供服务的价值 2.5 亿美元的 PanAmSat 公司的银河 4 号通信卫星。

2006 年：在一次测试中，系统错误地指出航天飞机的引擎出现问题，导致轨道偏离。后来 NASAI：程师发现了上百万个锡须，有些达到了 25mm。在确认纯锡的部件会引起问题之后，他们已经要求在锡的镀层中加入少许的铅。

二、Sn 晶须生成的环境条件

Sn 晶须生长的基本动力是在室温附近的 Sn 或者合金元素的异常迅速扩散。即使在室温下，Sn 镀层中的原子也会自由运动，再加上“环境”或“驱动力”条件，更会促进元素的扩散，从镀层表面的一个“出口”成长为晶须。因此，Sn 晶须发生的环境条件可以理解为以下 5 种：

室温下生长的晶须；温度循环中生长的晶须；氧化和腐蚀中生长的晶须；外压下生长的晶须；电迁移中生长的晶须。

上述 5 种环境在镀层内部产生压缩应力，促进元素的扩散而发生晶须。而第 5 种环境出现在安装形态的功率半导体或倒装芯片等特殊情况下，一般安装基板中不会发生，故下面不进行讨论。

1. 室温 Sn 晶须的发生和生长

研究发现，SnCu 室温快速反应、压应力和 Sn 表面稳定的氧化层，是 Sn 晶须生长的充分必要条件。

2. 温度循环（热冲击）晶须的发生和生长

在使用与 Sn 镀层的热膨胀性差别大的“42”合金等电极或陶瓷元件时将存在问题。选择上述元件虽然可以抑制温度循环或热冲击中生长的晶须，但是即使热膨胀差别大的组合也不会比其他的晶须显著生长。在使用合金型的陶瓷芯片元件镀层的寿命评价中，生长 50μm 长度的晶须估计需要 100 年。

3. 氧化和腐蚀晶须的发生和生长

如上所述，在室温下生长的晶须不会受使用温度的影响而加速，少许湿度变化没有影响。如果环境中有明显的湿度变化，锡的氧化就会异常进行，形成不均质性的氧化膜，导致镀层发生应力。这种氧化和腐蚀产生的晶须，在晶须加速评价中往往与室温晶须评价混同。

有专家经过大量试验研究后认为：晶须最易生长的条件是 60℃ /93%RH。此外，在多数情况下氧化 / 腐蚀晶须存在潜伏期。

4．外压力下晶须的发生和生长

Sri 晶须之所以成为无 Pb 制程中的大问题，是由于细节距连接器的问题。用镀覆了 Sn 或 SnCii 合金镀层的细节距连接器端子制造的挠性电缆，以及连接器的接触部分产生的 Sn 晶须造成的危害，曾在 20 世纪 50 年代成为大问题，同样在无铅化中也再次出现。

三、Sn 晶须生长的机理

Sn 晶须在室温条件下自生长过程是应力产生和松弛同时进行的动力学过程。因此，研究晶须的生长机理时必先了解其应力的产生、应力松弛的发生机制和晶须的生长特征等。

1．应力产生机制

应力的产生是由于 Cu 原子向 Sn 内进行填隙式扩散并生成 Cu_6Sn_5 金属间化合物（IMC），IMC 长大造成的体积变化对晶界两边的晶粒产生了压应力。一般来说，在 Sn 镀层中某一固定体积 V 内包含 IMC 沉淀相，吸收扩散来的 Cu 原子后，并和 Sn 反应不断生成 IMC，就势必在固定体积内增加了原子体积。例如，在某一固定体积内增加一个原子，如果体积不能扩展则会产生压应力。当越来越多的 Cu 原子（n 个 Cu 原子）扩散到该体积中生成 Cu_6Sn_5 时，固定体积内应力就将成倍地增加。

大部分晶界处的 Cu_6Sn_5 沉淀相是在共晶 SnCu 合金电镀过程中产生的。SnCu 镀层经过再流处理后，多数晶界处的 Cu_6Sn_5 沉淀相在凝固过程中析出。在熔融状态中，Cu 在 Sn 中的溶解度为 0.7wt%，凝固过程中 Cu 溶解度处于过饱和态而一定会析出（大部分在冷却至室温过程中以沉淀方式析出）。越来越多的 Cu 原子从 Cu 引线框架扩散至钎料层，使晶界处的沉淀相长大，造成 Cu_6Sn_5 体积增加（一种说法是 20%，另一种认为可达到 58%）和在钎料镀层内形成压应力。

根据这种机理，可以发现晶须发生和生长的参数。首先是受不均匀化合物形成的容易度的影响较大。在 Cu 的情况下，Cu 基板本身成为 Cu 往 Sn 镀层中扩散的扩散源。如果基板表面是 Ni，同样形成与 Sn 的化合物（Ni_3Sn_4），但它的成长非常缓慢，难以发生晶须。所以如果以 Ni 层作为 Sn 镀层的基底镀层，则可有效抑制室温晶须。“42” 合金比 Ni 更加稳定。黄铜对于室温晶须化合物形成比较缓慢，基本上具有抑制晶须的效果。但是黄铜中的 Zn 在易于活动的高温环境下，Zn 扩散到 Sn 镀层中而氧化，由于体积膨胀作用而发生压缩应力，助长了晶须的发生和生长。

无铅钎料几乎都是高 Sn 合金，纯 Sn 表面很容易受到 Sn 晶体的自然增长而形成 Sn 晶须，而且还有不同的形状。

2. 氧化层破裂机制

在通常环境中，Sn 基钎料层表面均覆盖有氧化层（SnO 层），且 SnO 层是覆盖整个表面的一个完整体表皮层。晶须为了生长，就必须延伸使表面氧化层破裂。氧化层最容易断裂的位置就是晶须生长的根部。为了保持晶须的生长，这种断裂一定要产生，以维持未氧化的自由表面，保证 Sn 晶须生长所需的 Sn 原子可以长程扩散过来。

Sn 晶须表面氧化层对 Sn 晶须的生长也起到至关重要的限制作用，而使其沿单一方向生长。表面氧化层阻止了 Sn 晶须的侧向生长，这就解释了为什么 Sn 晶须具有像铅笔一样的形状且直径只有几 μm。

3. Sn 晶须的生长

Sn 晶须的生长属于一种自发的表面突起现象。Bell 实验室较早报导了 Sn 电镀层上会出现自发生长的 Sn 晶须。对 Sn 晶须的结构性能进行研究得出：Sn 晶须为单晶结构。Sn 晶须的生长是自底部（根部）而非顶部开始的。

Sn 晶须是直径为 1 ~ 10μm，长度为数 μm 到数十 10μm 的针状形单晶体，易发生在 Sn、Zn、Cd、Ag 等低熔点金属表面。在镀 Sn 层中 Sn 晶须生长的原动力是镀 Sn 中药水失衡造成层中产生的压缩应力，或是 Cu、Sn 合金相互迁移所形成的内应力。假若内应力未被控制或释放，Sn 晶须便很容易在晶界的缺陷处生长。Sn 晶须在室温下较易生长，从而造成电气上的短路，特别是对精细间距与长使用寿命器件影响较大。在 PCBA 组装中 Sn 晶须是从元器件和接头的 Sn 镀层上生长出来的，在 Sn 中加入一些杂质可避免 Sn 晶须的生长。

四、Sn 晶须生长的抑制

影响晶须生长的因素可以分为内部因素和外部因素。内部因素包括：镀层和基底的材料本性（热膨胀系数、原子扩散能力、反应生成 IMC 的能力等）、镀层合金、厚度、结构、表面状况等。外部因素则包括外部机械应力、温度、湿度、环境气氛、电迁移、外部气压、辐射等。通过控制这些因素的变化，就可以达到抑制晶须生长的目的。

由于电子产品服役条件和环境千差万别，所以抑制晶须生长通用方法一般从内部因素入手。

（1）Pb 可以有效减缓 Sn 晶须的生长，原因在于 Pb 和 Sn 不会形成金属间化合物，而且 Sn 晶界上的 Pb 阻碍了 Sn 原子的扩散，从而降低晶须密度。

（2）镀层的粗晶粒与细晶粒相比，粗晶粒可以有效缓解晶须生长。原因在于粗晶粒晶界较少，有效抑制了原子扩散。

（3）采用较厚的镀层可以延长 Cu 在 Sn 中扩散的距离，减小表面受到的压应力，从而减缓晶须生长。2μm 左右的 Sn 镀层厚度最容易生长晶须，因此采用更厚些或更薄些的 Sn 镀层是一种对策。例如，Sn 镀层薄到 2μm 以下，则由于铜的扩散，镀层就会在极短的时间内全部成为金属间化合物（Cu_6Sn_5）。这又将导致湿润性劣化和接触电阻增高而受到实用上的限制。当采用厚镀层时，镀层内部应力发生变化，结晶取向性、粒子尺寸及构造等也会随之发生变化。镀速和杂质等也是重要的影响因素，必须综合考虑这些工艺参数。

（4）在 Cu 引脚与 Sn 镀层之间预镀一薄层 Ni 作为扩散阻挡层，也可起到有效抑制 Sn 晶须生长的作用。但是在 -55 ~ +85℃的温度循环条件下，即使有 Ni 预镀层，晶须依然会加速生长。

（5）SnCu 薄膜比纯 Sn 更容易形成晶须。Cu 原子通过在薄膜内形成才促 Cu_6Sn_5 金属间化合物，沉淀在晶界而增加了内部应力梯度，促使 Sn 晶须生成。据此有人提出退火可以有效缓解 SnCu 和纯 Sn 薄膜的晶须的生成。

（6）Sn 晶须的生长是一个自发的过程，对于铜引脚的纯 Sn 镀层而言，生长 Sn 晶须是绝对的，而生长的快慢则可以从镀层工艺等方面进行相应的抑制，以减缓在规定时间内 Sn 晶须的生长长度和密度。

（7）抑制界面和晶界化合物形成是抑制室温晶须生长的对策。为了防止沿着 Sn 晶界处形成 Cu_6Sn_5，最好避免使用铜引线架，而改用“42”合金、黄铜或镀镍层为基底镀层等都是可行的对策。

（8）150℃时热处理 30 ~ 60min，或者施行再流焊处理可以起到一定的抑制作用，这是因为 Cu/Sn 界面上形成的 IMC 可以在室温下作为 Cu 的扩散阻挡层。Cu 原子在化合物层中的扩散相当缓慢，因此也有抑制 Sn 晶须的效果。欧美主张的 150℃热处理就是根据这一原理提出的。

例如，在 150℃下烘烤 2h 退火：由于高温能增加原子在结晶体内的摆动，促进原子在结晶体内活动的能力，能治愈晶格缺陷，所以能消除内应力。

（9）电镀雾 Sn，改变其结晶的结构，减小应力，以降低 Sn 晶须发生的概率。

（10）浸 Sn 工艺添加少量的有机金属添加剂，能改变 Sn 层的晶体结构，限制 Cu_6Sn_5 金属间化合物的生成。

（11）在焊接中形成的温度应力应尽可能低，这也是采用线性式升温再流曲线的理由之一。

（12）关注钎料中Sn含量的变化，纯Sn含量越高，形成Sn晶须的可能性就越大。

（13）使用喷Sn、Sn合金、再流Sn等表面处理工艺；Sn晶须生长取决于温度和湿度，生长的关键条件是温度在50℃以上，相对湿度大于50%RH。因此，在应用中应尽力避开上述环境条件。

第八节 爬行腐蚀现象

一、问题的提出

（1）21世纪10年代中期，在南亚某国一网点一批运行了相当一段时间后的用户单板中，发现其中6块单板过孔上发黑而导致工作失常。

（2）21世纪10年代末在北方某省的一个站点，一批PCBA在运行了一段时间后出现了4块因电阻排焊盘和焊点发暗而导致电路工作不正常。

不管是失效的电容、电阻还是电阻排，端子接口的位置都检测到大量硫元素的存在。对失效样品上残留的尘埃进行检测也发现S元素含量很高。因此，从现象表现和试验分析的结果看，造成故障的原因极有可能是应用环境中的硫浸蚀。

二、爬行腐蚀

1. 爬行腐蚀的机理

爬行腐蚀发生在裸露的Cu面上。Cu面在含硫物质（单质硫、硫化氢、硫酸、有机硫化物等）的作用下会生成大量的硫化物。

Cu的氧化物是不溶于水的。但是Cu的硫化物和氯化物却会溶于水，在浓度梯度的驱动下，具有很高的表面流动性。生成物会由高浓度区向低浓度区扩散。硫化物具有半导体性质，且不会造成短路的立即发生，但是随着硫化物浓度的增加，其电阻会逐渐减小并造成短路失效。

此外，该腐蚀产物的电阻值会随着温度的变化而急剧变化，可以从10MΩ下降到1Ω。湿气（水膜）会加速这种爬行腐蚀：硫化物（如硫酸、二氧化硫）溶于水会生成弱酸，弱酸会造成硫化铜的分解，迫使清洁的Cu面露出来，从而继续发生腐蚀。显然湿度的增加会加速这种爬行腐蚀。据有关资料报导，这种腐蚀发生的速度很快，有些单板甚至运行不到一年就会发生失效。

2. 爬行腐蚀的影响因素

（1）大气环境因素的影响。作为大气环境中促进电子设备腐蚀的元素和气体，被列举的有：SO_2、NO_2、H_2S、O_2、HCl、Cl_2、NH_3 等。上述气体一溶入水中，就容易形成腐蚀性的酸或盐。

（2）湿度。根据爬行腐蚀的溶解 / 扩散 / 沉积机理，湿度的增加应该会加速硫化腐蚀的发生。PingZhao 等人认为，爬行腐蚀的速率与湿度成指数关系。CmigHillman 等人在混合气体实验研究中发现，随着相对湿度的上升，腐蚀速率急剧增加，呈抛物线状。以 Cu 为例，3 湿度从 60%RH 增加到 80%RH 时，其腐蚀速率后者为前者的 3.6 倍。

（3）基材和镀层材料的影响。Conrad 研究了黄铜、青铜、CuNi 三种基材，Au/Pd/SnPb 三种镀层结构下的腐蚀速率，实验气氛为干 / 湿硫化氢。结果发现：基材中黄铜抗爬行腐蚀能力最好，CuNi 最差；表面处理中 SnPb 是最不容易腐蚀的，Au、Pd 表面上腐蚀产物爬行距离最长。

Alcatel-Lucent、Dell、RockwellAutomation 等公司研究了不同表面处理单板抗爬行腐蚀能力，认为 HASL、Im-Sn 抗腐蚀能力最好，OSP、ENIG 适中，Im-Ag 最差。

Alcatel-Lucent 认为各表面处理抗腐蚀能力排序如下：

ImSn ～ HASL》ENIG ＞ OSP ＞ ImAg

化学银本身并不会造成爬行腐蚀。但爬行腐蚀在化学银表面处理中发生的概率却更高，这是因为化学银的 PCB 露 Cu 或表面微孔更为严重，露出来的 Cu 被腐蚀的概率比较高。

（4）焊盘定义的影响。Dell 的 Randy 研究认为，当焊盘为阻焊掩膜定义（SMD）时，由于绿油侧蚀存在，PCB 露铜会较为严重，因而更容易腐蚀。采用非阻焊掩膜（NSMD）定义方式时，可有效提高焊盘的抗腐蚀能力。

（5）单板组装的影响。

①再流焊接：再流的热冲击会造成绿油局部产生微小剥离，或某些表面处理的破坏（如 OSP），使电子产品露铜更严重，爬行腐蚀风险增加。由于无铅再流温度更高，故此问题尤其值得关注。

②波峰焊接：据报导，在某爬行腐蚀失效的案例中，腐蚀点均发生在夹具波峰焊的阴影区域周围，因此认为助焊剂残留对爬行腐蚀有加速作用。其可能的原因是：

助焊剂残留比较容易吸潮，造成局部相对湿度增加，反应速率加快；助焊剂中含有大量污染离子，酸性的 H^+ 还可以分解铜的氧化物，因此也会对腐蚀有一定的加速作用。

（6）注意对 Im-Sn 镀层 Sn 面发黑原因的甄别。

Sn 层过厚导致；在 Im-Sn 制作中，沉 Sn 过程中的 Cu 离子浓度过高，Sn 容易发黑；沉 Sn 过程中碱性产物没有被清洗干净造成的。

三、对爬行腐蚀的防护措施

随着全球工业化的发展，大气将进一步恶化，爬行腐蚀将越来越受到电子产品业界的普遍关注。归纳对爬行腐蚀的防护措施王要有：

采用三防涂敷无疑是防止 PCBA 腐蚀的最有效措施；设计和工艺上要减小 PCB、元器件露铜的概率；组装过程要尽力减少热冲击及污染离子残留；整机设计要加强温、湿度的控制；机房选址应避开明显的硫污染。

第九节　柯肯多尔空洞

一、柯肯多尔空洞的形成

在两种不相同的材料之间，由于扩散速率的不同所产生的空洞称为柯肯多尔（Kirkendall）空洞，实验证明除 Cu-Sn 金属对外，还有许多金属对，如 Cu-Ni、Cu-Au、Ag-Au、Ni-Co 和 Ni-Au 等中也存在柯肯多尔效应。这种空洞产生机制在 SnPb 和无铅钎料中均存在，但在过去 30 年的表面安装技术的应用过程中，还没有发现因为柯肯多尔空洞导致产品失效的报告。在无铅钎料中，柯肯多尔空洞是由一些未知因素造成的，而这只会使问题更加复杂，尤其是在长期的高温条件下。

二、柯肯多尔空洞对焊点可靠性的影响

与柯肯多尔空洞类似，我们最关心的问题是通常在最初的机械试验中无法将这类缺陷焊点从好的焊点中找出来，但在使用过程中却会逐渐劣化。

国外有文献报导在 BGA 的 Cu 和 $Sn_{37}Pb$ 钎料界面，在 125℃温度下，时间为 20 天的固相老化后，在 e-Cu_3Sn 的 IMC 中有空洞形成，并且焊点强度降低。

S.Ahat 等人研究了 $Sn_{3.5}Ag$ 和 $Sn_{36}Pb_2Ag$ 等钎料合金在 Cu 基板、150℃下分别老化 0h、50h、250h、500h 和 1000h 后的界面显微组织和剪切强度。在所有老化样品的钎料和 Cu 界面上，发现了靠近钎料的 δ-Cu_6Sn_5 和靠近 Cu 的 ε-Cu_3Sn 两种微组织。且随着老化时间的增加，空洞在 ε-Cu_3Sn 相中形成，两种钎料焊点的剪切强度都随老化时间的增加而降低。断裂模式自老化初始时刻在钎料和 IMC 中混合断裂，

至老化 1000h 后在 IMC 层中完全断裂。

ε –Cu_3Sn 中空洞的形成与 Cu 箔的加工方式有关，如 $Sn_{3.5}Ag$ 钎料在电镀 Cu 上于 190℃下老化 3 天后即观察到空洞，而相同的钎料在轧制的 Cu 上于 190℃下老化 12 天后在 ε –Cu_3Sn 相和 δ –Cu_6Sn_5 相中均未发现空洞。

由于在 ε –Cu_3Sn 相的形成过程中，Sn 和 Cu 不同的扩散速度使其物质迁移不平衡，导致空位或微小的柯肯多尔空洞的形成，电镀过程中带入的氢也会加速这种空位或空洞的形成。

Sn37Pb 钎料和近似共晶的 SAC（如 SAC305）钎料与 Cu 或者电镀 Ni（P）/ 浸 Au 连接，然后在 150℃下老化 1000h，进行微小型冲击试验。老化 500h 后，在 SnPb 或 SAC 钎料和 Cu 基板的界面 ε –Cu_3Sn 相中观察到有大量的空洞。且随着老化时间的增加，断裂从钎料内部转化到 IMC 层内。

由近似共晶 SAC 钎料球在 Cu 基板上构成的 BGA 在 100℃、125℃、150℃和 175℃下等温老化 3 天、10 天、20 天和 40 天后，进行跌落和剪切试验。在 Cu 和 ε –Cu_3Sn 界面观察到了柯肯多尔空洞。在 125℃下老化 3 天后空洞占整个焊盘 / 钎料界面的 25%。空洞随老化时间和温度的增加而增加。125℃下老化 10 天后的跌落性能比未老化时降低了 80%。

第十节　产品在用户服役期中工艺可靠性的蜕变现象

一、工艺可靠性蜕变现象

近几年来功率 BGA 芯片封装的大量应用，一些高密度组装的电子产品在用户服役期间，因故障而失效的案例发生频率越来越高。尤其是在散热器安装不良的情况下，BGA 焊球焊点上的温升最大可达 150℃，问题就显得更为严重。对一些要求长时间连续不间断工作的电子装备，如通信系统产品，此时的工况就可等效于固相高温下的老化过程。随着连续工作时间的积累，焊球焊点内的金相结构和组织将发生一系列的变化，导致焊点可靠性蜕变而引发不可预测的随机故障，最终导致产品工作失常。有学者进行过下述试验，即在 150℃温度下对 ENIGNi（P）/Au 焊盘上的焊点进行各种时间长度的老化处理。试验表明，有些样品在经过 250 ~ 1000h 老化处理后开始出现脆化疲劳。厚度在 0.15μm 以上的金镀层，就足以在焊盘表面形成 1.3μm 厚的（Ni，Au）Sn_4 金属间化合物层，在切片实验中可观察到脆化疲劳的出现。

二、固相老化中显微组织演化

以共晶SAC为例，共晶钎料SAC焊点在固相退火或老化中会发生晶粒长大现象。（β-Sn、ε-Ag_3Sn和δ-Cu_6Sn_5在从室温到190℃的温度范围内，晶粒随老化时间的增加而长大，甚至在室温下因其较低的熔点，也可能发生晶粒长大现象。

晶粒的生长速率取决于原始显微组织的许多方面。经淬火后产生的微组织，所有相的晶粒尺寸都较小，然而这些相即使在常规的室温下也会很快长大。

δ-Cu_6Sn_5的密度会随老化时间的延长而增加。特别是经过高再流温度和长再流时间后再进行淬火的焊点，由于快速冷却抑制了凝固过程中δ-Cu_6Sn_5相的析出，后续的固相老化为过饱和的Cu析出形成δ-Cu_6Sn_5提供了条件。然而，在贴近Ni表面处的共晶SAC焊点内，δ-Cu_6Sn_5的密度会随老化时间的增加而减小。焊点内部的δ-Cu_6Sn_5颗粒在老化时向Ni/钎料的界面移动，并变为以（Cu，Ni）$_6Sn_5$金属间化合物相形式出现。从热力学角度考虑，与δ-Cu_6Sn_5金属间化合物相比，（Cu，Ni）$_6Sn_5$三元化合物为更优先形成相，这是δ-Cu_6Sn_5相从钎料内部向钎料/Ni界面迁移的原因。

第六章　有铅和无铅混合组装的工艺可靠性

第一节　有铅和无铅混合组装

一、概述

21 世纪初，当时一些通信用终端产品（如手机等），由于国际市场的需要，率先要实现产品的无铅化，一时给元器件、PCB 等厂商带来了产品必须迅速更新换代的巨大冲击。当时由于元器件无铅化的滞后，系统组装企业曾经由于部分无铅元器件无货源，而只能短时用有铅元器件来替代。这就是无铅化早期出现过的无铅钎料焊接有铅元器件的向前兼容现象。

然而时过几年后，元器件等的无铅化取得了突飞猛进的发展，全面满足了终端产品的生产需要。由于绿色无铅化是元器件等行业发展的大趋势，对元器件生产厂商来说，原有的有铅生产线，大部分都是一步到位地改造成无铅生产线了，市场上无铅元器件正迅速取代有铅元器件。这又导致了市场尚无无铅化要求的许多有铅产品（如通信类产品中的系统产品），因购不到有铅元器件而不得不选用无铅元器件替用，这就又出现了用有铅钎料焊接无铅元器件引脚的向后兼容的状态，如表 6–1 所示。

表 6–1　可能的无铅组装类型

定义	元器件端子	焊膏	PCB 表面处理
向前兼容	含铅	无铅（SAC）	可能含铅
向后兼容	无铅	Sn37Pb	可能含铅
完全无铅	无铅（SAC）	无铅（SAC）	无铅

由于产品生产成本的巨大压力，在目前市场尚无无铅化要求的情况下，几乎绝大部分的企业,在各自的产品生产中均不得不采取了这种向后兼容的混合生产方式。市场的需求导致了这种混合生产工艺方式仅在几年的时间便演变成电子业界产品生产的主流工艺。

二、有铅向无铅技术转变的过渡时期

由有铅制造向无铅制造转变不可能一蹴而就。因此，电子产品组装生产线在一个较长的时间内，都可能是使用无铅元器件和有铅钎料进行组装焊接的混合组装阶段，即有铅（SnPb）钎料和无铅（SAC）钎料共同存在于同一块 PCBA 上。

表 6-1 列举的第一个可能的无铅组装 PCBA 是向前端兼容。在改变了焊膏成分和相应的再流曲线之后，前端兼容组装的 BGA 等器件，在焊到 PCBA 上时使用了无铅焊膏，这就造成 BGA 类器件的 SnPb 钎料球被无铅焊膏中的 Ag、Cu 等替代金属所污染。

表 6-1 列举的第二个可能的无铅组装 PCBA 是向后端兼容。后端兼容方案的提出是在器件供应商引入无铅器件之后，但不是所有使用这些器件组装 PCBA 的生产商都能将他们的生产线转变为无铅生产线。出于节约生产成本因素，这些 PCBA 组装生产商仍将使用普遍存在的有 SnPb 焊膏和 SnPb 再流焊接曲线来焊接无铅器件。这样混装形成的焊点又会对无铅 BGA 类器件的钎料球造成 Pb 污染。

三、有铅与无铅混合组装的相容性

1. 组合类型

（1）SAC 钎料球与 SnPb 焊膏组合（向后兼容）

SAC 钎料球与 SnPb 焊膏工艺相容性存在的问题，主要是 SnPb 焊膏在再流过程中，当使用 SnPb 焊膏和普通温度曲线时，因再流峰值温度为 205 ～ 220℃，当 SAC 钎料球合金不能完全熔化时，可能会产生下面的几种后果：

自校正作用减弱或没有自对准作用产生，它可能产生局部开路的焊点，这对精细间距引脚器件尤为重要；钎料球坍塌不够，器件共面性的问题更趋严重。它可能产生局部开路的焊点；钎料球没有发生熔塌，两种合金极少混合，焊点显微结构不均匀，可能产生内应力。SAC 钎料球与 SnPb 焊膏混用时，当再流峰值温度高于 225℃（如 232℃）时，此时，SAC 钎料球完全熔化。与使用 SnPb 钎料球 /SnPb 焊膏组合相比，其可靠性并不下降。

（2）SnPb 钎料球与 SAC 焊膏组合（向前兼容）

SnPb 钎料球与 SAC 焊膏混用时，有铅钎料球先熔化，覆盖在焊盘与元器件焊端上面，助焊剂挥发物不易完全排出，易发生空洞，如图 6-1 所示。

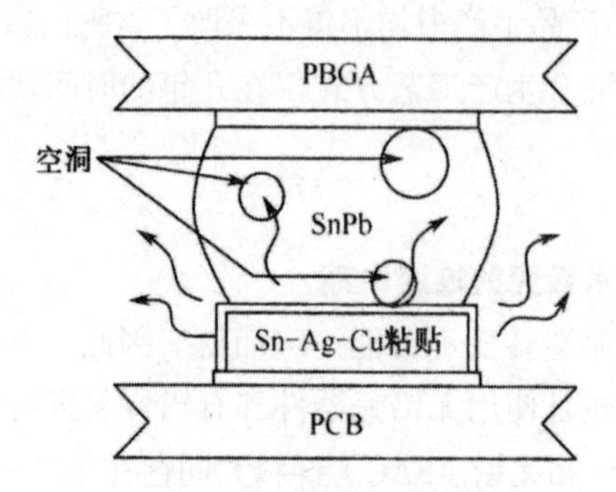

图 6-1　排气不畅形成孔洞

Jessen 研究了焊膏材料与 PBGA、CSP 引脚钎料球材料对再流焊接后空洞的影响程度，按下述不同组合而递减：

SnPb 球 /SAC 焊膏＞ SAC 球 /SAC 焊膏＞ SnPb 球 /SnPb 焊膏

Jessen 还以下述模型（见图 6-2、图 6-3）对上述现象作了解释。

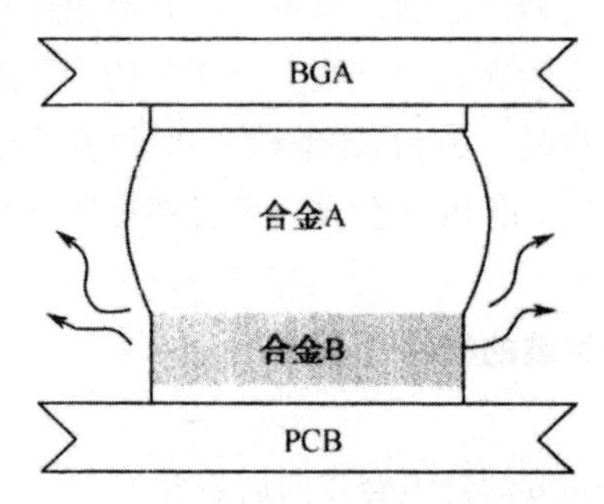

图 6-2　熔点：合金 A ＞合金 B

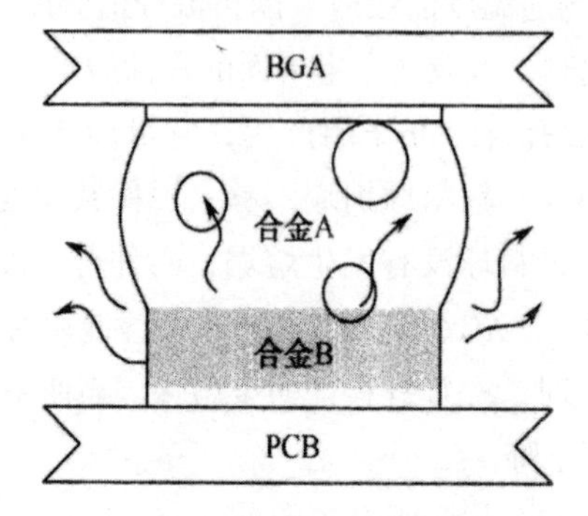

图 6-3　熔点：合金 A ＜合金 B

当钎料球的熔化温度高于焊膏的熔化温度时，不会有助焊剂挥发气体渗透进钎料球中形成空洞，如图 6-2 所示。但是，如果钎料球的熔化温度低于焊膏的熔化温度，如图 6-3 所示，则一旦钎料球达到熔化温度，助焊剂中产生大量的挥发气体将进入熔化的钎料球钎料中，形成非常明显的空洞。这个空洞形成过程将一直持续下去，直到焊膏钎料熔化后与钎料球钎料结合。而结合后才会导致助焊剂挥发物从熔化钎料内部被驱赶出来，空洞形成过程就会由于缺少挥发物质而慢慢地平息下来。

2．组合的相容性

从上述模型中可以看出，只有当球的熔点不低于焊膏的熔点时，混合应用才是可以接受的，否则就将导致不可接受的空洞。

就混合组装工艺而言，目前电子业界应用最为广泛的是：SAC 钎料球、Sn37Pb 焊膏这一向后兼容的组合。本文后续描述中，若无特别注明，就均指“向后兼容”这种组合。

第二节　混合组装合金焊点的可靠性

一、概述

自提倡无铅以来，电子行业非常关注 BGA 封装的 SAC 钎料球是否与 Sn37Pb 焊膏相兼容。而原有的可用资料非常有限，有些数据甚至是相互矛盾的。如果采用 Sn37Pb 焊膏焊接 BGA 的 SAC 钎料球的工艺在技术上可行的话，这样就允许 OEM 客户对无铅 BGA 的 SAC：钎料球，不管采用何种工艺和材料焊接，都可以接受，并且无须更多地担忧焊点的可靠性。因此，对混合合金焊点的可靠性试验和评估，在国内外电子业界普遍受到了重视。本文摘要录入了如下的两个试验评估报告，供读者决策时参考。

二、Intel 公司组织的对混合合金焊点的可靠性试验和评估

1．评估

为了达到上述目的，Intel 公司组织了这样一次评估行动：

（1）Motorola 公司和 Soletron 公司分别对 SAC 等 BGA 封装进行了实验。所用 PBGA 钎料球的间距是 1.27mm，BGA 钎料球成分为 SAC387，熔点为 217℃，再流峰值温度为 220℃，此时的 BGA 钎料球可能会完全溶化。实验中评估了不同的塑料封装，采用了不同的测试方法。结果表明，BGA 的 SAC 钎料球采用 Sn37Pb 焊膏获得的焊

点可靠性，与传统 SnPb 焊点比起来相差无几。

（2）日本的JEITA项目评估了CSP的逆向兼容性。该项目分别考察了SAC305（熔化温度范围为217 ~ 220℃）和SAC105（熔化温度范围为217 ~ 224℃）的BGA钎料球，再流峰值温度为 234℃，再流期间 183℃以上的时间相当长，BGA 钎料球能够充分熔化。之后进行的温度循环（–40 ~ 125℃，周期为 60min）测试结果显示，这两种SAC 的 BGA 钎料球在 OSP 表面用 Sn37Pb 焊膏焊接的焊点比 SnPb 钎料球的封装好。但是在 ENIGNi/Au 表面，SAC 的 BGA 钎料球用 SnPb 焊膏焊接的焊点比 SnPb 钎料球封装要差，这一结论对所有 SAC 焊点都类似。

（3）德州仪器（TI）也对 TBGA 封装内部无铅 BGA 钎料球的逆向兼容性进行了评估。TI 的实验中，用 SnPb 焊膏在 235℃的峰值温度下再流，将 BGA 的 SAC 钎料球焊接到 PCB 上。结果是，在裸铜表面、0.8mm 间距封装的 BGA 的 SAC 钎料球，获得的焊点可靠性比 SnPb 钎料球封装稍差；而在 ENIGNi/Au 表面比 SnPb 钎料球封装稍好。

2. 试验

（1）试验样品

Intel 公司组织的试验中使用了以下两个高密度组装测试板。

（1）VFBGA 封装。VFBGA 封装如图 6–4 所示。硅芯片通过绑定连接到极薄的基板上。试验所用的 VFBGA，总封装高度是 1.0mm，间距 0.5mm，植球之前量得的锡球直径是 0.3mm。

（2）SCSP 封装。SCSP 封装如图 6–5 所示，是一个塑模 BGA 封装，可以装入两个或更多的 CSP 芯片。这种堆叠式封装的总封装高度是 1.4mm，间距 0.8mm，植球之前量得的锡球直径为 0.4mm。

这项评估使用的 PCB 板材是 6 层（1+4+1，中间 4 层，表面 2 层）FR4，在树脂覆铜表面制作微孔。PCB 总厚度为 0.8 ~ 1.0mm。在这项研究中，使用了两种表面涂层，即 ENIGNi/Au 和 Entec®[6]PlusOSP[7]。每块板上有 10 个元件单元。1 ~ 5 单元的印制板表面安装焊盘 100% 的都带过孔，6 ~ 10 单元是无过孔表面安装焊盘。封装侧的焊盘覆有电解镍和沉金，焊盘之间用阻焊膜图形隔开。

温度循环测试仿效产品在实际使用过程中，作用于封装和互连的热机械应力进行。温度循环采用 –40 ~ 125℃，30min 为一个周期，高低温转换时间不到 2min。每隔 250 个周期检测一次温度，记录室温和低温读数。

根据试验结果得出的失效数据作出威布尔分布。测试持续时间为典型的 1500 ~ 2000 个周期。测试目标是在 800 个周期内，威布尔分布置信度 95% 的前提下，失效率小于 5%。

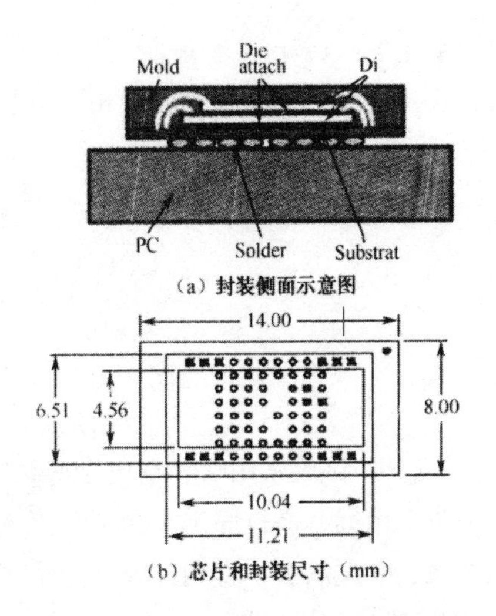

（a）封装侧面示意图

（b）芯片和封装尺寸（mm）

图 6–4　0.5mm 间距的 VFBGA 封装图示

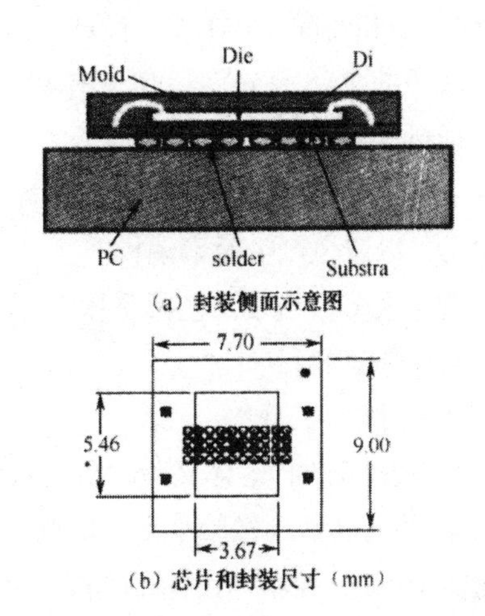

（a）封装侧面示意图

（b）芯片和封装尺寸（mm）

图 6–5　0.8mm 间距的 SCSP 封装图示

（2）组装工艺和实验设计（DOE）

实验板通过表面安装技术将封装连接在基板上。所有组装好的板子都在 χ－射线检测设备上进行开路和短路测试。在板子发回 Intel 之前，对每个元件进行了电气连通测试，对失效元件作了记号。

在这个实验设计矩阵中，之所以选择如表所列的测试基准，其原因叙述如下。

1）板面处理：研究中考察了两种表面处理：

ENIGNi/Au；

Entec®PlusOSP。

2）焊点合金组分：

BGA 钎料球是无铅钎料（SAC405），焊膏中合金成分为 SnPb；

对照组采用 OSP 芯片封装侧的焊盘合金是电解镀镍和闪金。

3）再流温度：研究中比照了两种曲线，即

保温型曲线：起始阶段温度升到一个预定值，然后在这个温度下保持一段时间，以蒸发掉焊膏中的挥发性成分，同时使板上的横向温度达到均衡。均温段之后，温度继续上升到钎料熔化段。用于典型的锡—铅板组装。

斜坡式曲线：完全没有上述的均温段。当要求再流炉提供较高的产能时采用这种曲线。

4）峰值温度：实验中分别采用了两个不同的峰值温度。

峰值温度为 208℃，再流时芯片 SAC 钎料球（熔点为 217℃）不会完全熔化或坍塌。

* 峰值温度为（222+4）℃，再流时芯片 SAC 钎料球会熔化或坍塌。

5）液相时间（TAL）：设计了两个不同的 TAL（183℃以上）值。

较短的 TAL 是 60 ~ 90s，有利于提高再流炉产能，但由于熔化时间短，可能不利于钎料成分达到完全均质。

较长的 TAL 是 90 ~ 120s，能提供充足的时间，使钎料球内的钎料成分达到完全均质，以避免产生元素偏析。

现今大多数组装工艺都采用上述二者之一。

3．试验项目

（1）跌落试验

1）试验条件。落体试验对象是板级，而非系统级，试验采用 0.43kg 的金属载体，从 1.5m 的高度落到橡胶平台上，PCB 只在 4 个角上用螺钉进行固定。测试时落体采用板面朝下这一最严格的情况进行。试验次数达到 50 次以上，直到失效。为了得出每种工艺条件下的平均失效时间，对测试结果作了统计分析计算。

2）试验结论。SCSP 和 VFBGA 封装的落体失效统计分析结果，对所有项目的平均落体失效都与对照组（SnPb 钎料球的 BGA 用 SnPb 焊膏连接在 OSP 板上）进行了比较。

SCSP 封装情况下，所有 OSP 板上的组件的平均落体失效率都比对照组高，而在 ENIGNi/Au 板上的焊点则要比对照组低得多。

VFBGA 封装情况下，所有 ENIGNi/Au 板上的焊点（SAC 钎料球用 SnPb 焊膏焊接）都比对照组稍差，仅有一项差一点达到目标，此项实验的工艺条件是 208℃峰值温度，TAL 为 60 ~ 90s 的均温式曲线。其他多数 OSP 板上的 VFBGA 组件都比对照组好，但有一项稍差，工艺条件是 208℃峰值温度，TAL 为 60 ~ 90s 的斜坡式曲线。

斜坡式曲线、较低的峰值温度和较短的液相时间（30 ~ 60s）将导致所评估的两种封装的焊点不可接受。涂上去的焊膏已经再流，但没有熔合形成一个连续的焊接点。

（2）温度循环试验

图 6-6 显示了威布尔分布图（95% 置信度）在 800 个周期时的总失效率。

SCSP 和 VFBGA 封装对照组的失效率都没有达到 800 周期小于 5% 的目标。而 SCSP 封装的 SAC 钎料球用 SnPb 焊膏在 OSP 板上的焊点，在 DOE 中所有工艺条件下都达到了目标。VFBGA 组件也仅有一项实验离目标稍差一点，那个焊点是在 208℃峰值温度，TAL 为 60 ~ 90s 的斜坡式曲线下完成的。在 ENIGNi/Au 板上，焊点随工艺条件的变化没有显示确定的趋势。与 SCSP 封装相比，VFBGA 封装的总失效率较高，尤其是在 208℃峰值温度、TAL 为 60 ~ 90s 的斜坡式曲线下。

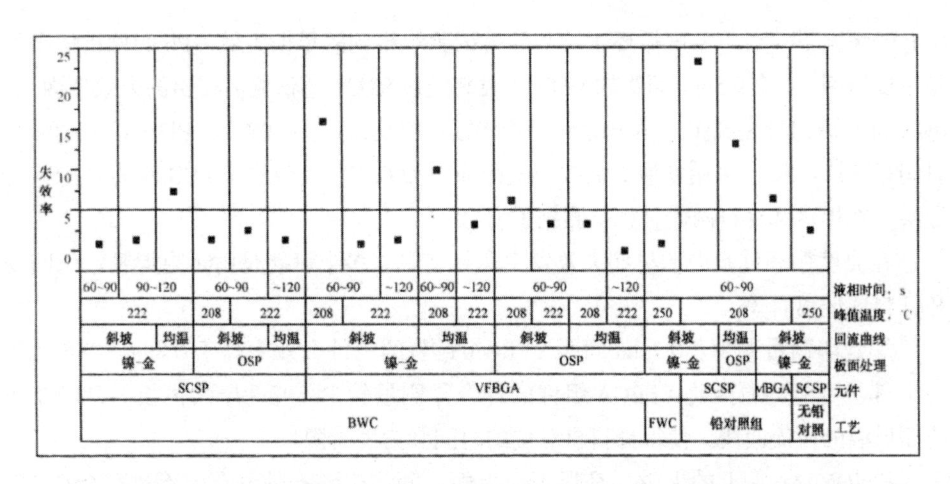

图 6–6　各种工艺条件下 SCSP 和 VFBGA 封装在 800 次温度循环周期（–40 ~ 25℃，30min 循环一次）的失效率（累积失效百分比）

（3）失效分析

详细的失效分析建立在 750 次温度循环周期之前失效的基础上。主要存在以下 3 种失效模式：

（1）钎料与板面之间产生彻底的界面分离。这种失效产生在 Ni–Sn 化合层与 Ni 镀层之间。

（2）这个失效位于焊点封装侧靠近金属化合物界面的地方，裂缝始于钎料，并向金属化合物界面延伸，或止于钎料但非常靠近金属化合物界面。

（3）过孔裂缝发生在早期失效单元中。早期失效的过孔裂缝由于镀覆不均匀所致。裂缝起于过孔底部，这里的镀覆较薄。

（4）失效机理讨论

黑色焊盘。根据跌落试验早期失效结果分析，说明这些失效或者是由于过孔裂缝，或者是由于钎料与 PCB 之间彻底的界面分离所致。进一步考察钎料与 PCB 之间整齐的界面分离情况，最后发现，产生这种失效模式的单元都是 ENIGNi/Au 板。这种早期失效在跌落试验中表现得比在温度循环试验中更突出。这种失效被确定为所谓的“黑焊盘”缺陷。在裂缝界面检测到磷含量较高，裂缝呈渣化。

钎料球钎料未完全熔合。在温度循环试验中，大多数早期失效发生在峰值温度为 208℃，183℃以上持续时间为 60 ~ 90s，斜坡式曲线的工艺条件下。这类失效在 ENIGNi/Au 板上表现得更突出。断面分析表明，焊点在 BGA 的 SAC 钎料球（SAC405）与 $Sn_{37}Pb$ 钎料之间没有完全熔合。

阻焊膜错位。在连接界面，$Sn_{37}Pb$ 钎料内的 Pb 产生晶界扩散。在表面处理采用

OSP 的情况下，对于温度循环试验和跌落试验观察到的早期失效，Pb 的偏析似乎不是主要原因。一个 0.5mm 间距的 VFBGA 封装经过 8 次跌落试验后得出的失效断面图。BGA 钎料球组分是 SAC，用 $Sn_{37}Pb$ 焊膏连接，峰值温度为 208℃，183℃以上的滞留时间是 60 ~ 90s，采用斜坡式曲线，板面涂层为 OSP。失效位于 PCB 侧的 Cu-Sn 合金层。在焊盘和钎料两侧，都检测到了 Cu_6Sn_5。

在温度循环试验中，早期失效发生在封装侧。多半可能是由于阻焊膜定位问题和钎料球偏离有关。

焊膏印刷量偏少。0.5mm 间距 VFBGA 封装的组件失效率高于 0.8mmSCSP 封装的组件。可能的原因是 VFBGA 组件的焊膏印刷量较少（4mil 厚的模板），以及快速而低温的再流曲线，使得钎料自对位的时间和力度有限。

ENIGNi/Au 板上的失效，是焊点与板面之间产生整齐的分离。不过在 250℃峰值再流的 ENIGNi/Au 板上完全无铅的焊点，以及 $Sn_{37}Pb$ 钎料球的 BGA 用 SAC 焊膏焊接的焊点，早期失效率却很低。

（5）结论

此项研究考察了常规 SMT 组装成品率。

0.5mm 间距的 VFBGA 和 0.8mm 间距的 SCSP 的无铅封装，在 Intel 推荐的再流曲线用 Sn37Pb 焊膏组装，OSP 板面和 ENIGNi/Au 板面的成品率都在 99.2% 以上。

研究数据表明 OSP 板上 SAC 钎料球用 $Sn_{37}Pb$ 焊膏在特定工艺条件下可以满足板级可靠性目标。这些条件归纳为一点，即 BGA 的 SAC 钎料球要与 $Sn_{37}Pb$ 焊膏完全熔合。这里的目标定义为：温度循环 800 次静态失效率小于 5% 时，平均失效等于或好于 $Sn_{37}Pb$ 对照组。

ENIGNi/Au 和其他板面上的“黑焊盘”缺陷影响了实验数据。当板子本身存在缺陷时，SAC 钎料球 BGA 和 SnPb 焊膏组件在机械冲击负载下的失效风险很高。

三、Jennifer Nguyen 等人对混合合金焊点的可靠性评估

1. 试验评估

（1）热循环试验 40 ~ 85℃表明无铅焊点表现优于混合合金焊点；

（2）再流峰值温度较高的混合合金焊点的表现优于峰值温度较低的混合合金焊点；

（3）在受到热机械作用下，焊点失效出现在钎料中，钎料的微结构特性的影响较大，同样，工艺条件对它的影响非常大；

（4）对机械冲击来说，焊点失效一般出现在界面之间，钎料本身微结构特性的影响并不是很大。

2．试验

（1）焊点的疲劳特性

JenniferNguyen 等人对 BGA、CSP 混合合金焊点进行热循环试验（温度：–40 ~ 85℃；低温和高温的滞留时间均为 15s；温度上升速度为 24℃ /min，下降速度为 29℃ /min），试验结果为：混合合金焊点 CSP 封装大约在第 600 次循环后就开始失效，而 BGA 在经过 2500 个热循环后仍未出现失效。

如图 6–7 所示，分析结果表明无铅焊点热循环试验表现优于混合合金焊点。在较高的峰值温度下进行再流的混合合金样品，表现优于在较低峰值温度下再流焊的焊点。这是因为再流峰值温度较高的比起较低的混合合金样品焊点中铅的分布更均匀。

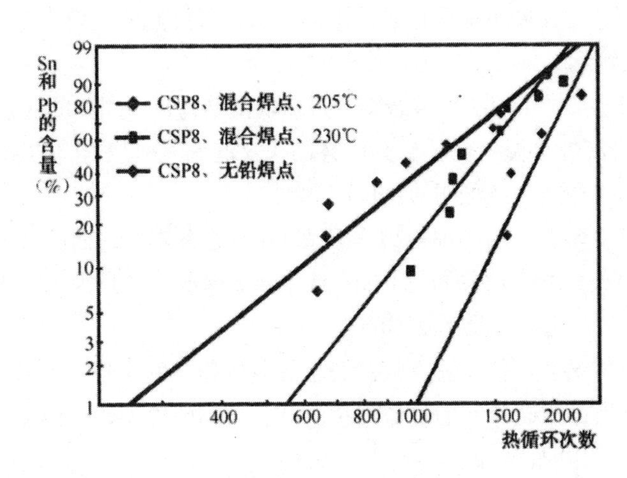

图 6–7　热循环可靠性

（CSP 在 –40 ~ 85℃的温度范围内进行高低温循环，可达 2500 次循环）

（2）焊点的剪切强度

Feldmann 等人研究了芯片电阻 1206 时，在 160℃下老化 1000h 后，Sn62Pb2Ag 剪切强度下降了大约 30%，而在同样的条件下 SAC387 只下降了 12%。

（3）对于倒装焊的热疲劳寿命

Frear 等人研究试验获得的结论是：SAC387 > Sn37Pb。

（4）焊点中的空洞

JenniferNguyen 等人对 BGA、CSP 混合合金焊点内部空洞情况试验表明，BGA 焊点内的空洞的大小和发生率与焊点合金中 Sn 的含量高低和再流焊接温度的高低等因素相关。

Sn 含量高，再流焊接温度低的样品，焊点内空洞数量最少，而且空洞尺寸也比较小。

Sn 含量低，再流焊接温度高的样品，焊点内的空洞也就越多，空洞尺寸也就越大。

BGA 无铅焊点在较高的温度下再流焊接产生的空洞要略少于在较低温度下再流焊接的混合合金焊点。

（5）焊点的微结构

Jennifer Nguyen 等人对 BGA、CSP 混合合金焊点的微结构的研究试验结论：

含 Sn 量为 95% 的合金在 205℃下进行再流焊接。

富 Pb 相纹路清晰，而且在焊点的芯片侧附近几乎看不到 Pb。它的焊点微结构切片比起典型的 SnPb 焊点和无铅焊点都要粗。在这一组混合合金焊点中，Pb 没有完全地掺入到焊点中。这可能在焊点内形成不均匀的应力分布，因而它更容易受到机械冲击的影响。裂纹最初出现在芯片阻焊层与钎料接触的位置上，这意味着芯片焊盘上的阻焊层实际上增大了应力。

在不同的工艺条件下组装的混合合金焊点的微结构也有明显的区别。

Sn 含量和再流焊接温度都比较高的样品，比起 Sn 含量和再流焊接温度都比较低的样品，富 Pb 相更小，分布更加均匀。

CSP 芯片封装焊点中的剖面可以看到富 Pb 相分布均匀，而晶片 CSP 焊点中的微结构很像低熔点 SnPb 合金的，而不像混合合金焊点。这是因为 CSP 混合合金焊点含 Sn 量只有 72%，含 Pb 量是 28%。

在较高的峰值温度进行再流焊接的合金焊点的样品的表现优于较低峰值温度下再流焊的。这是因为比起较低的再流焊接温度，较高的再流焊接温度的混合合金样品焊点中 Pb 的分布更加均匀。

混合合金 CSP 失效焊点的剖面有裂纹，它出现在芯片侧的钎料内的富 Pb 相颗粒逐渐变粗的部分。这些失效焊点的微结构是 SnPb 钎料合金中典型的热机械疲劳微结构。无铅 CSP 焊点也出现因热机械疲劳而破裂的焊点。

（6）跌落试验

Jennifer Nguyen 等人对 BGA、CSP 混合合金焊点的 PBGA 进行了跌落试验。试验是在离地面 5 英尺的高度水平下落，试验过程中，用夹具牢牢地抓住 PBGA 的边缘。电路板未装元器件的面朝下，跌落的平均最大加速度幅度为 2398g，时间为 0.37ms 左右。跌落试验结果表明：

CSP 在机械应力作用下的表现优于 BGA 封装；CSP 跌落 200 次焊点没有出现裂纹，用无铅焊膏组装的 BGA 样品平均跌落 34 次没有出现破裂，而混合合金焊点的 BGA 平均跌落 50 ~ 80 次焊点未出现破裂。从跌落试验的结果看，混合合金焊点的表现优于无铅焊点。统计数据表明不同的工艺条件下（Sn 含量和峰值温度）组装的混合合金焊点在可靠性方面没有差别。

跌落试验中，发现元器件一侧的破裂程度比较严重。焊点故障多发生在芯片焊盘的镀 Ni 层界面之间（芯片焊盘比 PCB 相应的焊盘小，且芯片焊盘是镀 Ni 而 PCB 焊盘材料是 Cu。镀 Ni 焊盘的焊点不如 Cu 焊盘的焊点）。

（7）剪切试验

CSP 的剪切试验表明无铅焊点比混装合金焊点更牢固。再流峰值温度的高或低的样品，剪切强度没有什么明显的区别。

（8）弯曲试验

从统计结果看，弯曲试验中，在不同工艺条件下组装的混合合金焊点的可靠性没有什么区别。

四、混合合金焊点的可靠性综合评估

综合上述分析，在 Intel 推荐的再流条件下，用 $Sn_{37}Pb$ 焊膏焊接 BGA 的 SAC 钎料球所形成的焊点的可靠性，以及 Jennifer Nguyen 等人对 BGA、CSP 混合合金焊点的可靠性试验结果等，对向后兼容的混合合金焊点的可靠性可归纳如下：

（1）对 0.5mm 间距的 VFBGA 和 0.8mm 间距的 SCSP 的无铅封装，$Sn_{37}Pb$ 焊膏，在 Intel 推荐的再流温度曲线下再流焊接。对 OSP 板面或 ENIGNi/Au 板面的成品率都在 99.2% 以上。

（2）试验研究数据表明：在 OSP 涂层板上，BGA 的 SAC 无铅钎料球用 $Sn_{37}Pb$ 焊膏在特定工艺条件下可以满足板级可靠性目标。这些条件归纳为一点，即 BGA 的 SAC 钎料球要与 $Sn_{37}Pb$ 焊膏完全熔混。

（3）CSP 焊点的热疲劳寿命失效数据的威布尔分布，表明混合合金焊点的热机械疲劳特性表现优于有铅焊点，即 SAC387 > $Sn_{37}Pb$。

（4）焊点在 160℃下老化 1000h 后，抗剪切强度 SAC 优于 Sn62Pb2Ag。

（5）在较高的峰值温度下再流焊接的合金焊点的样品表现优于较低峰值温度下再流焊接的焊点。

第三节　影响混合合金焊点工艺可靠性的因素

一、无铅、有铅混用所带来的工艺问题

有铅、无铅元器件和钎料、焊膏材料的混用，除要兼顾有铅的传统焊接工艺问

题外，还要解决无铅钎料合金所特有的熔点高、润湿性差等问题。当有铅、无铅问题交织在一起，工艺上处理该类组装问题时，比处理纯有铅或纯无铅的问题都要棘手。例如，在采用无铅焊膏混用情况时，要特别关注下述问题。

1. 高温对元器件的不利影响

（1）CTE 不匹配所造成的影响。有铅和无铅混用所带来的高温对元器件有着非常不利的影响。例如，陶瓷阻、容元件对温度曲线的斜率（温度的变化速率）非常敏感。由于陶瓷体与 PCB 的热膨胀系数 CTE 相差大（陶瓷的 CTE 为 3 ~ 5，而 FR–4 的 CTE 为 17 左右），因此，在焊点冷却时容易造成元器件体和焊点裂纹。

元器件开裂现象与 CTE 的差异、温度、元器件的尺寸大小成正比。0201、0402、0603 小元件一般很少开裂，而 1206 以上的大元件发生开裂失效的概率就会比较高。

（2）爆米花现象将更严重。对潮湿敏感元器件（MSD）而言，温度每提高 10℃，其可靠性级别就将降低 1 级。解决措施是在满足质量要求的前提下尽量降低再流焊接的峰值温度，以及对潮湿敏感器件进行去潮烘烤处理。

（3）高温对 PCB 的不利影响。高温容易造成 PCB 的热变形，因树脂老化变质而降低强度和绝缘电阻值。由于 PCB 的 Z 方向与方向的 CTE 不匹配，易造成金属化孔镀层断裂而失效等可靠性问题。

解决措施是尽量降低再流焊接的峰值温度，一般简单的消费类产品可以采用 FR–4 基材，厚板和复杂产品需要采用耐高温的 FR–5 或 CEMn 来替代 FR–4 基材。

有目的地尽可能降低无铅焊接的峰值温度，对大批量生产多种规格的不同 PCB 是有益的，但其值必须能满足工艺窗口的要求。

2. 电气可靠性

再流焊、波峰焊、返工形成的助焊剂残留物，在潮湿环境和一定电压下，导电体之间可能会发生电化学反应，引起表面绝缘电阻（SIR）的下降。如果有电迁移和枝状结晶（如锡须等）的出现，将发生导线间的短路，造成漏电的风险。为了保证电气可靠性，需要对不同免清洗助焊剂的性能进行评估。

3. 混合组装的返修工艺问题

混合组装的返修较为困难，因为混合组装的返修不仅仅是有铅工艺的传统返修问题，而且还有无铅返修的新问题。无铅钎料合金润湿性差，熔点高，工艺窗口小。因此有铅、无铅混用的返工需要特别关注：

选择适当的返工设备和工具；正确使用返工设备和工具；正确选择焊膏、助焊剂、钎料丝等材料；正确设置焊接参数。

二、混合合金焊点的工艺可靠性设计

合适的PCBA组装工艺可靠性设计，可从两个方面来改善BGA、CSP等球栅阵列芯片焊点的可靠性,两者结合起来可以在很大程度上提高器件的可靠性。方法如下:

（1）选择相近的热膨胀系数材料来减少整体热膨胀的不匹配;

（2）通过控制合适的焊点高度（器件的离板高度）来增加焊接层的一致性，以此来减少整体热膨胀的不匹配。

选择特定范围热膨胀系数包括材料的选择或多层板和元器件之间材料的组合，来得到最佳的热膨胀系数。当多层板有较大的热膨胀系数时，有源器件最佳的热膨胀系数为1～3ppm/℃（与功率的耗散有关）。当然，一个PCBA组装中有大批不同的元器件，要想实现热膨胀系数全部最优化是不可能的。例如，对一些有密封性要求的军事应用产品，就需选用陶瓷元器件。商用产品的多层PCB大多选用玻璃—环氧树脂或玻璃—聚酰亚胺材料。选择特定范围热膨胀系数的材料必须避免选取一些较大的元器件，如陶瓷元件（CGAs、MCMs）、引脚数为42的塑料封装（TSOPs、SOTs）或者是与晶片采用刚性连接的塑料封装（PBGAs）。

三、PCB焊盘及元器件引脚焊端涂敷层

1．PCB焊盘涂敷层

PCB焊盘表面涂层对混合合金焊点的影响极大，在前面介绍过的可靠性试验中及国内业界生产实践中也得到了证实。从确保焊点的工艺可靠性并兼顾生产成本等综合考虑,根据批产中各种涂层的实际表现,建议按选用的优先性大致可作如下排序:

Im-Sn（热熔）＞OSP＞ENIGNi/Au

此处应关注PCB焊盘上的纯Sri涂敷层，不适合于再流焊接峰值温度小于232℃的再流焊接，原因是:

（1）Sn生成氧化物的自由能非常低，它表明Sn极易氧化，而且一旦被氧化要将其去除也是很困难的，必须使用活性较强的助焊剂才行。目前$Sn_{37}Pb$焊膏的活性都较难满足其要求。

（2）纯Sn的熔点为232℃，而$Sn_{37}Pb$焊膏再流时的峰值温度为205～225℃，温度不匹配。因此，对表面为一层氧化锡层所包裹的固态Sn，活性较弱且熔点低于49℃的$Sn_{37}Pb$焊膏很难将其润湿。特别是采用“喷Sn”工艺的更甚，因为，喷Sn时的高温导致喷Sn层表面氧化得更厉害，更难焊接。

案例：某系统产品单板生产中，PCB供货公司误将原本的喷“$Sn_{37}Pb$”合金工艺做成“喷纯Sn”工艺，在产品交货和前端组装工序中也未及早发现。待到后工序电气测试中发现大面积虚焊且焊点强度特差后，经对失效焊点染色试验，发现几乎

都是界面存在微裂纹所造成的，经金相切片和元素成分分析后才找到问题的症结。由此可见，在有铅、无铅混用期加强对物料的管理是极为重要的。

2．元器件焊端涂敷层

基于成本和涂敷层性能要求（抗氧化，耐高温（260℃），以及能与无铅钎料生成良好的界面合金），目前在电子业界使用较多的适合于混合组装元器件焊端镀层的有：镀 SnPb 或镀 Sn；电镀或 HASLSn–Cu 等。

3．BGA、CSP 钎料球用材料

目前 BGA、CSP 等钎料球用的无铅合金几乎都是 SAC（如 SAC305、SAC105 等）。

四、混合组装再流焊接时应注意的事项

（1）再流炉中的气氛可以是空气，也可以是惰性气体，如氮气。在无铅焊接中，为了减弱高温再流过程中 PCB 上组装物料的氧化程度，最好使用惰性气氛。某些板子的表面是经过处理的，如使用 OSP 处理的铜箔焊盘，要求在再流焊接过程中使用惰性气氛来获得可接受的焊点等级。

（2）既然 SAC 无铅钎料需要更高的再流焊接温度，定义 PCB 上不同区域的温度就十分重要。器件温度会随着周围器件的不同、器件放置位置的不同、封装密度的不同而不同。

（3）为了避免塑封器件由于潮湿和热应力而失效，最好测量一下器件本体温度，检查并确认温度有没有超过设定的最高温度。因此，用于测量再流曲线的热电偶，必须在再流过程中附着在不同的器件钎料连接处和本体上。大器件在引脚 / 钎料球处和器件模塑料间通常会有超过 5℃的温差。

（4）图 6–8 所示是一个典型的 SAC 无铅 BGA 焊接再流曲线与有铅焊接曲线的对比。

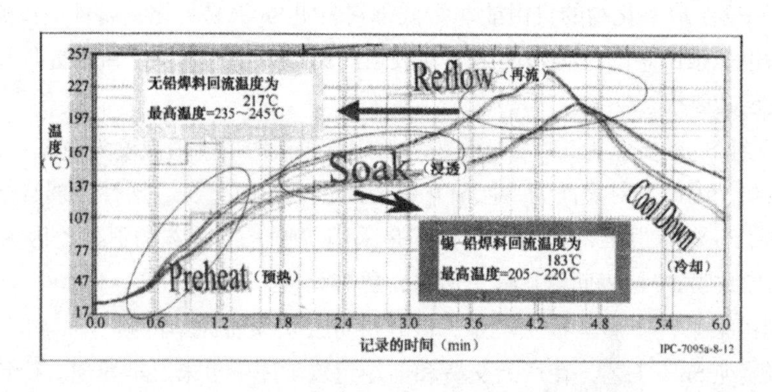

图 6–8　无铅和锡铅 BGA 再流焊接曲线的比较

当 BGA 封装的 SAC 钎料球使用 SnPb 焊膏焊接时，基于使用的再流曲线有两种不同的方案：

①若采用纯有铅组装的 SnPb 再流温度曲线焊接，因没有超过 BGA 的 SAC 钎料球熔化温度，这将影响焊点的质量和可靠性。

沉淀在焊盘上的 SnPb 焊膏熔化了，但是 SAC 钎料球还尚未熔化。Pb 将扩散到没有熔化的钎料球晶粒边界。SnPb 钎料中的 Pb 在 SAC 钎料球中能扩散多高，取决于再流峰值温度设置为多高，以及 SnPb 钎料多久能熔化。黑色 / 灰色互连指状物是富铅晶粒边界；杆状颗粒部分为 Ag_3Sn 合金层，灰色颗粒为 Cu_6Sn_5 合金层。这对焊点的可靠性带来了有害的影响。

有两个原因使这种焊点对产品造成有害影响：

在再流焊接过程中因为钎料球没有熔化，BGA 较差的自校准效应，当器件在贴片工艺过程前后出现某种程度的对不准时，将会造成潜在开焊的缺陷，这对细间距的面阵列封装器件而言非常重要；球坍塌得不够会造成焊膏和钎料球的连接减少而开焊，而且钎料球缺乏坍塌会进一步造成共面性差的问题，极少的混合还会造成显微组织的偏析，界面键合的劣化、空洞增多等现象，从而导致钎料球的可靠性急剧下降。

②若采用纯无铅组装的 SAC 再流温度曲线焊接，由于 SAC 钎料在再流焊接时需要更高的温度，一些体积大、对温度敏感的 BGA 封装器件可能需要小心地放置在 PCB 上。在靠近板子边缘的区域，根据不同的板子尺寸、厚度和层数，一般会比中心区域高出 5 ~ 15℃。大型封装器件在更高的再流温度下，会更易于因为潮湿和热应力而引入缺陷。

五、混合组装再流焊接温度曲线的优化

再流焊接温度曲线的设计是确保再流焊接焊点质量和工艺可靠性的关键环节。对于混合合金焊点的再流焊接温度曲线，假若直接选用纯有铅或纯无铅的再流温度曲线（见图 6-8），显然均是不合适的。

向后端兼容（SAC 钎料球 /SnPb 焊膏）的再流峰值温度的试验优选如图 6-9 所示。图中还同时展示了纯有铅和纯无铅两种炉温曲线作为对比。

向后兼容的面阵列封装器件（使用 SAC 钎料球的 CSP、BGA 等），使用 $Sn_{37}Pb$ 焊膏组装时：SAC 合金的熔点为 217℃，而典型 $Sn_{37}Pb$ 焊膏的再流温度曲线峰值温度在 205 ~ 225℃之间。

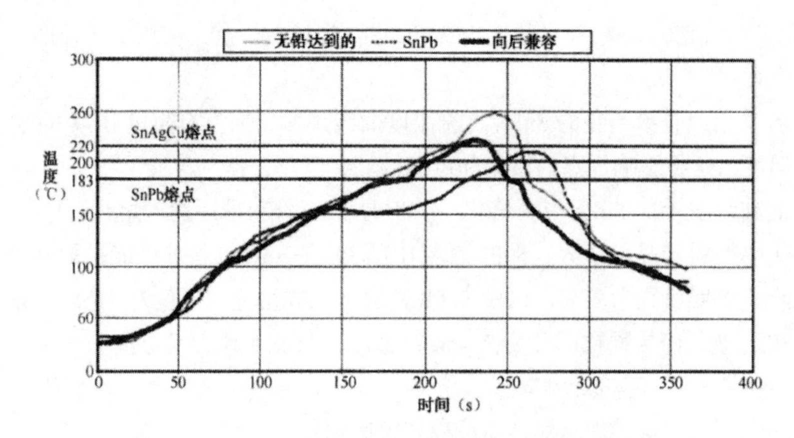

图 6-9　SAC 钎料球 /SnPb 焊膏的再流峰值温度优选

当再流温度足够高（> 225℃，最好为 235℃）时，SAC 钎料球和 SnPb 焊膏就会较好地发生熔合，自对准效应发生，SAC 钎料球和 SnPb 焊膏组装的可靠性，将不逊于 SnPb 焊膏组装的使用 SnPb 钎料球的面阵列器件。

试验优选的结果是：

对 PBGA 和 CSP 来说，当采用 SAC 无铅钎料球和 SnPb 有铅焊膏时，从兼顾元器件的耐温和工艺可靠性角度出发，建议再流的峰值温度范围取 225 ~ 235℃，优选 230℃。

焊端和球均采用高熔点的可熔性材料（如 Sn、SAC）时，可在有铅炉温曲线的基础上，仅将再流峰值温度提高至 230℃（焊端涂敷层为 SAC）或 235℃（焊端涂敷层为 Sn）。

焊端涂敷层采用可熔性材料（Ag、Pd、Au），而钎料球为 SAC 时，可在有铅炉温曲线的基础上，仅将再流峰值温度提高至大于 217℃（如 230℃）即可解决。沿这条曲线的再流过程中，SAC 钎料球也熔化了，SnPb 焊膏里面的 Pb 完全与熔化的 SAC 钎料球混合在一起，形成结构均匀一致的 Sn 晶格间的富铅相。

另外，既然 SAC 钎料球熔化并坍塌了，自对准过程和共面性不良现象的减少过程也同时发生，所以改善了 BGA 焊点的质量和可靠性。

第七章　电子产品无 Pb 制程的工艺可靠性问题

第一节　电子产品无 Pb 制程工艺可靠性概述

一、前言

随着电子信息产业的日新月异，微细间距器件发展起来，组装密度越来越高，诞生了新型 SMT、MCM 技术。

现在微电子器件中的焊点越来越小，但其所承载的力学、电学和热力学负荷却越来越重，对可靠性的要求也日益增高。电子封装中广泛采用的 SMT 封装技术及新型的芯片尺寸封装（CSP）、钎料球阵列（BGA）等封装技术均要求通过焊点直接实现异材间电气及刚性机械连接（主要承受剪切应变），它的质量与可靠性决定了电子产品的质量。一个焊点的失效就有可能造成器件整体的失效，因此如何保证焊点的质量是一个重要问题。传统 SnPb 钎料含 Pb，而 Pb 及 Pb 化合物属剧毒物质，长期使用含 Pb 钎料会给人类健康和生活环境带来严重危害。目前电子行业对无 Pb 焊接的需求越来越迫切，已经对整个行业形成巨大冲击。无 Pb 钎料已经逐步取代有 Pb 钎料，但无 Pb 化制程由于钎料的差异和焊接工艺参数的调整，必不可少地会给焊点可靠性带来新的问题。因此，无 Pb 焊点的可靠性也越来越受到重视。本章叙述了无 Pb 制程中焊点的可靠性以及影响无 Pb 焊点可靠性的因素，同时对无 Pb 焊点可靠性测试等方面的评估也做了扼要介绍。

二、无 Pb 制程定义及系统考虑

1. 无 Pb 制程定义

RoHS 中规定禁止使用铅（Pb）、汞（Hg）、镉（Cd）、六价铬（Cr6+）、多溴联苯（PBB）、多溴二苯醚（PBDE）6 种有害物质，实施日期是 2006 年 7 月 1 日。这意味着，从这天起，所有的 EEE（电气、电子设备），那些豁免的除外，一旦它

们含有这6种禁用物质，就不能在欧盟市场上销售。

无一禁用物（如无Pb）的定义是什么？这6种禁用物质在任何一个EEE的均匀材质中所允许的最大浓度值（MCV）已在EU公报上公布，并在2005年8月18日立法。条款5(1)(a)规定，铅、汞、六价铬、多溴联苯(PBB)、多溴二苯醚(PBDE)均匀材质的MCV均为0.1wt%，镉的MCV为0.01wt%。简单地讲，以无Pb为例，定义为任何一个EEE在所有的（单个的）均匀材质中，Pb含量小于0.1wt%。

什么是均匀材料？它定义为不能进一步分解成不同材料的单一材料。本文重点仅讨论Pb有害物质。

2. 无Pb制程的系统考虑

电子产品无Pb制程取代目前的有Pb工艺，已是大势所趋。它正从研发走向产业化，从小批试产走向大规模量产，从消费类产品扩大到绝大多数的产品类型，兼容成为一个关键问题。在无Pb制程中，不管可靠性是否达到在苛刻环境中使用的电子产品的要求，都是必须关注的。

苛刻环境的定义是：凡是必须长时间在温度大幅度升高、持续承受很大负载、温度剧烈变化、特别高的温度、很强的机械撞击或振动、腐蚀性等环境中工作的产品，或者同时要在上述几种情况或者所有情况下使用的产品，均属于"在苛刻环境下使用的电子产品"范畴。进一步讲，由于电路设计方面的局限性，焊点两边的热膨胀系数严重失配，也可以列入苛刻环境的范畴。

从有Pb焊接过程到无Pb焊接的系统性考虑，包括设计、材料、工艺、质量，以及可靠性、设备、操作和商业化等多方面，而无Pb钎料的系统连接可靠性则是无Pb转换的关键。无Pb焊接的系统考虑如图7-1所示。

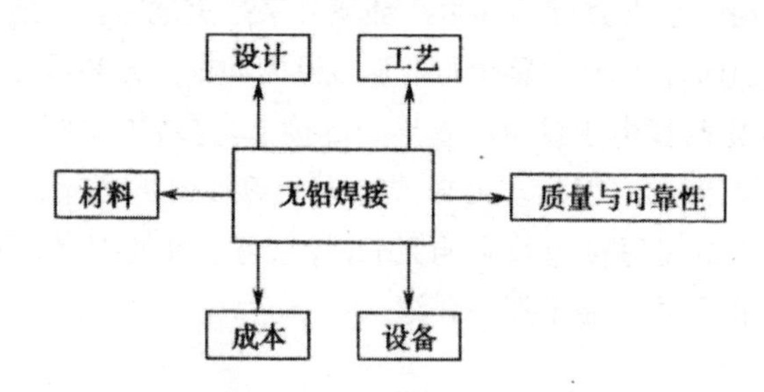

图7-1 无Pb焊接的系统考虑

三、电子产品无Pb制程工艺可靠性

理解电子产品无Pb制程是怎样影响到产品性能和工艺控制的，这是其执行的核心内容。从富Pb材料切换到无Pb材料时，失效模式和效果分析（FMEA）是有差异的。从机械角度看，典型的无 Pb 材料要比含 Pb 高的材料硬。硬度对插座设计、电气接触（阻抗和接触电阻）及整个焊点均有影响。不仅无 Pb 合金具有较硬的特点，就连表面氧化物、助焊剂残留物、合金污染物等残留覆盖物组合，也能在电气接触和接触电阻上产生多种影响。因此，电子产品从富 Pb 向无 Pb 制程的转换，在电气或机械方面都不是一个普通的替换。

当比较无 Pb 和富 Pb 钎料时，由于尺寸的变化，在倒装芯片的钎料球和 μBGA 封装间会产生持久性的变化。Pb 是比较软的容易变形，因此无 Pb 制程的焊点硬度比有 Pb 的高，强度好些，变形也小些。但这一切并不等于无 Pb 制程焊点的可靠性好，由于无 Pb 钎料的润湿性差，空洞、移位、立碑等焊接缺陷比较多。由于恪 . 点高，如果助焊剂的活化温度不能配合高熔点的较高温度和较长时间的助焊剂浸润区的话，就会使焊接面在高温下重新氧化而不能发生浸润和扩散效果，不能形成良好的界面合金层，其结果是导致焊点界面结合强度（抗拉强度）差而降低可靠性。

第二节　影响电子产品无 Pb 制程工艺可靠性的因素

一、影响无 Pb 焊点工艺可靠性的因素

鉴于无 Pb 化焊点可靠性方面目前仍存在着许多问题，因此有必要对此进行分析。无 Pb 焊点的可靠性问题主要来源于：

焊点的剪切疲劳与蠕变裂纹；电迁移、钎料与基体金属界面金属间化合物形成裂纹；Sn 晶须生长引起短路；电腐蚀和化学腐蚀问题。

无 Pb 焊接工艺可靠性是一个非常复杂的工程问题，归纳起来主要取决于工艺可靠性设计、工艺操作规范及工艺管理等诸多因素，如图 7–2 所示。

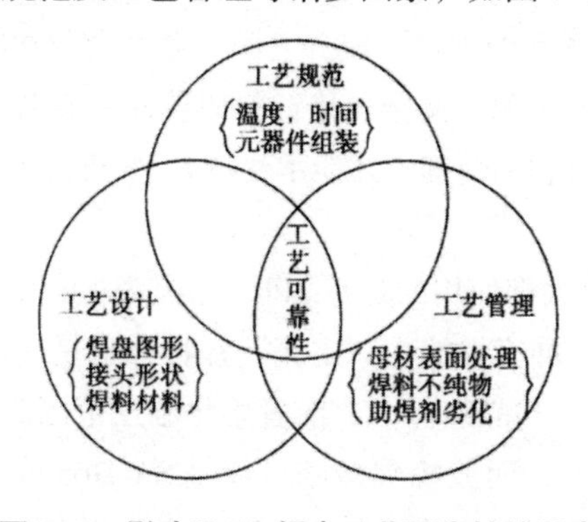

图 7–2　影响无 Pb 焊点工艺可靠性的因素

与传统的有 Pb 工艺相比，无 Pb 化焊接由于钎料的差异和工艺参数的调整，必不可少地会给焊点可靠性带来一定的影响。首先是无 Pb 钎料的熔点较高。传统的 Sn37Pb 共晶钎料熔点是 183℃，而共晶无 Pb 钎料（SAC387）的熔点为 217℃，温度曲线的提升随之带来的是钎料易氧化，金属间化合物生长迅速等问题。其次，由于无 Pb 钎料不含 Pb，润湿性差，容易导致产品焊点的自校准能力、拉伸强度、剪切强度等不能满足要求。以某 OEM 公司为例，原含 Pb 工艺焊点不合格率平均在 50ppm 左右，而无 Pb 制程由于钎料润湿性差，不合格率上升至 200 ~ 500ppm。与传统的含 Pb 工艺相同，影响无 Pb 工艺焊点可靠性的因素也可以大致分为下述几个方面。以下主要从设计、材料与工艺角度介绍影响无 Pb 焊点可靠性的一些基本因素。

二、钎料合金

1．钎料合金的影响

钎料合金的选择极为重要。目前，大多采用 SAC 合金系列，液相温度是 217 ~ 227℃，这就要求再流焊具有较高的峰值温度，如前所述会带来钎料及导体材料（如 Cu 箔）易高温氧化，金属间化合物生长迅速等问题。因为在焊接过程中，熔融的钎料与焊接衬底接触时，由于高温在界面会形成一层金属间化合物（IMC）。其形成不但受再流焊接温度、时间的控制，而且在后期使用过程中其厚度还会随时间而增加。

界面上的 IMC 是影响焊点可靠性的一个关键因素。过厚的 IMC 层的存在会导致焊点断裂、韧性和抗低周期疲劳能力下降，从而导致焊点的可靠性降低。无 Pb 钎料中 Sn 含量都比 SnPb 钎料高，这更增大了焊点和基体金属间界面上形成 MC 的速率，导致焊点提前失效。另外，由于无 Pb 钎料和传统 SnPb 钎料成分不同，因而它们和焊盘材料，如 Cu、Ni、Ag、Pd 等的反应速率及反应产物也可能不同，焊点也会表现出不同的可靠性。同时钎料和助焊剂的兼容性也会对焊点的可靠性产生非常大的影响，有研究表明：钎料和助焊剂各成分之间不兼容会导致附着力减小。此外，由于热膨胀系数（CTE）不匹配，又会加快钎料周期性的疲劳失效。因此，要特别注意选择兼容性优良的钎料和助焊剂，才能承受住无 Pb 再流焊时的高温冲击。

2．主流合金型号

目前有 Pb 钎料合金大都使用的是 $Sn_{37}Pb$，熔点为 183℃。

目前业界无 Pb 制程再流焊接中“主流”钎料合金是 SAC，其中应用最广的成分是 SAC305 和 SAC387（共晶组分），前者熔化温度范围为 217 ~ 220℃，后者为共晶组分，熔点为 217℃，而波峰焊接则可能是 SAC305 或 Sn0.7Cu（x）（熔点为 227℃）。SAC 合金和 SnCu（x）合金拥有不同的可靠性特性。

由上可知，无 Pb 共晶组分 SAC387 比有 Pb 共晶组分 $Sn_{37}Pb$ 合金的熔点要高出 34℃。显然，从有 Pb 焊接转变到无 Pb 焊接并不仅仅是单纯的材料代换而已，它还带来了许多可靠性方面的困扰。

3. 对无 Pb 钎料合金的性能要求

微电子领域使用的钎料有着很严格的性能要求，无 Pb 钎料（以 SAC 为例）也不例外，不仅包括电学和力学性能，还必须具有理想的熔融温度。从制造工艺和可靠性两方面考虑，表 7–1 列出了钎料合金的一些重要性能。

表 7–1　钎料合金的重要性能

与工艺有关的性能	与可靠性有关的性能
溶融温度	导电性
润湿性	导热性
与 Cu 的黏着速率	热膨胀系数（CTE）
成本	剪切性能
毒性	拉伸性能
与现有工艺的适配性	抗蠕变性能
是否便于制成球状颗粒	疲劳性能
是否便于制成膏状	抗氧化和腐蚀的能力
可回收性	金属间化合物的形成及其影响

三、元器件

影响元器件可靠性的因素（见表 7–2）。

表 7–2　影响元器件可靠性的因素

项目	内容
Sn 晶须的影响	Sn 晶须是长寿命的高端产品中精细间距元器件更加需要关注的另一个问题。无 Pb 钎料合金均属高 Sn 合金，长 Sn 晶须的概率比 SnPb 高得多。通过限制 Sn 层厚度来限制晶须的最终长度并不实际。人们普遍相信添加 3wt% 或更多 Pb 可防止晶须的形成，并且这种现象很少在 SnPb 焊点上发生。虽然偶尔观察到 SnPb 钎料中长出长达 25 ~ 30um 的晶须，但可能是在大电流下电迁移效应导致的异常析出现象
高温影响	某些元器件，如塑料封装的元器件、电解电容器等，受高的焊接温度的影响程度要超过其他因素
应力的影响	SAC 合金也会给元器件带来更大的应力，使低介电系数的元器件更易失效

续表

项目	内容
零部件的供应质量问题	由于各部件均来自不同厂商，因而部件质量难免参差不齐，如器件引脚可焊性不足等。由于以前的热风整平（HASL）焊盘涂层工艺存在缺点，如今的 OEM 厂商应用较广泛的包括有机可焊性保护层（OSP）等涂层工艺
焊端表面镀层的影响	无 Pb 元器件焊端表面镀层的种类很多，有镀纯 Sn 和 SAC 的，也有镀 SnCu、SnBi 等合金的。镀 Sn 的成本比较低，因此采用镀 Sn 工艺比较多。但由于 Sn 表面容易氧化形成很薄的氧化层，加上电镀后易产生应力形成 Sn 晶须。Sn 晶须在窄间距的器件 QFP 等容易造成短路，影响可靠性。故对于低端产品及寿命要求小于 5 年的元器件可以镀纯 Sn。而对于高可靠产品及寿命要求大于 5 年的元器件，则应先镀一层厚度为 1μm 以上的 Ni，然后再镀 2 ~ 3μm 厚的 Sn

四、PCB

1．基材

某些 PCB（特别是大型复杂的厚 PCB）根据层压材料的属性，可能会由于无 Pb 焊接温度较高而导致分层、层压破裂、Cii 裂缝、CAF（导电阳极丝）等失效故障率上升。它还取决于 PCB 表面涂层，如钎料与 Ni 层（ENIG 涂层）之间的接合要比钎料与 Cu（如 OSP 和浸银）之间的接合更易断裂，特别是在机械撞击下（如跌落测试中）尤为明显。

2．焊盘涂层

表面处理的最主要作用就是确保金属基底（通常是铜）的可焊性。由于以前的热风整平（HASL）焊盘涂层工艺存在缺点，可替代的表面涂层包括：有机可焊性保护膜（OSP）、Ni/Au、Ni/Pd/Au、Im-Sn 和 Im-Ag 等。其中 Ni/Au 涂层又有 ENIGNi/Au 和 EGNi/Au 两种。

无论选择哪种表面处理，它都必须维持精确的信号完整性，确保在任何情况下信号完整性都不会下降。选择正确的镀层还需要考虑的问题包括：电磁兼容（EMI）、接触电阻和焊点的强度。最后使用的表面处理要有利于控制电磁干扰。它还不能因为时间长而降低性能，否则在表面处理层 / 焊盘的连接部位会出现泄漏造成电磁干扰的问题。

EGNi/Au 和 ENIGNi/Au 都存在明显的可靠性问题，SnPb 焊点在 EGNi/Au 焊盘上的接合强度在使用几年后就可能大幅下降。由于无法对 Aii 镀层的厚度实施有效且一致的控制，因此，建议在 SnPb 焊接中不采用 Ni/Au 的焊盘。

3．PCB 厚度的影响

相同封装安装到不同厚度的 PCB 上的温度循环结果是：在使甩的条件范围内，

较薄的 PCB 拥有较长的温度循环寿命。事实上，厚 PCB 更难使得封装的热膨胀和收缩相一致，因此在焊点处导致了较大的热应力。

4. 焊盘定义对焊点可靠性的影响

相同封装分别采用 NSMD 和 SMD 焊盘定义。以纯有 Pb 情况为例，将元器件连接到 PCB 上后，焊点的可靠性是不一样的。在循环温度范围为 -40 ～ 125℃ /10min 的条件下，其寿命 F（t）的威布尔分布如图 7-3 所示。

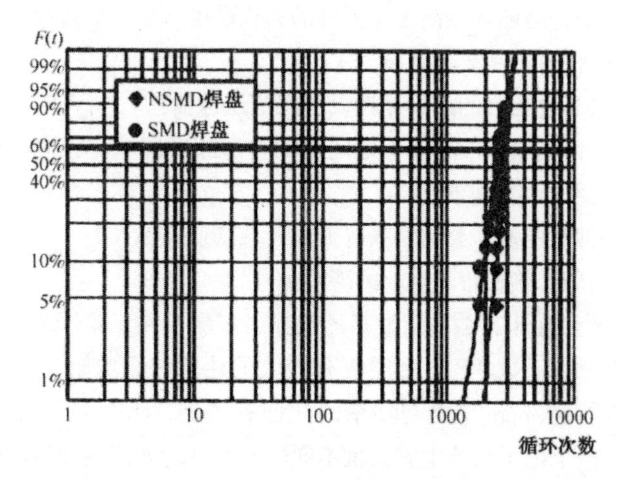

图 7-3　NSMD/SMD 焊点在高低温温度循环试验中 F（t）的威布尔分布图

NSMD 结构比 SMD 结构拥有较长的温度循环寿命。当采用 NSMD 结构时，焊接的连接力较大的原因是：焊盘的连接面积扩展到焊盘的侧面了。

5. 元器件引脚电镀和引脚材料的接合

（1）引脚材料：Cu。焊盘类型为 SMD，安装传统 SnPb 电镀元器件引脚和无 Pb 的 SnBi 电镀元器件，采用传统 $Sn_{37}Pb$ 钎料或无 Pb 的 SAC305 钎料的焊点可靠性、温度循环试验的结果。无 Pb 产品和无 Pb 钎料的接合的温度循环特性优于传统工艺接合，并且传统产品和无 Pb 钎料，以及无 Pb 产品和传统钎料的接合都得到了较差的结果。

（2）引脚材料：Fe-Ni。焊盘类型为 SMD，安装传统 SnPb 电镀元器件引脚和无 Pb 的 SnBi 电镀元器件引脚，采用传统 Sn37Pb 钎料和无 Pb 的 SAC305 钎料的可靠性、温度循环试验结果。无 Pb 元器件引脚和无 Pb 钎料的接合的温度循环试验特性优于传统工艺接合，并且传统元器件引脚和无 Pb 钎料，以及无 Pb 元器件引脚和传统钎料的接合都得到了较差的结果。

五、工艺因素

1．工艺可靠性设计

合适的PCBA组装工艺可靠性设计，可从两个方面来改善BGA、CSP等球栅阵列芯片焊点的可靠性，两者结合起来可以很大程度地提高器件的可靠性。这些方法如下：

（1）选择相近的热膨胀系数（CTE）材料来减少整体热膨胀的不匹配。

（2）通过控制合适的焊点高度（器件的离板高度）来增加焊接层的一致性，以此来减少整体热膨胀的不匹配。

另外，以高可靠性为目的的可靠性设计规范还包括：

（3）通过在元器件和PCB基板之间添加合适的底部填充胶进行机械连接，从而消除整体热膨胀不匹配的影响。

（4）选择一种软的晶片黏结层来降低晶片热膨胀系数（2.7 ~ 2.8ppm/℃）在整体热膨胀+匹配和局部热膨胀不匹配的影响。

选择特定范圍热膨胀系数包括材料的选择或多层板和元器件之间材料的组合，来得到最佳的热膨胀系数3，当多层板有较大的热膨胀系数时，有源器件最佳的热膨胀系数约为1 ~ 3ppm/℃（与功率的耗散有关），无源元件的热膨胀系数为0ppm/℃。当然，一个电子组装中有大批不同的元器件，要想实现热膨胀系数全部最优化是不可能的，这会给元器件带来极大的可靠性威胁。对一些有密封性要求的军事应用产品，就需选用陶瓷元器件。选择特定范围热膨胀系数，就意味着热膨胀系数受到限制的多层板材料只能在Kevlar和石墨纤维（一种质地牢固重量轻的合成纤维），或者在铜—因瓦合金—铜和铜—钼—铜之间选择。这些解决方法对绝大多数商用产品来说显得太昂贵了，商用产品的多层板大多选用玻璃—环氧树脂或玻璃—聚酰亚胺材料。选择特定范围热膨胀系数的材料必须避免选取一些较大的元器件，如陶瓷元件（CGAs、MCMs）、引脚数为42的塑料封装（TSOPs、SOTs）或者是与晶片采用刚性连接的塑料封装（PBGAs）。

对无Pb焊接接合部来说，要增加其相容性就意味着要增加焊点的高度或转向有Pb焊接接合部技术。因为有Pb焊接接合部增加了Pb的相容性，那就意味着要由元器件供应商转向更能提高Pb相容性的几何形状或转向细间距技术。

可靠性设计过程不仅要强调器件失效的物理原因，还不能忽视失效的数据统计分布。这个过程可能包含以下一些步骤：

①确定可靠性要求——希望的设计寿命及在设计寿命结束之后的可接受的失效概率；

②确定负载条件——由于功率耗散原因，要考虑使用环境（如IPC-SM-785）

和热梯度，这些参数可能会发生变化，并产生大量的小型循环；

③确定 / 选择组装的结构——元器件和基板的选择，材料特性（如热膨胀系数）及焊接接合部的几何形状。

2. SMT 工艺流程因素

考虑到无 Pb 钎料与传统 PbSn 钎料的差异，就需要从工艺控制上来弥补其不足，以达到产品组装的要求。主要因素有：

（1）焊膏印刷定位精度提高，以弥补无 Pb 焊膏自校准能力差的不足。

（2）工艺窗口狭窄就要求设备的控温精度更高，并能具有氮气气氛控制，以改善浸润性能；同时要根据组装产品的不同特点合理设置再流温度曲线。

（3）再流焊接温度曲线一般由升温预热、均热、再流及冷却区组成。

典型升温速率为 0.5 ~ 1.5℃，一般不超过 2℃。

峰值温度推荐值为 235 ~ 245℃，范围为 230 ~ 260℃，目标为 240 ~ 245℃。

停留在液相温度以上时间为 45 ~ 75s，允许为 30 ~ 90s，目标为 45 ~ 60s。

再流焊温度曲线总长度；从环境温度升至峰值温度的时间为 3 ~ 4min。

进入液相温度再流区前要完成的功能是：使焊膏中的有机成分及水汽充分挥发；使被焊元器件预热，大、小元器件温度均衡；焊膏中的助焊剂充分发挥活性以清洁被焊面。

具体再流焊温度曲线的设置，要根据焊膏的特性，如熔点或液相线温度、助焊剂活性对温度要求、组装产品的特点来决定。

还应关注：钎料储存温度不当，焊盘钎料不足。此处特别需注意的一点是含 Bi 无 Pb 钎料的使用问题，由于含 Bi 钎料与 SnPb 涂层的器件接触时，再流焊后会生成 SnPbBi 共晶合金，熔点只有 99.6℃，极易导致开裂的发生。因此，对含 Bi 无 Pb 钎料的使用，需注意器件涂层是否为 SnPb 涂层。

3. 有 Pb 或无 Pb 状态下的炉温曲线参数比较

在纯有 Pb 或纯无 Pb 再流焊接的情况下，因为不存在焊端镀层材料、BGA/CSP 钎料球和焊膏材料之间的匹配和兼容问题，所以再流焊接炉温参数的设置，基本都是有成熟的经验数据作为借鉴。

另外由于熔点高，助焊剂的活化温度不能匹配高熔点；

助焊剂浸润区的温度高、时间长，会使焊接面在高温下重新氧化而不能发生浸润和扩散，不能形成良好的界面合金层，结果导致焊点界面接合强度（抗拉强度）差而降低可靠性。

六、对环境的适应性

大多数民用、通信等领域，由于使用环境没有太大的应力，无 Pb 焊点的机械强度甚至比有 Pb 的还要高，但是在使用应力高的地方，如军事、高低温、低气压等恶劣环境下，由于无 Pb 钎料蠕变大，因此，无 Pb 比有 Pb 的可靠性差很多。

高温对元件有不利影响，陶瓷电阻和特殊的电容对温度曲线的斜率（温度的变化速率）非常敏感。由于陶瓷体与 PCB 的热膨系数（CTE）相差大，在制程中焊点冷却时容易造成元件体和焊点裂纹。而元件开裂现象是随 CTE 的差异、温度、元件的尺寸大小的增大而增加的，0201、04O2、0603 小元件一般很少开裂，而 1206 以上的大元件，发生开裂失效的机会就较多。

铝电解电容对温度极其敏感。连接器和其他塑料封装器件（如 QFP、PBGA）在高温时失效明显增加。解决措施是尽量降低再流焊接的峰值温度，对潮湿敏感器件进行去湿烘烤处理。无 Pb 制程的可靠性主要取决于无 Pb 焊点的可靠性。

七、环境影响因素

1. 机械负荷条件

焊点上的机械应力来源于对插件板上施加的外力。在外加机械负荷的情况下，尤其是系统机械冲击引起的负荷，钎料的蠕变应力总是比较大的，原因是这种负荷对焊点施加的变形速率比较大。因此，即使是足以承受热循环的金属间化合物结构，也会在剪力或拉力测试期间最终成为最脆弱的连接点。SAC 合金的高应力率灵敏度，要求更加注意无 Pb 焊接界面在机械撞击下的可靠性（如跌落、弯曲等），在高应力变化速率下，应力过大更易导致焊接互连断裂。

2. 热机械负荷条件

焊接结构内部不匹配的热膨胀。在足够高的应力下，钎料的蠕变特性有助于限制焊点内的应力。即使是一般的热循环，通常也要求若干焊点能经受得住在每次热循环中引起蠕变的负荷。因此，焊盘上金属间化合物的结构必须经受住钎料蠕变带来的应力。

八、导电阳极丝及柯肯多尔空洞

导电阳极丝（CAF）。导电阳极丝（CAF）是由铜丝沿着玻璃纤维或树脂接口迁移形成的，会在相邻的导体间产生内部的电气短路，这对高密度电路板的设计来说是一个严重的问题，更高的再流焊温度会导致该问题更易发生。有些大型 PCB 生产商在使用无 Pb 再流焊时，就无法满足用户的 CAF 要求。关于导电阳极丝的发生机理已在第 5 章讨论了，此处不再重复。

柯肯多尔空洞。在两种不相近的材料之间，由于扩散速率的不同所产生的空洞就称为柯肯多尔空洞，这种空洞产生机制在 SnPb 和无 Pb 钎料中均存在。在最近的实验中，SnPb 钎料中会产生很严重的空洞。但在过去 30 年的表面安装技术使用过程中，还没有过因为柯肯多尔空洞导致产品故障的报告。

在无 Pb 钎料中，柯肯多尔空洞是由一些未知因素造成的，似乎会使问题更加严重，尤其是在长期的高温条件下。关于柯肯多尔空洞的发生机理已在第 5 章讨论了，此处不再重复。

第三节 脆变现象

一、无 Pb 焊接脆弱性问题

在生产现场，从贯穿钎料的裂纹变成焊盘表面或金属间化合物的断裂，就是一种不断脆化的迹象。显示脆性界面破裂而无明显塑性变形的焊接是许多应用中的固有问题。在某些应用中，一些脆变机理即使在 CTE 失配应力条件下也可以令焊点弱化，而导致焊点过早地失效。事实上，即使在很小的负载下，金属间化合物中持续发展的空洞也会引起故障。

最新研究显示，无 Pb 焊接可能是很脆弱的，特别是在冲击负载下容易出现过早的界面破坏，或者往往由于适度的老化而变得脆弱。脆化机理当然会因焊盘的表面处理而异，但是常用的焊盘镀膜似乎都不能始终如一地免受脆化过程的影响，这对于长时间承受比较高的工作温度和机械冲击或剧烈振动的产品来说，是非常值得关注的。

由于常用的可焊性表面敷层都伴随着脆化的风险，所以电子工业当前面临一些非常困难的问题。然而，这些脆化机理的表现形式存在可变性，故为避免或控制一些问题带来了希望。在电子行业内，虽然每家公司都必须追求各自的利益，但是在解决无 Pb 焊接的脆弱性及相关的可靠性问题上，它们无疑有着共同的利害关系。

二、脆变机理

微电子封装工业依赖焊点在各色各样的组件之间形成稳健的机械连接和电气互连，散热问题、机械冲击或振动往往给焊接点带来很大的负荷。

（1）Cu 通过界面上的 Cu_3Sn 和 Cu_6Sn_5 薄层迅速扩散，在 Cu/Cu_3Sn 和 / 或 Cu_3Sn/Cu_6Sn_5 界面上形成柯肯多尔空洞。这些空洞通常维持很低的密度，而且小得用光学显微镜也看不见，因此常被忽视。最近，有关 Cu 焊盘上 SAC 焊点在高温老化过程中机械强度快速减弱的多项报告，在微电子封装领域引起了轰动。这一后果似乎是由 Cu_3Sn/Cu 界面的柯肯多尔空洞生长而造成的。即使在相当适宜的工作条件下，产品也有可能在几年之内发生故障。至少对承受很高的工作温度和机械冲击或振动的产品来说是值得关注的。

最新的研究报告提出了一些出乎意料的建议：脆变问题与 Cu 和 Ni/Au 电镀的焊盘表面都有关系。事实上，没有任何常用的可焊性表面敷层（OSP、浸银、浸 Sn 或钎料）的 Cu 焊盘，在这一点上是“比较安全”的，但即使对 SnPb 钎料而言，也并不表示退化机理全然不存在，而能够一直免受脆变问题的影响。

（2）大范围的柯肯多尔空洞，往往在正常老化过程之后，弱化 Cu 焊盘上的 SAC 焊点。甚至在没有老化的条件下也发现了一种表面上独立的脆化机理，当然这种脆变继续随着老化而趋于恶化。初步结果提示了脆化与电镀批次的相关性，但是预计材料（如钎料、助焊剂、焊膏、焊盘敷层、电镀工艺参数）和再流焊接工艺参数（如再流曲线和环境、钎料与焊盘氧化和污染、焊盘结构、焊膏量）等因素也很重要。

IBM 所做的研究提出了焊接脆弱性与电镀批次的相关性。这些调查结果暗示了杂质的影响。在一些情况中已经证明污染大大增加了柯肯多尔空洞的形成，因为杂质在金属相间的较低溶解度，不可排除的脆化因素还有亚微观孔隙或空泡，它们在再流过程中不知何故混入铜表面，继而成为空洞的藏匿之所。

IBM 还公布了另一个金属间化合物界面发生脆变的故障现象，该现象似乎与柯肯多尔空洞无关。在组装以后立即进行的钎料球拉力测试显示，在 Cu 焊盘的金属间化合物范围内出现了界面缺陷，而且这一现象总是由于热老化而加剧。它与空洞现象不同的是，长时间的老化不一定令抗拉强度进一步降低。焊接 Cu 的唯一可取的成熟替代选择是 Ni，为防止氧化，通常在 Ni 上镀一层 Au。有些报告指出，在化学镀 Ni（P）膜与 SnPb 钎料之间，长时间的反应也会在 Ni 表面附近形成柯肯多尔空洞。根据一些报告显示，当元器件上 SnPb 钎料的对侧铜焊盘有现成的铜补充给钎料时，脆化过程变得更为复杂。三元合金（Cu，Ni）$_6Sn_5$ 层积聚在 Ni_3Sn_4（在 Ni 表面上形成的）之上，老化在 Ni_3Sn_4/（Cu，Ni）$_6Sn_5$ 界面形成空洞。使用 SAC 钎料焊接 Ni 预料会发生类似的问题，因为这种钎料合金中有现成的铜源。

（3）所谓的“黑盘”现象是一个获得广泛认同与脆化有关的独特现象。特别是关系到 ENIGNi/Au 的“黑盘”现象，使 Ni（P）表面缺乏可焊性，反映在接点焊盘上或附近出现明显的脆弱性，降低机械疲劳强度。它涉及许多与发生在 Ni（P）/ Ni_3Sn_4 界面上或附近的焊点断裂有关的现象。不管怎样，有害的“黑盘”效应也可能关联着另一种脆化机理，根据这种机理，看上去很完美的金属间化合物结构会随着时间的推移而退化。这一脆化机理好像涉及 Ni_3Sn_4 的增加，由此而引起 P 富集，在 Ni_3Sn_4 下面形成 Ni3P，并在二者之间生成一种三元相。不管是哪一种情况，从 SnPb 钎料过渡到 SAC 钎料，这个问题似乎都会恶化。

在 ENIGNi/Au 焊盘上引起金属间化合物结构脆变的“黑盘”效应和老化过程，似乎对 SAC 钎料比 SnPb 钎料更为关键。无 Pb 焊接要避免或减少与 Ni/Au 电镀涂层中 Au 厚度增大而导致的脆化过程。然而，用 SAC 合金焊接 Ni 焊盘经常导致 Ni3Sn4 层上积聚（Cu，Ni）$_6Sn_5$。如此形成的一些结构在用 SAC 钎料合金进行装配之后会立即脆断，而且在某些情况下即使采用 SnPb 钎料，（Cu，Ni）$_6Sn_5$ 结构老化，也会导致难以克服的空洞和多孔缺陷。

（4）即使是一般的热循环，通常也要求若干焊点能经受得住在每次热循环中引起蠕变的负荷。因此，焊盘上金属间化合物的结构必须经受得住钎料蠕变带来的负荷。在外加机械负荷的情况下，尤其是系统机械冲击引起的负荷，钎料的蠕变应力总是比较大，原因是这种负荷对焊点施加的变形速率比较大。因此，即使是足以承受热循环的金属间化合物结构，也会在剪力或拉力测试期间最终成为最脆弱的连接点。

（5）在再流过程中溶入 SnPb 钎料的 Au，会在以后的老化过程中逐渐返回 Ni 表面，并导致该表面的 Ni_3Sn_4 金属间化合物上积聚一层（Ni，Au）$_3Sn_4$。如此产生的界面，其机械强度是不稳定的，而且随（Ni，Au）$_3Sn_4$ 厚度的增加而继续减小。Qualcomm 最近公布的跌落测试结果，发现 Ni/Au 镀层上的 CSP/SAC 焊点在“时间零点”断裂，此问题曾通过降低再流温度和缩短再流时间得以缓解或消除。

然而，这不一定是问题的直接决定性因素，因为外加机械负荷往往能够在设计上加以限制，使之不会引起太大的钎料蠕变，或者至少不会在焊接界面引起断裂。尽管如此，在这些测试中，从贯穿钎料的裂纹变成焊盘表面或金属间化合物的断裂，就是一种不断脆化的迹象。通常，显示脆性界面破裂而无明显塑性变形的焊接是许多应用的固有问题。在这些情况下，焊点内的能量几乎没有多少能够在断裂过程中散逸出去，因此焊点的结构自然容易出现冲击强度问题。

（6）空洞是互连焊点在再流焊接中常见的一种缺陷，在 BGA/CSP 等器件上表现得尤为突出。由于空洞的大小、位置、所占比例及测量方面的差异性较大，Motorola 的研究结果认为直径 3 ~ 5um 的空洞事实上能提高焊点的长期可靠性，因为它在一定程度上可以阻止焊点中裂纹的扩展。但一般认为大的空洞，或空洞面积达到一定比例后会给可靠性带来不利影响。

因此，在无 Pb 焊接中，空洞仍然是一个必须关注的问题。在熔融状态下，SAC 合金比 SnPb 合金的表面张力更大，表面张力的增加势必会使气体在冷却阶段的外溢更加困难，使得空洞比例增加。这一点在无 Pb 焊膏的研发过程中得到证实，结果显示使用无 Pb 焊膏的焊点中的空洞数量多于使用 SnPb 焊膏的焊点。大的空洞和一些小的球形空洞是由于助焊剂的挥发造成的，焊膏中助焊剂的配比是影响焊点空洞的最直接因素。近几年随着材料研究方面的进展，研制的第二代通用型无 Pb 焊膏除具有更宽的工艺窗口、更容易应用、有更好的外观外，最为重要的是解决了空洞问题。

（7）在某些应用中，一些脆变机理即使在 CTE 失配应力条件下也可以令焊点弱化，导致过早的焊点失效。事实上，即使在很小的负载下，金属间化合物中持续发展的空洞也会引起故障。

第四节 无 Pb 焊点的质量和可靠性测试

一、无 Pb 制程所面临的挑战

与传统的含 Pb 工艺相比，无 Pb 焊接由于钎料的差异和工艺参数的调整，不可避免地会给焊点可靠性带来一定的影响。首先是无 Pb 钎料的熔点较高，传统的 SnPb 共晶钎料熔点为 183℃，而 SAC 共晶钎料的熔点为 217℃。温度曲线的提升随之带来的是钎料易氧化、金属间化合物生长迅速等问题。由于无 Pb 钎料中不含 Pb，润湿性差，容易导致产品焊点的自校准能力、拉伸强度、剪切强度等不能满足要求。

二、无 Pb 焊点的质量和可靠性试验

1. 无 Pb 焊点的质量试验

无 Pb 工艺研发和制造期间，通常要通过下列试验，以全面评估无 Pb 焊点的质量。

润湿平衡试验；钎料铺展性试验；可焊性试验；可清洁性试验；可印刷性试验；温度曲线试验；表面绝缘电阻试验（SIR）；自动光学检测试验；检测试验；在线测试；功能测试；剪切试验；拉伸试验；弯曲试验；其他。

这些试验对开发装配工艺和提高制造产能非常有用，因此，这些试验将提高和保证焊点质量。然而，这些试验不能决定焊点的可靠性，它必须通过可靠性试验获得。

2. 可靠性测试方法及评估模型

为了确保设计和制定工艺的合理性及出厂前检验产品的可靠性，须进行可靠性测试。在介绍无 Pb 工艺焊点可靠性测试之前，首先对 SnPb 焊点可靠性测试方法进行简单介绍。

（1）对电子组装品进行热负荷试验（温度冲击或温度循环试验）。

（2）按照疲劳寿命试验条件对电子器件接合部进行机械应力测试。

（3）使用模型进行寿命评估。目前比较著名的模型有：低循环疲劳的 Coffm-Manson 模型；考虑到温度循环频率与最高温度的 Nonis 修正的 Coffin-Manson 模型；Engelmaier 的最高温度与温度保持时间相关的疲劳寿命评估模型等。简单来讲，如果考虑平均温度与频率的影响，则使用修正的 Coffin-Manson 模型；当考虑材料的温度特性及蠕变关系时，则采用 Engelmaier 模型。

在无 Pb 工艺焊点可靠性测试中，比较重要的是针对焊点与连接元器件热膨胀系数不同进行的与温度相关的疲劳测试，包括等温机械疲劳测试、热疲劳测试及耐腐蚀测试等。

第五节　无 Pb 制程焊点可靠性评估（与 SnPb 钎料比较）

一、等温机械疲劳测试

等温机械疲劳测试可以确认在相同温度下不同的钎料合金材料的抗机械应力能力，同时还表明不同的钎料合金材料显示出不同的失效机理，失效形态各不相同，如图 7–4 所示。从图 7–4 中可知，对于所有的应力，SnPb 的蠕变率比 SAC 快，因此，认为在 SnPb 焊点中具有较大的蠕变应变率。

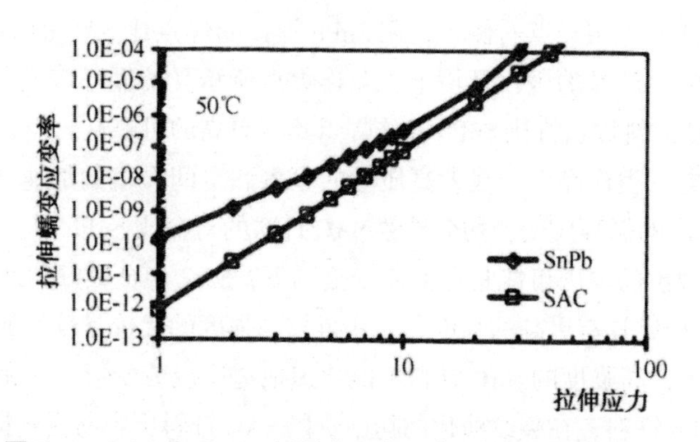

图 7–4　SAC 和 SnPb 钎料合金在 50℃时的拉伸蠕变应变率

二、热疲劳测试

在减小的加载速率下施加相对低的应力（低于屈服强度）会导致变形向钎料材料内部转移。这些条件包括多数钎料互连点的服役环境，以及加速老化试验状态。

此时，钎料的变形将包括时间相关的变形（蠕变变形）。在循环载荷作用情况下蠕变和疲劳共同作用导致钎料变形。温度波动，加上组成互连结构的各种材料间的热膨胀系数不匹配，会导致较低加载速率下的疲劳，此时蠕变成为材料变形的主要原因，这种状态即为热机械疲劳。

由于与时间相关的蠕变比与时间无关的塑性变形更占优势，因此，简单的机械振动试验就很难给出焊点完整的疲劳行为。

一般来说，电子封装中焊点的长期可靠性由钎料合金的蠕变疲劳性能所决定，且随着焊点变得越来越小，焊点尺寸对互连性能的影响将更为重要。

热疲劳测试用于考察由于热应力所引起的低循环疲劳对焊点连接可靠性的影响。在热循环条件下，蠕变/疲劳交互作用会通过损伤积聚效应导致焊点失效（组织粗化/弱化，裂纹出现和扩大），蠕变应力速率是一个重要因素。蠕变应力速率随着焊点上的热机械载荷幅度的变化而变化。

热循环中，抗热疲劳性能直接与疲劳强度和导热性成正比，与弹性模数和热膨胀系数（CTE）成反比。疲劳强度的基本原则是疲劳强度与错位交叉滑移成正比。这意味着人们应通过某些提高强度的办法来提高抗张强度和抗疲劳性。

（1）SAC 与 SnPb 焊点可靠性的热疲劳特性比较。SnPb 和 SAC 焊接的组件在温度循环下寿命周期与剪切应力范围的关系曲线如图 7–5 所示。

从图中可看到两趋势线的斜率不同，且两趋势线相交于剪切应变为 6.2% 的点上，这表明在较温和的条件下（相交点的左侧），用 SAC 焊接的焊点比 SnPb 的寿命长。而在高应力条件下（相交点右侧），用 SnPb 焊接的焊点比 SAC 的寿命更长。因为在多数消费类电子产品的服役环境下，互连焊点所承受的循环应变范围为 0.001 ~ 0.01，预期 SAC 钎料焊点将比 SnPb 互连焊点具有更高的可靠性。而若在苛刻的服役环境（如车载电子类产品），或者高质量的军事和空间设备的加速试验中（–55 ~ 125℃）存在较高的循环应变，均会导致 SAC 钎料的寿命比 SnPb 短。

出现上述现象的原因可能是在低应变范围下，SAC 合金较好的疲劳性能反映了其与 SnPb 合金相比具有更高的强度，而获得较高强度的代价是较低的延展性。在较高的应变范围下，高强度的 SAC 钎料不能快速地适应疲劳变形，而相应地，比起延展性更好的 SnPb 钎料，在裂纹演化的初始阶段 SAC 钎料更容易受到损伤。

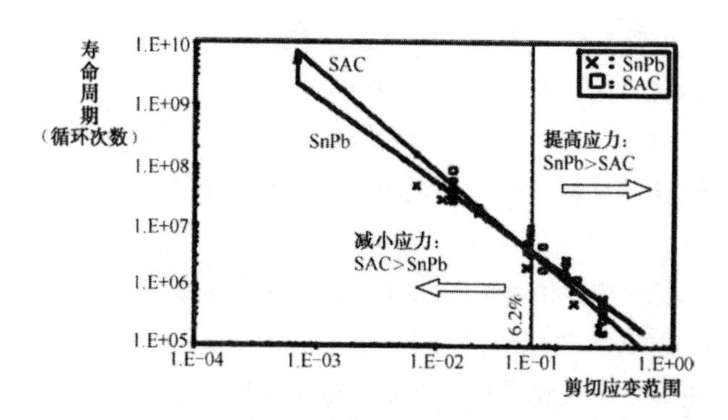

图 7-5　SnPb 和 SAC 焊接的组件在温度循环下寿命周期与剪切应力范围的关系曲线

（2）SAC、$Sn_{0.7}Cu$ 及 SnPb 三者焊点热疲劳特性比较。用 $Sn_{0.7}Cu$ 焊膏 / 钎料球、SnPb 焊膏 / 钎料球、SAC 焊膏 / 钎料球等 3 种钎料合金组装的裸芯片焊点的生命周期与循环剪切应变范围的相互关系如图 7-6 所示。

由图中可知，低应力和高应力条件下的可靠性趋势相反。由裸芯片数据得到的两条线的交点，对应于横坐标的剪切应变值为 6.2%。SAC 与 SnPb 趋势线的交点对应的剪切应变与图 7-5 一致。SnCu 与 SnPb 趋势线也相交，在交点的左侧，SnCu 焊点比 SnPb 焊点的寿命短。而在交点的右侧，SnCu 焊点比 SnPb 焊点的寿命长。这种低应力状态代表了许多常用的工作条件。

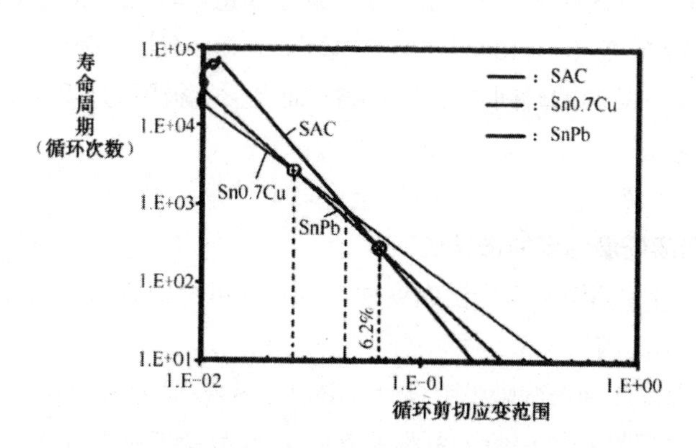

图 7-6　生命周期与循环剪切应变范围的相互关系

（3）Hwang 等人就无 Pb 钎料合金 SAC 与有 Pb 钎料合金 Sn37Pb，在完全相同的试验条件（温度、负载下降 50%、应变范围 0.2%）下所做的试验研究，工作至失效的循环次数为 SAC（失效循环次数：8936）> $Sn_{37}Pb$（失效循环次数：3650）。

（4）国外不少专家通过各自的试验研究，也得出了共同的结论是：SAC 合金总是相当于甚至好于 $Sn_{37}Pb$ 的指标。

在几种不同温度循环测试条件下，在 BGA 组装焊接中，SAC 与 SnPb 的 Weibull 图像对比，结果表明，SAC 系钎料合金的性能较为优越。

（5）温度循环特性。在不同温度下，采用 SAC305 钎料（熔点为 217 ~ 220℃）和 Sn37Pb 共晶钎料（熔点为 183'5C）安装无 Pb/BGA 焊点进行温度循环特性比较。

缺陷定义：当标称电阻值增大了 20% 时即定义为缺陷。

由表中可知，BGA 钎料球（SAC305）采用 SAC305 焊膏或 $Sn_{37}Pb$ 焊膏进行再流焊接，在焊接后的温度循环试验中，如果焊接温度低，结果将使得温度循环寿命变短。因此，为了获得充分的焊点可靠性，有必要对钎料球或焊膏的熔点（高的那个）进行温度设定，在焊接工艺中加入不同温度的考量。

三、热机械负荷测试

热机械负荷取决于温度范围、元器件尺寸及元器件和基底之间的 CTE 不匹配程度。例如，有报告显示，在通过热循环测试的同一块 PCB 上得到下述结果。

带有 Cu 引线框的器件在 SAC 焊点中经受的热循环数量要高于 SnPb 焊点，SAC 优于 SnPb；采用 42 合金引线框的器件（其与 PCB 的 CTE 不匹配程度更大）在 SAC 合金焊点中，比 SnPb 焊点将提前发生故障，SnPb 优于 SAC；在同一块 PCB 上 04O2 陶瓷片状元件的焊点，在 SAC 中通过的热循环数量要超过 SnPb；而 2512 元件则相反；许多报告称：在 0 ~ 100℃之间热循环时，FR–4 上 1206 陶瓷电阻器的焊点在无 Pb 焊接中发生故障的时间要迟于 SnPb，而在温度极限为 –40℃和 150℃时，这一趋势则恰好相反。

四、高温和高低温温度冲击试验

焊点强度测量（高温和高低温温度冲击试验）可协助我们认识钎料合金与基材之间焊点强度下降的因果关系。

（1）高低温温度冲击试验（引脚镀 SnPb）：SAC 优于 $Sn_{37}Pb$。

（2）高低温温度冲击试验（引脚镀 Pd）：次数＜ 500 时 SAC 优于 $Sn_{37}Pb$；而次数＞ 500 时 $Sn_{37}Pb$ 优于 SAC。

（3）高温试验（引脚镀 SnPb）：SAC 和 $Sn_{37}Pb$ 无明显差别。

（4）高温试验（引脚镀 Pd）：大多情况下 SAC 优于 $Sn_{37}Pb$。

结果表明：经过高低温温度冲击试验和高温试验的，大部分被拉断的样品主要发生在元器件引脚和钎料界面处。但是，Sn2Ag0.75Cu3Bi 钎料，在用于镀 SnPb 工艺元器件引脚时，断裂偶尔会发生在焊盘和钎料之间。

在高低温温度冲击试验过程中，焊点变形应力是引起焊点强度降低的因素之一。

五、BGA、CSP 由有 Pb 到无 Pb 制程的可靠性变化

由图 7–7 可以看到，在峰值温度高于 217℃情况下，当 BGA、CSP 从纯有 Pb（SnPb 钎 fSnPb 焊膏）到纯无 Pb（SAC 钎料球 /SAC 焊膏）的转化过程中，可靠性的变化较小。

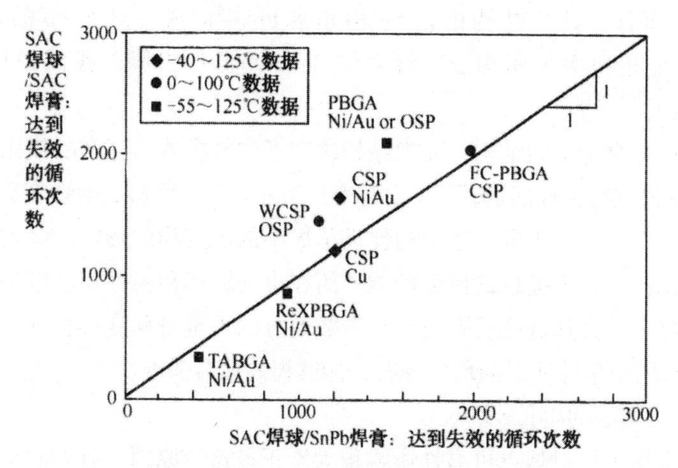

图 7–7　由纯有 Pb（SnPb 钎料球 /SnPb 焊膏）到纯无 Pb（SAC 钎料球 /SAC 焊膏）可靠性的变化

六、无 Pb 钎料的机械振动

即使没有碰到过柯肯多尔空洞，对因机械振动或跌落造成的产品性能下降还是要有所准备。有研究表明，在被施加振动、跌落或 PCB 被弯曲时，SAC 钎料合金的失效负载还不到 SnPb 合金的一半。这种性能损失似乎是几个因素共同作用的结果，包括脆弱的金属间化合物，因更高的再流焊接温度而导致的 PCB 降级，由于 SAC 比 SnPb 更硬而传递了更大的应力。

上述问题到底是一个长期可靠性问题，还是从一开始就是一个质量问题呢？便携式电子产品制造商的无 Pb 化已经实施了数年，还没有因为跌落导致返修率增加的报告。有些公司把注意力集中到如何更好地控制制造环境，特别是减小最大的允许张力上。

影响焊点可靠性的另外一个潜在缺陷是，随着时间的推移，焊点变脆。这是由于焊点里没有 Pb，致使留下的合金变硬。随着时间的推移，变硬的合金会出现裂纹或微小的裂痕。在用于运动和振动的产品中，印制电路板的疲劳迹象更加普遍。这些隐患和其他的问题，给工艺控制带来了更大的压力，要求在装配、返修和检查时

都要更加严密。

七、微组织和合金层

1. 焊点内微组织结构

微结构反映了材料的微观特性，可以用现有的显微镜和技术来得到这些信息。对 SnPb 而言，其微结构由富 Sn 相和富 Pb 相构成。对无 Pb 的 SAC 钎料，微结构由主金相和次金相构成。针对镀 SnPb 元器件引脚，我们使用 SEM 观察 Sn3.5Ag0.75Cu。

材料的成分决定了微结构，而微结构决定了失效模式。在产品使用中，微结构比较稳定，它的抗疲劳性能也较强。滑移变形分布均匀，可避免塑性变形局部集中，提高抗疲劳特性。进一步讲，微结构促进了极小的沉淀物的形成，微粒分散，分布均匀和颗粒化，有利于提高抗疲劳性能。而在出现针形和脆性相、过多的空洞和应力集中的情况下，会降低疲劳寿命。与少数地方的大量滑移变形相反，通过控制微结构提高小范围中塑性变形的均匀分布，能够提高疲劳强度。

2. 界面合金层的生长

界面合金层生长对焊点可靠性影响很大。正是这个原因，有人测量了合金层厚度，并研究了合金层在经过一段时间后的变化。研究发现，合金层厚度与时间之间并没有一定的生长规律。液相凝结过程影响合金层生长，并导致生长的不均匀性。对于镀 Pd 元器件引脚，合金层生长与时间平方根成粗略的线性比例关系，可以认为符合于扩散规律。然而，对镀 SnPb 元件引脚来讲，SAC 钎料合金层生长的趋势更为明显。

3. 焊点界面元素分布

通过高低温温度冲击试验和高温试验，分析影响 SnAg 无 Pb 钎料焊点可靠性的因素，可以看出，高温试验时，Ag_3Sn 网状结构稍有下降，向粒状 Ag_3Sn 相的变化成为很明显的证据，然而，焊接强度不受影响。采用高温试验，进行界面合金层加速生长试验。对镀 Pd 元件引脚来讲，合金层生长与时间的平方根成粗略的线性比例关系，生长在某一扩散控制速率下发生。然而，对镀 SnPb 的元件引脚来讲，无论高低温温度冲击试验还是高温试验，形成的化合物都能明显降低焊点强度。无 Pb 焊点的硬度和强度比 SnPb 焊点高，变形也比 SnPb 焊点小，但并不等于说无 Pb 焊点的可靠性就好。例如，由于无 Pb 钎料合金的润湿性差，空洞、移位、立碑等焊接缺陷较多，且空洞尺寸普遍有增大的趋势。不论是有 Pb 还是无 Pb，二次再流时空洞还要不断增大。

第六节　无 Pb 再流焊冷却速率对焊点可靠性的影响

一、问题的提出

在无 Pb 制程中人们发现，无 Pb 焊接工艺中的冷却速率对焊点的可靠性存在着潜在影响。因此，该问题越来越引起人们的关注。

（1）无 Pb 焊接温度高，PCB 组装板出炉温度也高。需要可靠的冷却手段降低出炉温度。

（2）焊点钎料液相线以上时间必须加以控制，以减少钎料和焊盘的反应时间，防止脆性的金属间化合物生长过厚，影响接头强度。

（3）无 Pb 焊点表面发暗，改变冷却速率可以改变焊点光亮程度。

但是，冷却速率并非越快越好，过快的冷速又将会导致应力集中，出现元器件破裂和 PCB 翘曲等缺陷。且焊点在钎料、PCBA 组装密度和尺寸、焊盘材料等诸因素中对冷却速率要求也不尽相同，工艺人员制定温度曲线时多凭经验，没有较为深刻的认识。

二、冷却对无 Pb 钎料的影响

当前无 Pb 钎料市场主流是 SAC305、SAC387。

SAC 系无 Pb 钎料具有固有的微观组织、较好的机械特性和焊点使用可靠性，其在共晶点附近的组织为 β-Sn+Ag_3Sn+η-Cu_6Sn_5。Sn 和 Ag 大致上不固溶，Ag_3Sn 很稳定，一旦形成，高温放置时也不易粗化，是一种耐热性好的钎料。在反应界面会形成扇贝状 η-Cii_6Sn_5 金属间化合物。随着反应的进行，由于 η-Cii_6Sn_5 与铜板接触，开始和 Cu 反应，生成 ε-Cu_3Sn 层状金属间化合物。

在机械性能方面，SAC 系合金在低温和室温两种条件下的拉伸强度和延伸率都可达到甚至超过 SnPb 共晶钎料。

1. 冷却对微：观组织的影响

F.Ochoa 等人研究了冷却速率对 Sn3.5Ag 钎料合金的影响，冷却速率测量区间为从峰值温度下降到 150℃，他认为对于 Sn3.5Ag 来说，在该温度以下微观结构较少变化，不必要继续冷却。

冷速为 24℃ /s（冷水淬火）时为快冷，会导致非平衡相迅速固化，生长出较细的富 Sn 枝状晶，周围是富 Sn 基体中的球状颗粒 Ag_3Sn；

冷速为 0.5℃ /s 时也会导致非平衡相固化，但微观结构为较粗大的富 Sn 枝状晶，共晶的富 Sn 基体中的球状颗粒 Ag_3Sn 也相对较大。

富 Sn 相和共晶带的颗粒尺寸都随冷却速率增加而减小。表明快冷可减少原子扩散时间，细化微观组织。

此外，冷却速率还影响金属间化合物 Ag_3Sn 的尺寸和形态。快速冷却提高形核率但是抑制了 Ag_3Sn 的生长，使 Ag_3Sn 呈球状颗粒并且在富 Sn 相基体中弥散分布形成共晶带。

K.S.Kim 等人研究表明，β–Sn 颗粒被细小的共晶网络状结构所包围，共晶网络快冷较慢冷时细小，所有的慢冷件都出现粗大共晶微观结构。用 XRD 分析可以确定合金中出现的相为 Ag_3Sn 和 Cu_6Sn_5。深度腐蚀的 Sn3.5Ag0.7Cu 慢冷件微观可以较为清晰地看到 Ag_3Sn 沉积物呈片状，Ag_3Sn 在冷却过程中率先形核，是初始相。大块片状初始相 Ag_3Sn 沉淀物应该避免，因为它较脆，当钎料接头在低应力或循环应力条件下工作时会导致缺陷。

2. 冷却对金属间化合物的影响

IMC（主要是 η–Cu_6Sn_5）初始形态也和冷却速率大有关系。试验证明水冷和空冷的 IMC 相对炉冷件要薄，而且生长面较平坦。炉冷件 η–Cu_6Sn_5 相较厚，呈扇贝状。X.DENG 等人认为：IMC 厚度之所以受冷速变化的影响，是因为冷速减小时钎料液态滞留时间增加，相当于再流时间延长，反应和扩散也增强，所以冷却速率降低出现 IMC 厚度增加，同时冷却速率越小 IMC 形状起伏越大。这样的形状也会对再流焊点有劣化作用。

3. 冷却对强度性质的影响

J.Madeni 测得几种无 Pb 钎料在不同冷却速率下的拉伸和屈服强度，表明水冷同时提高了钎料的拉伸强度和屈服强度，而且屈服强度提高尤其明显。

Yang 等人的研究结果也表明冷却速率的增加提高了屈服强度、剪切强度。Kim 等人的实验也表明 SAC 系钎料合金冷却速率增加时拉伸强度增加。

强度随冷却速率的增加而增加可以由微观结构的细化来解释，由尺寸和强度关系函数 Hall–Petch 公式可知冷却速率能细化微观组织，从而提高强度。而且枝状晶尺寸减小则界面面积增加也使抗断裂能力增加，起到强化作用。Yang 等人认为弥散分布颗粒越细钎料接头的强度越高。在水冷时接头工作淬硬速率最大是由于细化和弥散分布的 Ag_3Sn 硬度高于 Sn 基体（Sn 基体使断裂性能提高）。冷速减小微观尺寸增加，因此炉冷条件下获得的较粗微观结构将导致断裂性能变差。

4. 冷却对抗螺变性能的影响

冷却速率对无 Pb 钎料的蠕变行为有重要的影响，冷速的增加使试件抗蠕变性能增强，这是因为快冷改变了微观组织结构。快冷形成的细小富 Sn 枝状晶和 Sn 基体中细小弥散的 Ag_3Sri 颗粒使接头抗断裂性能提高从而提高了蠕变性能。相反，慢冷时粗大的晶体容易导致裂纹并扩展。SnAg 系的蠕变性能提高主要是弥散分布颗粒起到了增强作用。而通过研究微观结构和应力值变化，结果表明变形过程的主导机制并非晶界滑移。

对比 $Sn_{37}Pb$ 钎料，冷却速率对其拉伸和蠕变性能的影响都和 SAC 合金相反。快冷时共晶的 Pb 成球状，同时是在冷却速率增加的条件下所有的相都细化，但差别在于 Pb 硬度比富 Sn 基体弱而且含量远大于 Ag 在 SnAg 和 SAC 合金中的含量。所以快冷导致的 SnPb 钎料微观细化，反而使其在变形过程中更有利于晶界滑移。快冷 SnPb 合金的 100% 抗蠕变性能也降低。

可以说 Pb 和 Ag_3Sn 本身的性质决定了合金的主导变形机制，使冷却速率有不同的表现。这也是冷却速率在无 Pb 焊接中较受关注的一个原因。

除了以上冷却速率的一些影响以外，快速冷却还可以获得比慢冷更为光亮的外观。所以快冷可以解决实际生产中焊点金属光泽差的问题。

三、冷却在生产中的应用

以 SAC 钎料合金系为对象对冷却进行的研究结论如前所述。可以说快速冷却对其各方面性质都存在有利影响。但是很少有学者以 PCB 和元器件焊接为研究对象，进行实际表面组装来研究冷速的影响，所以当前人们对快速冷却对于无 Pb 焊接工艺的意义尚不明确。加之快冷导致的应力问题，冷却速率宜快宜慢尚无定论。关键在于找到平衡点，确定无 Pb 钎料焊点的最佳冷却速率。

（1）美国 Amkor 公司对 BGA 的 SAC 钎料球的焊点进行了全面的可靠性研究。在快速冷却的情况下，SnCu、Sn3.4Ag0.7Cu 及 Sn4.0Ag0.5Cu 焊点可靠性提高超过 20%。

（2）日立公司在便携式信息产品“Mopailegea”（该产品基板装有 1.27mm 间距的 BGA、0 ~ 5mm 间距的 QFP、0.5mm 间距的连接器、1.0mm × 0.5mm 的片式元件）上，应用 Sn3.5Ag0.75Cu 钎料，冷速为 4℃ /s，进行焊接。焊后焊点外观漂亮，很少有外观缺陷，可靠性测试结果十分好，产品进入批量化生产。

（3）IBM 公司的技术人员采用两种冷速对 SAC 钎料的 BGA 焊点冷却固化。

①在一种油介质中快冷（接近 100℃ /s），将形成很细的 β-Sn 枝状晶并在其间形成较细的共晶带。由于快冷形成较大的温度梯度，使枝状晶生长尺寸细化，且形成弥散强化的 Ag_3Sn 或 Cu_6Sn_5，使接头的拉伸强度和抗蠕变性能都大为提高。

②在炉中慢冷（0.O2℃ /s），慢冷形成的微观组织粗大，Ag_3Sn 或 Cu_6Sn_5 呈共晶

相出现,生长形态不规则且尺寸偏大,失去了弥散强化效果,这大大降低了接头的质量。

在实际生产中，采用1.5℃/s或稍大的冷速对接头冷却可以有效抑制大片状Ag_3Sn或Cu_6Sn_5，起到弥散强化作用，提高钎料接头质量。

（4）Vitronics Soltec公司的Ursula Marquez认为：良好可控的再流工艺温度曲线影响再流焊接的质量，而冷却速率是温度曲线中的重要组成部分，影响钎料在液态的滞留时间从而影响焊接质量和成品率。快速冷却实现了对钎料液相线以上时间（TAL）的控制，从而获得良好的焊点质量。

（5）UrsulaMarquez实验采用最大冷速2.5℃/s，最慢0.5℃/s焊接BGA器件。典型的SAC系合金在慢冷(0.5℃/s)下的BGA焊点枝状晶异常粗大,IMC尺寸也较大,由于无Pb本身工艺窗口窄，所以2.5℃/s已经属于快冷之列。快冷时化合物厚度明显减小，且没有Ag_3Sn和Cu_6Sn_5像冰凌一样的形状。

（6)Y.QI等人研究了冷速对无Pb的$Sn_{3.8}Ag_{0.7}Cu$钎料焊接无引脚片式电阻(LCR)的影响。用3种冷速进行冷却: 1.6℃/s、3.8℃/s和6.8℃/s,并进行了加速热循环试验,测试结果也表明，快速冷却的SAC钎料焊点的力学性能尤其是抗蠕变失效性能较慢冷的焊点好。

冷却速率的确定对无Pb再流焊工艺至关重要。基本上无Pb钎料合金冷速增加可以细化微观组织，改变IMC的形态和分布，提高钎料合金的力学性能。因此，对于实际生产中的无Pb焊接，在不对元器件产生不利影响的情况下，冷却速率的提高通常也能减少缺陷提高可靠性。如果冷速过快，将会造成对元件的冲击，造成应力集中，使产品的焊点在使用过程中过早失效。但就目前国内外的再流炉的冷却能力来看，对于PCB和元器件尺寸都比较小的情况，一般的再流炉都可以满足要求。而对于大尺寸、高密度组装的PCB，焊接的实测冷却速率通常较小，即PCB组件的出炉温度不够低，尤其是液相线以上时间控制很难。目前有些设备厂（如深圳日东科技公司）开发出冷却速率可控、冷却区温度实时监控的冷却模块，进一步提高再流炉的冷却能力和冷却区间的精确控制。

第七节　无Pb焊点特有的工艺缺陷现象

一、凝固过程生成的缺陷

1. 概述

目前，正处于从有Pb钎料向无Pb钎料过渡之中，与凝固有关的一些问题将会突显出来，如微偏析、起翘、缩孔、焊盘剥离、PBGA 封装体翘曲等。这些现象虽然在 SnPb 钎料中有时也会发生，如当基板吸湿后也会引起焊盘剥离，但在组装中这种缺陷并不经常发生，因而不会引起过分的关注。然而对于无 Pb 焊接，由钎料凝固过程所引发的缺陷却是一种高发的较为普遍的现象。为了改善无 Pb 化产品的可靠性，提高产品质量，国外已开始对焊接凝固现象开展了系统的研究，旨在搞清楚焊接凝固中所引发的各种缺陷现象的机理和抑制的对策。

2. 初晶粗大的金属间化合物的形成

标准的无 Pb 钎料主要是 SnAgCu、SnCu 之类，和 SnPb 钎料相比，它们生成的金属间化合物不同。金属间化合物生长晶粒较粗大，从状态图可以预测到，如 SnAg 二元合金状态图如图 7–8 所示。在状态图的右侧 Ag 的浓度高，相的构成要稍许复杂些。该侧和通常的焊点没有关系，主要是位于左侧的 Sn 浓度的构成是最重要的。SnAg 的共晶成分是 Sn3.5Ag。如 Ag_3Sn 的组成范围从图的左侧即可看出。

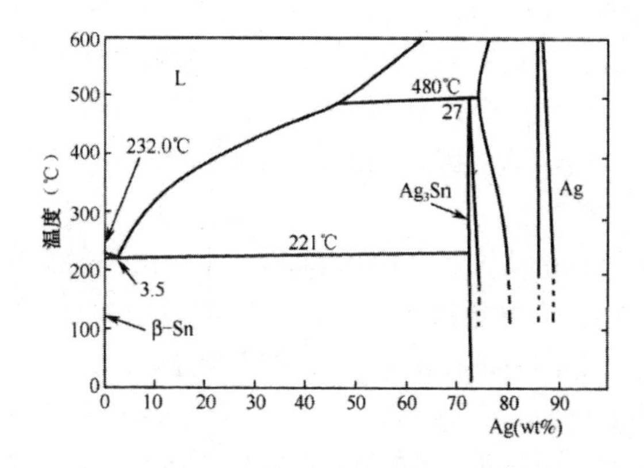

图 7–8　SnAg 二元合金状况图

在 SnPb 场合随着 Pb 含量的变化有多种多样的合金成分，和共晶组分 Sn37Pb 相比，即此 Pb 的含量在共晶组分上下变化，也不会引起剧烈的机械性能的变化。然而像 SnAg 这样的无 Pb 钎料形成的金属间化合物就不一样了，从共晶组分向化合物侧不可能没有明显的波动。例如，Ag 量从零增加其抗拉强度也增加，而延伸率有所减小。但当 Ag 量超过 3.5wt% 时，抗拉强度显著下降。人们把这个粗大的 Ag_3Sn 叫作初晶，它是在钎料凝固过程初始析出的固态组织。这种粗大的金属化合物相的形成，不仅使强度低下，而且蠕变、疲劳和冲击等特性都会受到严重影响。

对于 SAC305 无 Pb 钎料来说，初晶金属间化合物是细长棒状的 Cu_6Sn_5，未见到 Ag_3Sn 初晶。当 Ag 量增加后，在初晶 Cu_6Sn_5 棒状粒子中才增加了相当粗大的板状粒子的初晶 Ag_3Sn。

3．焊盘边缘起翘

（1）现象描述。起翘是无铅波峰焊接中的高发性缺陷，在单面 PCB 上不发生，只发生在金属化通孔的基板上，而且目前尚缺乏通用的对策。

在发现起翘现象的初期，最先对其进行研究的是英国的 Vincent，他用 Sn7.5Bi2Ag0.5Cu 钎料合金，对双面都有铜焊盘的金属化通孔的 PCB 进行波峰焊接，发现在铜焊盘和钎料圆角的界面发生剥离现象。随后，又发现许多含 Bi 的合金系也存在此现象。而且即使不含 Bi，只要在搭载的元器件的焊端镀了 SnPb 合金，同样也会发生。

（2）焊盘边缘起翘现象发生的机理。

①材料间 CTE 严重不匹配。基板和钎料、Cu 等的热膨胀系数的失配是引发起翘现象的一个重要因素。基板是纤维强化的塑料（FRP），它沿板面方向的热膨胀系数小，可以确保被搭载的电子元器件的热变形小。作为复合材料，面积方向的热膨胀和垂直方向的热膨胀差异很大，沿板面垂直方向的收缩是很大的（例如，FR-4 厚度方向的热膨胀系数 CTE 是 Sn 的 10 倍以上）。如果在界面上存在液相，只要圆角有热收缩便会从基板上翘起来，而且一旦翘起来就不能复原。

②含 Pb、Bi 等合金元素的影响。Bi 添加在无 Pb 钎料中，是作为一种降低熔点改善润湿性的合金元素。

首先，随着树枝状结晶的生长不断地向液相中排出 Bi，而生成 Bi 的微偏析。在 Cu 焊盘界面近旁生长的树枝状结晶的先端部，熔液中 Bi 的浓度增加，树枝状结晶的生长变慢。由于热量是从通孔内部向 Cu 焊盘传递的，所以在焊盘的界面近旁的钎料部分积存的热量较多，凝固迟缓。而在从圆角上部进行凝固的同时，伴随着产生各种应力（凝固收缩、热收缩、基板的热收缩等），而使圆角与焊盘产生剥离动作。

由于 Bi 等溶质元素的存在促进了凝固的滞后，这便是起翘现象发生的根源。

③ SnAgCu 钎料合金中 Cu 量对起翘的影响。固、液共存区的宽度对起翘的发生是不可忽视的。特别是当采用 SnAgCu 或 SnCii 钎料合金进行波峰焊接时，钎料槽中的 Cu 含量将发生变化。即 PCB 上的布线和焊盘上的 Cu 将溶入钎料槽中，使用时间一长，钎料槽钎料中 Cu 的浓度不断增大，固、液共存区的宽度将随之发生变化。

即使在没有金属孔的表面安装，类似起翘现象也有发生。QFP 等 1C 的引脚器件的 PCB 进行再流焊接后，再进行第二次再流焊接或波峰焊接时也有发生。在接触部分一旦有微量的偏析都会形成富 Pb 相，严酷情况下在接合界面上生成 174℃的 SnAgPb 的低熔点层。

4．凝固裂缝

（1）现象描述。前面已讨论了焊盘和圆角边缘的剥离现象。然而在凝固过程中，还会在钎料的圆角弯月面上形成凝固裂缝。

由于在安装基板上钎料的凝固是不均匀的，为凝固的方向和速度的大小所左右，最后凝固的是在圆角弯月面上的那个区域。在此处，可以观察到凝固裂缝集中在此区域的外貌。

和凝固裂缝同时存在的，是 SnAgCu 或 SnCu 焊点表面的明显凹凸不平和非常粗糙。有悬念的是在施加温度循环等负荷的情况下，在这些凝固裂缝凹坑部分没有因应力集中而发生龟裂现象。凹下部分的是共晶组织，两侧是由 Sn 粒子构成的固体组织。从而即使产生应力集中，变形也最先发生在 Sn 上。和原来一样由于共晶组织的凝固，在共晶区域的变形传递，对龟裂的发生和发展的影响是可以忽略的，这是为许多实验所验证了的。

（2）凝固裂缝发生的机理。在液体中最初生成的是稳定的微小固体的核，从核到固体的生成中，由于受结晶方位等的影响，最终发育成树枝状晶。树干部分称为一级结晶干，树枝部分称为二级结晶干。充满在干与干、枝和枝之间间隙中的溶液，到凝固的最后瞬间还是液态。合金的溶质原子（如 Sn）从熔液中析出便长成固体的树干，而如果是 SnBi 合金，在圆角的间隙里，即表面的凹陷部分，便生成了 Bi 的微偏析。从圆角的横断面看，Bi 的偏析在圆角的间隙中生成的范围为数 μm 到数十 μm。合金元素对起翘现象的影响，Bi 是最明显的，In、Pb 也有影响。

液态钎料开始冷却凝固时，树枝晶组织首先凝固成固态的结晶核，在此基础上不断发育成长，在凝固时，Sn 的树枝晶首先凝固，其后才是剩余的共晶组织凝固，由于凝固的体积收缩，才在相邻 Sn 的树枝晶之间的缝隙间形成表面凹坑。钎料圆角的表面便形成了明显的凹凸不平。

在 Sn-Bi 合金中，Bi 含量为 5% ~ 20% 时发生起翘现象非常明显，到 40% 以上时发生率将变为零。而在 Snln 中，In 含量为 10% 及 SnPb 中 Pb 含量为 1% 时起翘发生率达到峰值。显然，微量的 Pb 就能明显地发生起翘现象，这对镀有 SnPb 合金的元器件引脚要特别注意。

5．焊盘剥离

（1）现象表现。焊盘剥离是发生在基材与焊盘之间的分离现象。

（2）发生机理。焊点开始固化时，基板开始冷却并逐渐回复到其原来的平板形态。在热收缩过程中在焊点内蓄积的应力未能释放而残留了下来。残留的应力集中在焊盘和基板的界面上，当焊盘与基板间的热态黏附力小于钎料的内聚力时，即使很小的应力也足以引起焊盘起翘或者焊点表面开裂。

6．抑制凝固缺陷，改善可靠性的对策

（1）抑制粗大金属化合物对策。

降低合金中 Ag 的成分，当小于 3.2wt% 时就较安全了，这是解决凝固缺陷的折中方案。提升冷却速率：缓慢冷却，初晶粗大化，提升冷却速率效果是明显的。

过冷度大的场合容易形成粗大的化合物，因此，要尽力减小过冷度，如选择靠近共晶组分附近的合金成分。

（2）抑制焊盘边缘起翘的对策。

采用单面基板。

选用共晶成分附近的合金组织。

不使用添加了 Bi、In 的合金，这对抑制固、液共存区域的宽度是非常重要的。而且，为了避免从高温下开始凝固，期望液相线尽可能低些。

不用镀 SnPb 的插入引脚元器件。

加快焊接的冷却速率：防止树枝状结晶的形成（实现微细化），就意味着防止偏析的发生，如采用水冷就能有效地抑制树枝状结晶的形成。

缓慢冷却：冷却过程中在发生起翘前停止温度下降，即退火方法。例如，用焊接冷却中的退火来降低起翘的发生率。由于退火促进了 Bi 的偏析，防止有害的偏析全集中在界面上。树枝结晶主干的退火也兼有减轻残留应力的作用。

添加能使组织细化的合金元素：如添加微量的第 3 种元素，能有效地抑制 Bi 的偏析，这是最期待的方法，然而到现在还未找到有效的解决策略。

阻止 Cu 的热传导：在基板设计时用热传导较差的金属替代 Cu，除去通孔内的 Cu 柱（孔壁镀层），或者考虑引入隔热层和采取基板热传导好的散热等设计。也可以采用有内部电极的多层基板等。

采用热收缩量小的基板材料：目前所使用的基板，沿厚度方向的收缩量比钎料和引线等都要大。减小该值即能减少起翘的发生。例如，$Sn_{37}Pb$ 合金的 CTE 是 24.5×10^{-6} 从室温升到 183℃，体积会增大 1.2%；而从 183℃降到室温，体积的收缩却达 4%，故 SnPb 钎料焊点冷却后有时也有缩小现象。因此有铅焊接也存在起翘，尤其在 PCB 受潮时。

无铅钎料焊点冷却时同样有凝固收缩现象，由于无铅熔点高，与 PCB 的 CTE 不匹配更严重，更易出现偏析现象。因此，当存在 PCB 受热变形等应力时，很容易产生起翘，严重时甚至会造成焊盘剥落。

基板的热传导设计：通过对基板的热传导设计，以实现基板内热量的有效散失。

焊盘尺寸和波峰温度：焊盘直径大小对焊盘剥离率也有较大影响，当采取阻焊膜定义焊盘时，其抑制率几乎可达 100%。

采用冷却快的 Cu 引脚的元器件。

抑制基板的翘曲，测量的翘曲可以预测翘曲的发生率。

（3）抑制凝固裂缝的对策。

采用靠近共晶组分或对起翘不明显的合金组织，如 Sn4Ag0.9Cu 附近的合金。

（4）抑制焊盘剥离的对策。

采用附着力高的 Cu 基板：特别是在焊接进行过程中的高温情况；改善基板自身的强度；采用 SMD 定义的焊盘；采取基板防湿对策；优化安装设计：包含布线，以冷却效果为目标。

二、Pb 污染引起的现象

1．结晶粒界的劣化

微量 Pb 的存在将促进热疲劳龟裂的形成。图 7–9 示出了在金属化孔插入相同大小的引线时，其镀层种类从 –40 ～ 125℃之间的温度循环（热疲劳）龟裂的发生及其效果：考察的基板为 FR–4 镀层，以 SnPb 和无铅 SnCu 作比较，引线未弯折，沿基板垂直方向观察，钎料、引线的膨胀差构成对龟裂发生的影响。

根据 CTE 的大小整理得到下述结论：

基板＞钎料＞ Cu 引线＞ Fe 引线

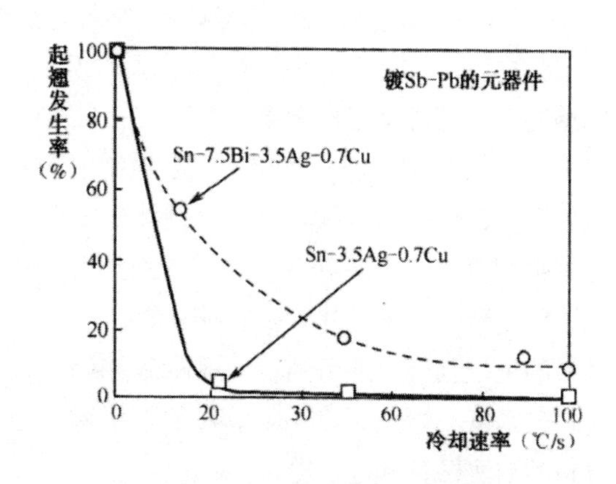

图 7–9　控制波峰焊接冷却速率对抑制起翘现象的效果

2．由低温相形成的界面劣化

Pb 的混入产生偏析引起起翘和圆角剥离，在前面已作介绍。在 SnAgPb 系合金的场合下，其熔点可能降低到 174℃，若再存在 Bi 的话，其熔点将进一步降低到 100℃左右。所以必须禁止使用镀 SnPb 的元器件。

$Sn_{58}Bi$ 作为 200℃以下组装温度的低温钎料，在表面安装应用中在最高温度 ≤ 100℃时具有非常优良的可靠性。因此，美国在 1990 年实施 NCMS 规划时，它作为无铅钎料被认为是有用的，特将其选为 3 个候补中的一个。

第八章　波峰焊接焊点的工艺可靠性设计

第一节　基础知识

一、波峰焊接焊点接头工艺可靠性设计的意义

所谓焊接接头设计，就是把与焊接相关的一些现象和影响因素，诸如可焊性，与焊点接合部有关的机械的、电气的、化学的等诸特性，在焊接工程实施之前就进行全面的规划。实践证明，能否获得可靠性高的焊点，其基本条件就取决于完善的接头设计。日本有学者统计焊点缺陷的40% ~ 50%是由于接头设计不合适而引起的。即便使用了可焊性非常好的材料，如果接头设计有缺陷，那么焊点的可靠性也不会高。

二、波峰焊接焊点的形成过程及控制因素

在波峰焊接焊点的形成过程中，波峰焊接参数是控制因素。波峰焊接焊点的接头设计和结构模型、波峰焊接温度、波峰焊接时间、基体金属类型、所用助焊剂种类、加热和冷却方式以及其他因素等对钎料接头特性，特别是焊点的可靠性的影响是很大的。故对基体金属材料选择时，要充分关注下列因素：

①机械性能：材料的抗拉强度、疲劳强度、延伸率和硬度。

②物理性能：材料的密度、熔点、热膨胀系数和电阻率。

③化学性能：材料的耐腐蚀性和电极电位。

④焊接特性：材料的可焊性（润湿性）、被焊材料的溶蚀性及合金层的形成等。

其中特别是①、②、③项各自作为独立的因素，它们和母材焊接连接更是不可轻视的。

例如，把热膨胀系数差异很大的异种材料（如金属和陶瓷）焊接连接时，其疲劳强度就会成为问题。同样把电极电位不同的材料焊接在一起时，电化学腐蚀等相关问题也是要认真考虑的。

因此，选定母材时，必须妥善处理其各自的特性和焊接的匹配性。而且，焊接特性受选定的母材的种类所限制，采用表面处理镀层可充分得到改善。

第二节　焊点的接头

一、焊点的接头模型

焊接界面的连接是靠钎料对两个基体金属表面的润湿作用。钎料是连接材料，钎料固着于基体金属表面，因而提供了金属的连续性。除此之外，钎料还用于被桥连起来的两个被润湿的表面，构成二基体金属间的连接环节。此时钎料的性能决定了整个焊接接头的性能。图 8-1 示出了波峰焊接接头的结构模型，在焊接中靠润湿作用形成连接界面。熔点较低的钎料是良好的填充金属，能够导电和导热，并具有可延展性、光泽等所有金属性能。

SnPb 钎料的可延展性和该组分钎料中的大多数合金，在室温或接近室温情况下的退火能力，使焊接接头中的钎料成为极好的应力连接材料。由于 SnPb 钎料具有吸收并随时释放应力的能力，使得组装件在承受振动和受热时，在焊接接头中形成的很大的应力被释放，从而避免了组装件的损坏。假如该应力未被释放而被传递到强度较低的元器件上（如金属—陶瓷接合面等），将导致连接处破裂。由此可见，SnPb 钎料强度低这个“弱点”，实际上是其优点。

讨论 SnPb 钎料的物理性质时，所列出的数据只适应于钎料体本身，而不适用于特定接头中的钎料。除非在界面或分层处形成过量的使填充钎料变脆和降低强度的金属间化合物，否则熔解硬化的效果是提高而不是降低焊接接头的强度。下面将讨论钎料体的各种物理性质及其随所采用材料成分的变化。

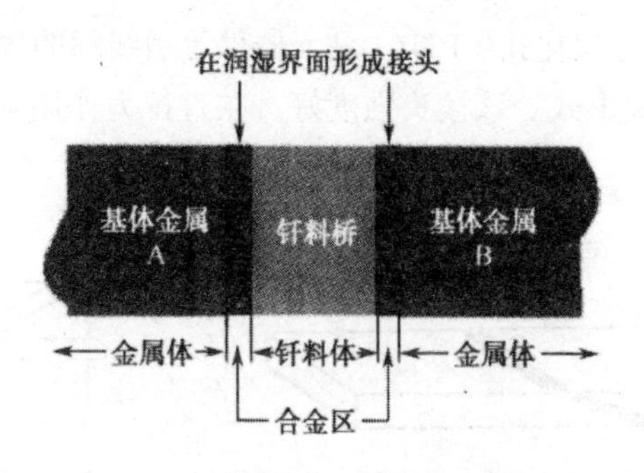

图 8-1　焊接接头的结构模型示意图

二、波峰焊接的基本接头结构和工艺设计要求

1．基本的接头结构类型

波峰焊接焊点接头设计中需要考虑两个问题，即机械强度要求和电气上的载流能力。在PCBA的组装焊接中广泛采用搭接接头和套接接头，主要的接头可列举如下。

（1）重叠搭接接头。重叠搭接接头是一种极为常用的焊接接头，其结构形式如图8–2所示，两个被焊基体金属重叠搭接在一起，填充于其间的钎料把二者连接成一体。这种接头的强度随重叠搭接面积的变化而变化，在直拉力作用下，接头承受剪切作用力；在弯曲力的作用下，接头承受拉伸或压缩作用力。

在采用搭接接头的情况下，整个接头强度取决于重叠搭接面积，因而不难用改变搭接面积的办法来满足组装件对接头的强度和电气等性能的要求。

（2）对接接头。对接接头的结构形式如图8–3所示。对接接头在直拉力作用下，在焊接接头部就只有单纯的拉伸应力。这种接头机械强度最低，除用于密封目的等场合外很少应用。

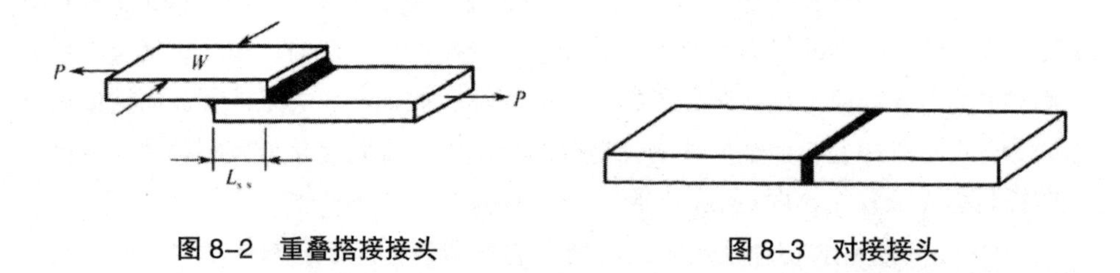

图8–2　重叠搭接接头　　图8–3　对接接头

（3）斜面对接接头。斜面对接接头结构如图8–4所示。这类接头在接合部尺寸相同的情况下有较大的焊接接合面积，因而接合强度大。

（4）套接接头。这种接头是孔和引线的焊接，其结构如图8–5所示。这种接头的典型应用是PCB金属化孔（PTH）和元器件等引线间的焊接，是目前PCB上穿孔焊接（THT）的主要形式。该接头强度好，在直拉力作用下，该接头主要承受剪切应力。

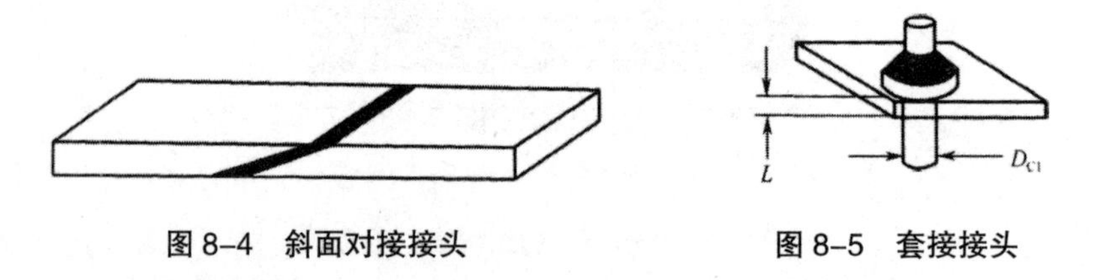

图8–4　斜面对接接头　　图8–5　套接接头

（5）机械补强接头。作为常用的机械补强的结构类型，如图8–6所示。其中图8–6（a）示出了常用于电子产品的引线和接线柱引线及焊片之间的焊接连接方式。

而图 8-6（b）则示出了引线和引线之间的连接形式（绞合、勾合）。这些接头在机柜焊接连接中最常用，而且连接强度也是比较好的。

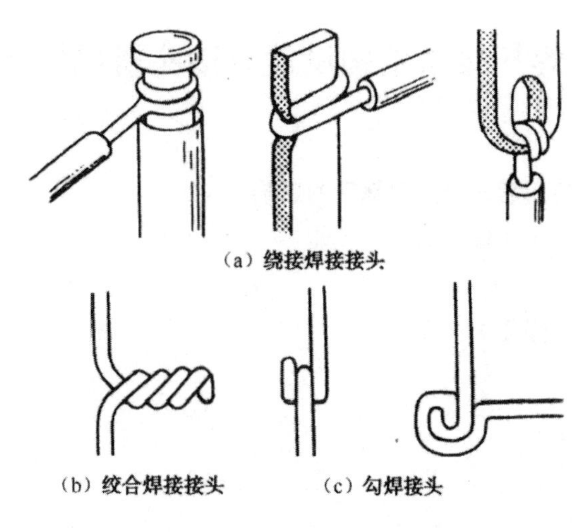

图 8-6　机械补强接头示意图

2. 接头的工艺设计

上述的焊接接头方式中，确保钎料承受的应力沿润湿表面均匀分布是很重要的。否则，如因设计不当产生了应力集中现象，则在某一时间仅在整个润湿面积中的一部分承受应力，因而应力超过了填充钎料的极限强度时，将使焊接接头产生裂纹。由于不能利用填充钎料的总强度，该裂纹从一个应力区扩展到另一个应力区。

在产生应力集中的情况下，认为用增加焊缝中填充钎料的办法能解决应力集中问题是错误的。这样做只能改变产生故障的初始位置。建议搭接和对接等接头上不应有弯曲力作用，弯曲作用能产生局部应力集中，并使钎料撕裂产生裂缝。

为获得良好的焊接接头，另一个重要的考虑因素是间隙（接头中钎料的厚度），它对焊接接头强度的影响很大。间隙的大小受两个方面的要求支配，一方面应使助焊剂和钎料良好地进入焊接区（这要求间隙不能太小），另一方面应在毛细管和表面能的作用下使钎料保持在焊缝中（这要求间隙不能太大）。还要提到一点，焊接接头形成过程中发生的固溶硬化过程，在很大程度上增强了钎料强度。

正确的焊接接头设计还涉及使钎料从被润湿的表面完全排开气体和助焊剂，形成完全实心和均匀填充钎料的保证措施。因此，必须消除不通孔、空穴和类似的气陷。否则，空气或助焊剂蒸汽的膨胀将产生气陷，使得焊接接头横截面的强度显著降低，因而不能获得所要求的强度。这些钎料不能进入的区域将导致形成大气陷。

当把两种不同的基体金属焊在一起时，还要考虑两种基体金属在膨胀系数、延展性和其他重要性能方面的差别。

第三节　焊接接头结构设计对接头机电性能的影响

一、接头的几何形状设计及对强度的影响

接头设计决定了焊接接头的下述性能：

①导电性能；

②机械耐用性（强度）；

③散热性能；

④加工的工艺性；

⑤可维修性；

⑥可目视检查性。

特别是前3项性质主要取决于材料和几何形状的设计。机械耐用性在很大程度上还取决于所采用的焊接工艺方式。由于钎料和被其润湿的基体金属间的相互作用，改变了金相组织。在此情况下，焊接时间、焊接温度是与焊接操作有关的极重要的因素。钎料合金的耐用性取决于钎料作为应力连接材料的能力。在许多情况下，通常金属界面的强度比填充钎料的强度高得多，在此情况下，最薄弱环节是填充钎料本身。但是，假如基体金属和钎料的金属元素形成金属间化合物，导致过分合金化和过量地形成金属间化合物晶体，则有损于机械耐用性，并降低其长期可靠性。

要关注焊接接头中的钎料能否长期耐受预期的大幅值的应力。即使这些应力低于钎料的正常屈服强度，也能引起蠕变现象（金属长期在低于其屈服强度的应力作用下产生的塑性变形）。当工作温度接近其再结晶温度时，更易产生蠕变现象。

接头的几何形状对上述的6个特性中的每一个特性均有影响。通常先围绕第4～6点对几何形状的要求来设计焊接接头结构形式，然后根据导电性要求计算接头的尺寸。HowardH.Manko认为：满足导电性要求的接头设计，在机械方面也能满足耐用性和散热性要求。

下面，分析常见形式的焊接接头在拉伸和剪切力作用下的情况。在分析问题之前作如下假设：

接头设计能保证纯拉伸或剪切应力均匀分布；钎料填充并润湿了全部横截面积；填充焊缝的钎料未发生溶解强化或其他钎料成分的变化。

在拉伸和剪切两种力的作用下，组装件的强度是所涉及临界面积的函数。若知

道最薄弱环节，则可把组装件的接头强度 Sb 表示为

$$S_B = \sigma_B A_B$$

式中知 S_B——装件接头强度；

A_b——基体金属临界面积；

σ_b——基体金属的屈服强度（拉伸应力或剪切应力）。

利用填充钎料本身的强度，可用同样方式表示为

$$S_s = \sigma_s A_s = S_j$$

式中 S_s——钎料强度；

A_s——钎料临界面积；

σ_s——钎料的屈服强度（拉伸应力或剪切应力）；

S_j——焊接接头强度。

如果要求接头的强度等于组装件中最薄弱处的强度，则可由式（9.1）和式（9.2）得出

$$S_b = S_j \quad \sigma_B A_b = \sigma_S A_S$$

如果定义 σ_b/σ_s 为强度系数尽则由上式可得出

$$A_s = \beta A_b$$

由此可知，对于强度等于或小于钎料强度的所有基体金属来说，$\beta \leqslant 1$。此时，

$$S_b \leqslant S_S \quad \beta \leqslant 1 \quad A_s \leqslant A_b$$

式中，钎料横截面积可等于或小于基体金属的横截面积。大多数情况下：

$$\beta > 1 \quad A_s > A_b$$

因此，为使强度相等，要求填充钎料的横截面积可能要高出几个数量级。σ 可为拉伸应力或剪切应力。

在 PCB 波峰焊接中的所有接头形式几乎都属于搭接方式。搭接接头是一种优先采用的接头形式，因为它易于把搭接部分大小调整到使接头具有所要求的强度。这适于使接头具有规定的强度和使其与组装件的最薄弱环节的强度相匹配。在 PCB 上采用的搭接形式，常见的结构又可细分为下述几种。

1．平板—平板搭接结构

在现代电子产品的 SMC、SMD 元器件在 PCB 焊盘上的贴装中，几乎都采用这种接头结构。根据 PCB 采用的自动化焊接工艺方式（波峰焊或再流焊）的不同，表现的具体结构形式也是稍有差别的，如图 8-7 所示。

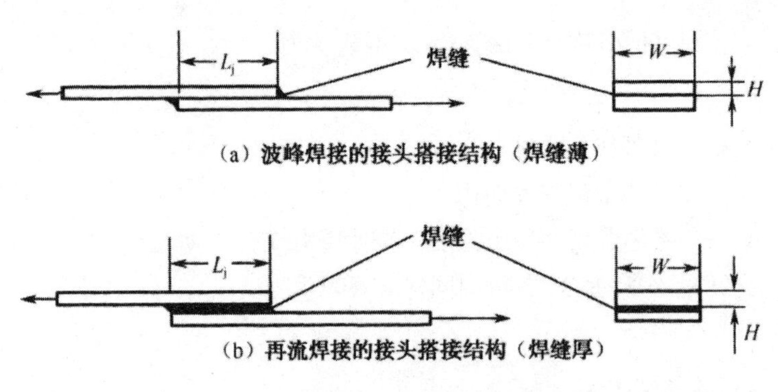

图 8-7　平板—平板搭接结构示意图

在剪切应力作用情况下，平板—平板的搭接长度 L_j 可近似利用上面式子进行计算。从图 8-7 中可看出

$$WL_j=\beta WH \quad L_j=\beta H$$

（1）波峰焊接的接头搭接结构。波峰焊接工艺中的接头结构几何形状与再流焊接相似，此时先将 SMC、SMD 元器件的引脚或电极对准焊盘后直接贴合在焊盘金属表面，并通过胶粘的方式将元器件体的位置关系固定在 PCB 的焊盘面上。波峰焊接时依靠润湿和毛细作用将钎料填充到焊缝处，因此焊缝一般均很薄，如图 8-7（a）所示。

（2）再流焊接的接头搭接结构。图 8-7（b）所示的结构示意图为再流焊接后的典型接头结构，在这种焊接工艺操作中，焊膏是先印刷在 PCB 的焊盘上，在焊盘上预先形成了一定厚度的焊膏层，然后再将 SMC、SMD 等元器件的引脚或电极对准并贴装在焊膏的上面，再流后便在 PCB 的铜焊盘表面与元器件引脚或电极的两相对面之间形成了一定厚度的纯钎料层。

2. 圆柱对平面搭接结构

在孔未金属化的单面 PCB 的 THT 高可靠性电子装备安装中，常采用这种加强的搭接安装结构。对于此种结构形式，要求检查填充钎料的宽度大于还是小于引线的直径（假定它是最薄弱的环节），通常要求填充钎料的宽度大于或等于引线的直径。这种接头形式如图 8-8 所示。

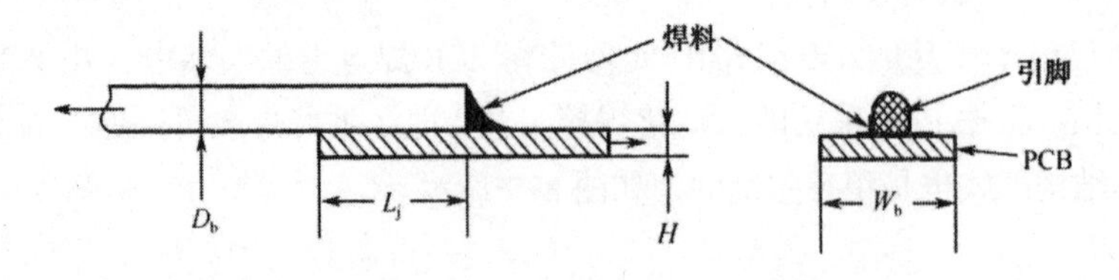

图 8-8　圆柱对平面搭接接头示意图

3．线对孔的搭接结构

图 8–9 所示为波峰焊接中线对孔的典型搭接结构，这是在通孔插装方式中的主要接头结构方式，也是波峰焊接接头中强度最好的一种形式。

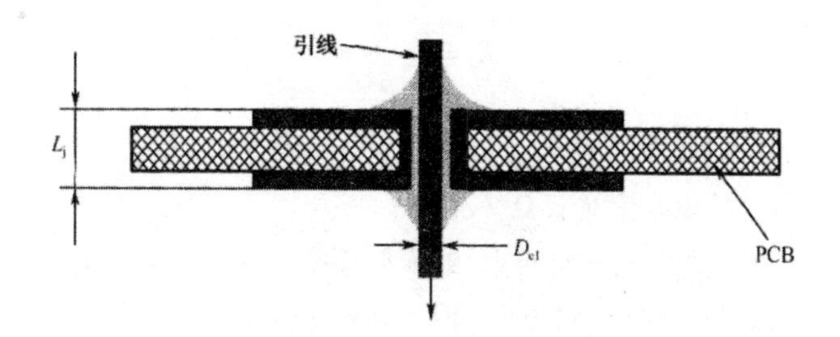

图 8–9　波峰焊接中线对孔的典型搭接结构

二、焊接接头的电气特性

1．接头的电阻

由于钎料的电阻率比铜的电阻率要高得多，所以相对铜而言，钎料为不良导体。例如，我们用某种方法将长度各为 1cm、横截面积为 $1cm^2$ 的铜导线和同样一段 $Sn_{37}Pb$ 的钎料导线连接起来时，则可用如图 8–10 所示的图形表示其电阻。

此时可看出，铜导线和钎料导线组成的总电阻等于铜线电阻和钎料线电阻之和。如果为了保持整个线路电阻均匀分布，就必须相应增大钎料导线的横截面积，直到钎料导线的电阻等于铜导线的电阻为止。因为接入钎料导线部分使电阻增大的主要缺点是能量损耗使其发热。

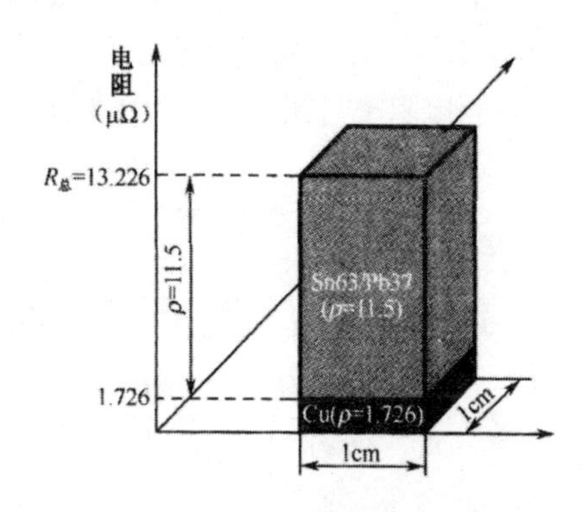

图 8–10　Cu 与 $Sn_{37}Pb$ 相连接导线的电阻分布梯度

为了保持能量损耗最小和防止组装件不必要的加热，可利用钎料改变连接部分导体的横截面积的办法，使其电导增大到等于铜导线的电导，以达到两者载流能力的匹配。

下面来分析横断面垂直于电流方向，长度无穷小的铜导体元，其电阻为（如图 8–10 所示）

$$R_c = \rho_c \frac{\Delta L}{A_c}$$

式中 Rc——Cu 的电阻（Ω）；

Pc——Cu 的电阻率（μΩ·cm）；

Ac——垂直于电流方向的 Cu 的横截面积（cm^2）；

ΔL——该导体元在电流方向的无穷小长度（cm）。

同理，对钎料导体元，下式同样成立：

$$R_S = \rho_S \frac{\Delta L}{A_S}$$

式中 Rs——钎料电阻（Ω）；

ps——钎料电阻率（μΩ·cm）；

As——垂直于电流方向的钎料横截面积（cm^2）；

ΔL——该导体元在电流方向的无穷小长度（cm）。

现在，可以确定与特定横截面积铜导线载流能力相匹配而必需的等效钎料横截面积。如前所述，同样长度的铜导线电阻应当等于同样长度的钎料导体电阻，由此得出

$$R_S = R_C, \rho_S \frac{\Delta L}{A_S} = \rho_C \frac{\Delta L}{A_C}, \frac{\rho_S}{A_S} = \frac{\rho_C}{A_C}, \frac{\rho_S}{\rho_S} = \frac{A_S}{A_c}$$

为了分析问题方便，将钎料电阻率与铜导线电阻率的比值定义为

$$\delta = \frac{\rho_s}{\rho_c} = \frac{A_s}{A_c}$$

图 8–11 画出了一些特定导线的 δ 值，然后，利用上面的计算公式计算得出

$$\delta = \frac{A_s}{A_c} = \frac{L_j D_{cl}}{(\pi / d) D^2{}_{cl}} = \frac{4L_j}{\pi D_{cl}}$$

和

$$L_j = \frac{\pi}{4} \delta D_{cl}$$

式中 D_cl——导线的直径。

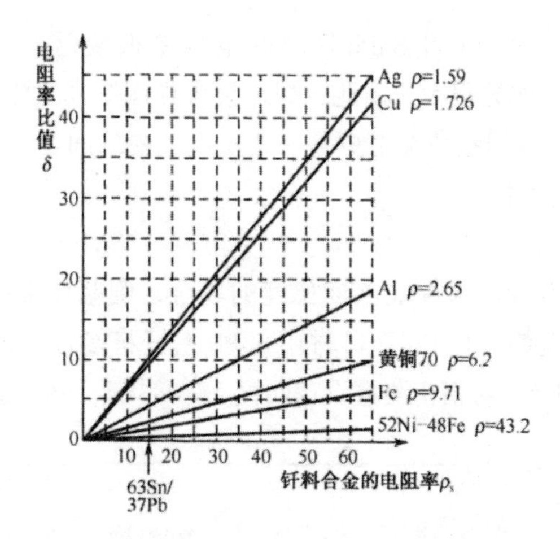

图 8-11　作为钎料电阻率函数的几种基体金属电阻率的比值

可以看出，对于圆导线利用搭接接头焊接于平面的情况，搭接长度 L_j 等于几何常数（π/4）和电阻率比值 δ 及导线直径的连乘积。因此，利用同样的方法可求出计算任何所要求形状的焊接连接的公式。

如果接入和接出接头的导线不相同，那么应根据单位长度电阻率最高的导线进行计算。上述计算都是在假定全部电流均通过填充钎料的条件下进行的，即被连接的导线不相互接触，而是通过填充钎料来桥连。实际情况并非如此，在实际连接中，基体金属和导线可能相互接触（搭接的间隙趋近于零）。由于导线间直接接触而使部分甚至大部分电流通过该接触面从一个导体流到另一个导体，因而填充钎料可能不通过全部负荷电流。此时的工况就要好得多。然而进行具体的工程设计计算时仍然要按不相互接触的最坏工况来考虑。

前面利用使整个回路保持均匀电压梯度条件下求出填充钎料参数的分析计算方法，可用于所有其他焊接接头的计算中。每种情况下均存在一个可能变化并因而改变载流能力的控制因素。改变这些控制因素，即可使接头的载流能力与接入或接出接头的导线载流能力相同。由于相互影响的变量（基体金属的可焊性、助焊剂、钎料合金成分、焊接方法、焊接时间、焊接温度等）太多，因此计算后应增加 50% ~ 100% 的安全系数。

2．合金层的电阻

焊接接头电阻的增加不仅受基体材料和钎料电阻率的影响，而且受焊接接头金属学构成的影响，其中最具影响的是焊接界面形成的合金层。就 Sn 基钎料和 Cii 基体的焊接界面形成的 Cu_6Sn_5（η 相）、Cu_3Sn（ε 相）合金层来说，其电阻率与 SnPb 的电阻率的比较如图 8-12 所示。

由图 8-12 可知，Cu_3Sn 和 SnPb 钎料的电导率很接近，而 Cu_6Sn_5 的电导率与 SnPb 钎料的电导率却差异很大。由此，焊接接头界面形成的合金层电阻的影响应该充分关注，特别是在微焊接情况下更是一个不可忽视的问题。所以在焊接中必须注意避免合金层的过度生长。

3. 接头的热电势

在焊接接头的附近如果存在温度梯度的场合，则基体金属和钎料之间由于塞贝克效应会产生热电势。把 Cu 系母材用 SnPb 系钎料接合，每 10℃的温差约产生 30μV 的热电势。因此，对精密测量设备而言，焊接接头部将成为测量误差的原因。

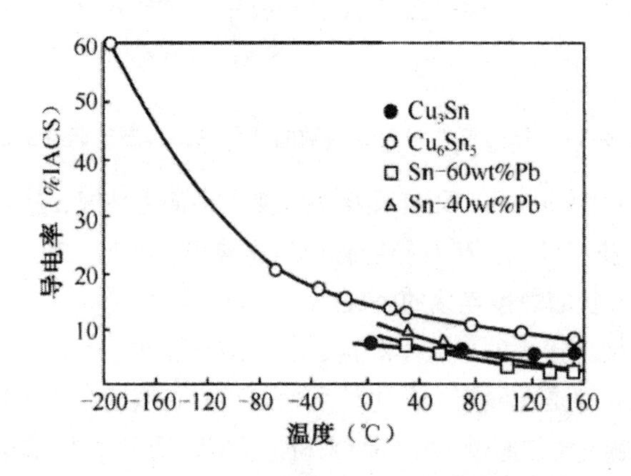

图 8-12　Cu-Sn 系金属间化合物的电导率

第四节　影响焊接接头机械强度的因素

一、施用的钎料量对焊点剪切强度的影响

美国学者 Nightingale 和 Hudson 在致力于证明施用钎料量是影响焊点剪切强度的重要因素的研究中得出如下结论："在实际中，因为施用过多的钎料通常掩盖了虚焊或部分虚焊的焊点，所以必须避免施用过多的钎料。因此可以说，施用多于适当填充焊缝所必需的钎料没有任何益处。"

表 8-1 所示结果明确表明焊点中多余钎料不能提高焊点强度。润湿情况和焊点的可检查性密切相关，在有限的表面上施用过多的钎料掩盖了实际的可检查区域，从而使人们得出错误的结论，这进一步说明要防止钎料过多的焊点。因此，为便于质量控制所要求的薄填充钎料的可检查焊缝，对于高可靠性焊点来说尤为必要。

表 8-1　施用钎料量对焊点剪切强度的影响

被焊材料	焊接温度（℃）	焊接厚度（mm）	所用钎料量（g）	抗剪强度（kg/mm^2）
Cu	300	0.076	24.8	3.656
			39.7	3.403
			62.2	3.009
			79.8	3.586

二、与熔化钎料接触的时间对焊点剪切强度的影响

我们知道，焊接连接的成功主要取决于润湿程度，合金化本身只起副作用。Nightingale 和 Hudson 在论证与熔化钎料接触的时间对焊点剪切强度影响的研究结论中指出：“当熔化钎料接触时间在经验限定的范围内时，该接触时间对焊接焊点强度的影响较小。”他们给出了如表 8-2 所示的结果。

表 8-2　与熔化钎料接触的时间对焊点强度的影响

接地时间	剪切强度（kg/mm^2）		
	铜	黄铜	软钢
5	3.825	0.914	2.334
10	1.983	2.658	1.926
15	3.375	2.841	2.348
20	2.925	1.730	3.009
25		1.844	
30	3.375	1.842	2.095
40	2.011		

三、焊接温度对接头剪切强度的影响

Howard H.Manko 的研究结论认为：在最佳焊接条件下，焊点的剪切强度取决于焊接温度。而在特定温度下所选用的助焊剂种类也是一个非常重要的影响因素。并非所有的助焊剂在所有的温度下均能良好地润湿和除去锈膜，对每一种具体的助焊剂来说，均存在一个最佳温度。图 8-13 表示用两种钎料 Sn56-Pb44 和 Sn45-Pb55 焊接铜、黄铜、低碳钢 3 种基体金属时接头强度随焊接温度的变化曲线。从图中可看出，预镀了 Sn 的试样强度要高得多。

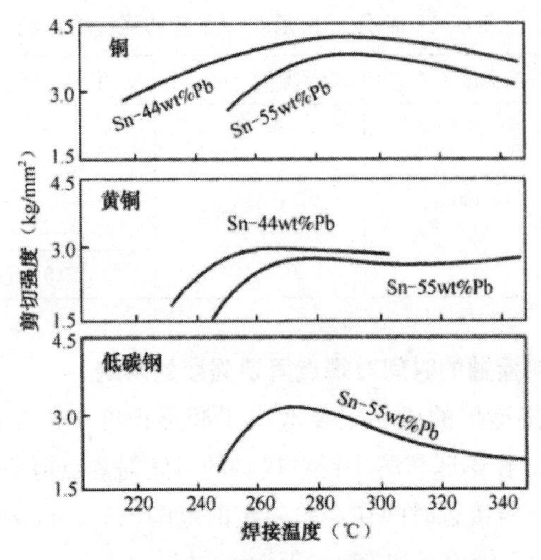

注：所采用助焊剂为 ZnCl，接头厚度为 0.076mm

图 8-13　接头剪切强度随焊接温度的变化

四、接头厚度对强度的影响

接头强度是被焊表面之间间隙的函数，对应接头强度最大的最佳间隙约为 0.076mm。采用该间隙时，助焊剂和钎料很容易流入接头，以达到均匀的润湿。当间隙较窄时，容易把空气和助焊剂截留在接头中，从而导致润湿面积减小，并因此而降低接头强度。当间隙较大时，有助于润湿的毛细管作用力较小，而且较厚的焊缝机械强度比较低，并通常接近于钎料合金本身的强度。因此，降低了完全溶解强化的可能性。在焊接中，通常一定量的基体金属溶解到钎料中，使其强度增加。显然，材料的溶解强化现象肯定是接头剪切强度变化的原因。

溶解强化：当少量的合金元素加入到合金晶格时，会产生某种物理的内应力使合金强化，称为溶解强化现象。

Nightingale 和 Hudson 通过试验研究，归纳出可用于表示接头厚度和焊接温度之间关系的公式，并得出了对应最大接头强度下的接头厚度—焊接温度的平滑曲线，如图 8-14 所示。该曲线极近似于双曲线，因而得出了如下的实用公式：

$$(T-t)S=K$$

式中 T——焊接温度；

t——SnPb 合金的固相线温度；

S——接头厚度；

K——由经验求出的常数，K=0.34。

图 8-14 中表示的理论曲线和实验曲线极为相似，以至于可以把它看作有关接头最高强度、接头厚度和焊接温度三者的关系定律。对于 SnPb 低共熔成分的钎料来说，K 值可能是相同的，而且与被焊材料无关，但可能与所采用的助焊剂有关。低温焊接接头和间隙较小的接头几乎总是具有助焊剂杂质。显然，在较高焊接温度下可采用厚度较小的接头，因为高温下钎料的流动性好，而在较低温度下较黏的钎料不能较好地填充和渗入所要填充的间隙。当温度超出了图 8-14 所示的讨论范围时，则不能再使用此曲线,因为在较低的温度下钎料不易润湿基体金属。而当温度过高时，由于氧化和助焊剂等因素的干扰，也可能得出错误的结论。

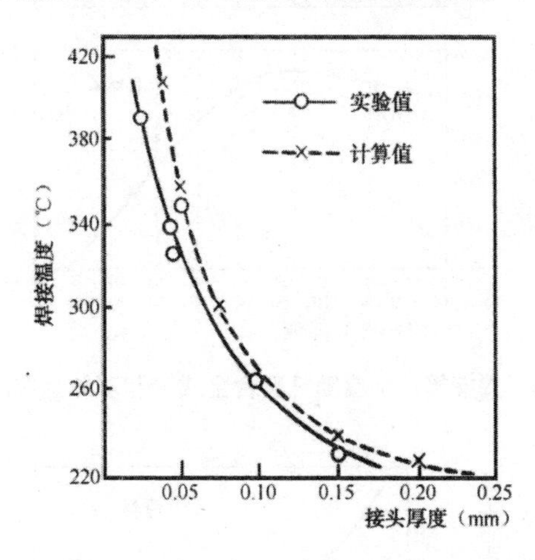

图 8-14　接头强度最高条件下的焊接温度与接头厚度的关系

五、接头强度随钎料合金成分和基体金属的变化

剪切和拉伸强度所代表的接头强度取决于被焊的基体金属，因为基体金属具有作为溶解强化元素的作用。在图 8-15 所示的实用范围内，Hudson 和 Nightingale 证实了基体金属对钎料接头的影响。在图 8-15 中可比较出接头性能随钎料体成分的变化情况。该图表明，当溶解强化效应起作用时，它成比例地以纯钎料体强度曲线同样的形式影响钎料强度。图 8-15 中，曲线 1 表示 SnPb 钎料的性能，曲线 2 表示 SnPbSb 钎料的性能。

六、钎料接头的蠕变强度

不同钎料成分的焊接接头的抗蠕变强度与温度的关系如图 8-16 所示。在高温下抗蠕变强度显著变小，如在 SnPb 钎料中添加少量的 Cu、Sb 元素，即可有效地改善其抗蠕变能力。

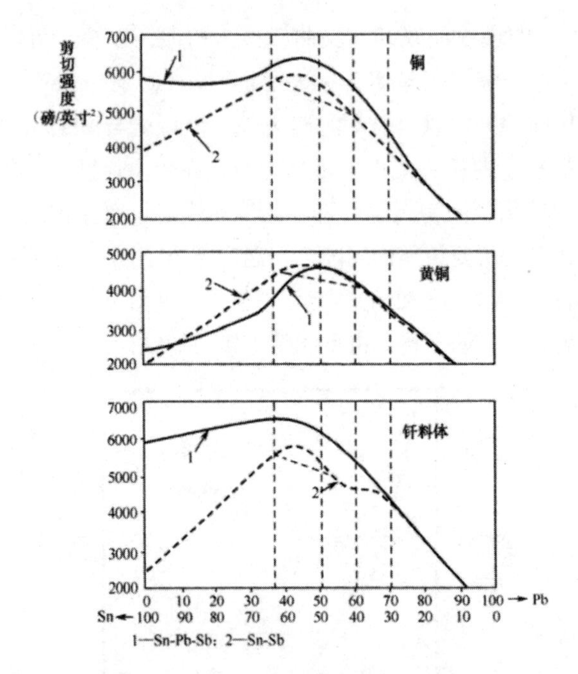

图 8–15　焊接接头强度随钎料合金成分和基体金属的变化

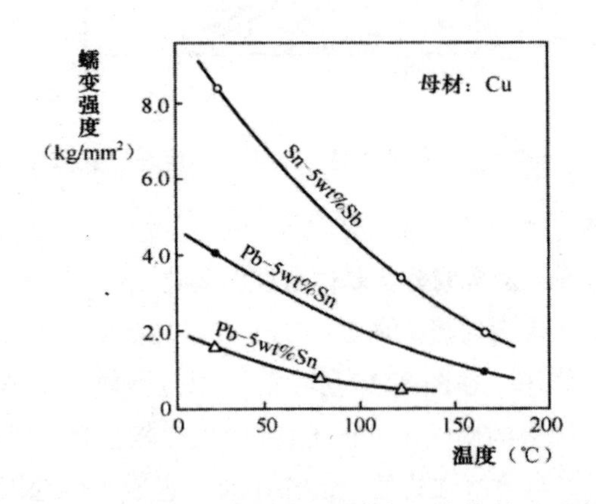

图 8–16　焊接接头的抗蠕变强度与温度的关系示意图

Baker 的研究工作比较了应力—寿命曲线，给出了应力和该应力作用下接头至断裂所经历时间的关系曲线，如图 8–17 和图 8–18 所示。Baker 也比较了由应力—寿命曲线导出的对应于 500 天寿命的应力。

从以上分析可知，对于焊接铜和黄铜来说，纯钎料合金和不太纯的钎料合金之间的差别显著减小。这是因为从基体金属溶解下来的铜扩散到钎料晶格中，并将其本身的性能赋予了钎料。从黄铜上溶解下来的锌元素对接头性能的改善作用甚至于比铜还强，因此黄铜的焊接强度比较高，仅从此点看，在 SnPb 钎料中添加锌元素是有益的，但锌元素对钎料的其他性能是特别有害的。

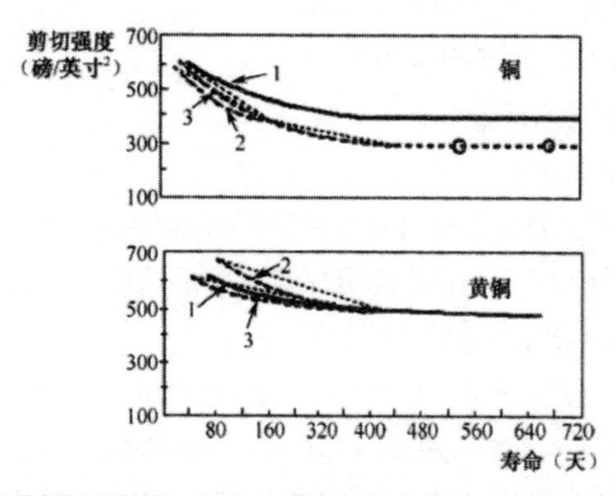

1—Sn40/Pb57.8/Sb2.0/Cu0.09；2—Sn44.3/Pb55.68/Cu0.009；3—Sn44.3/Pb55.68/Cu0.093

图 8-17　剪切应力，室温下单搭接接头的耐久性

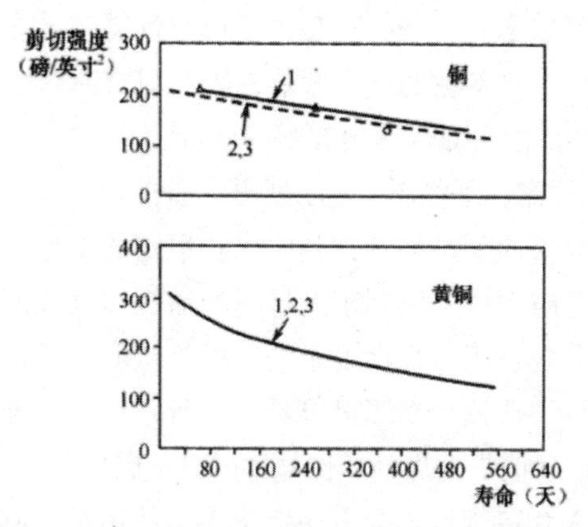

1—Sn44.3/Pb55.68/Cu0.09；2—Sn44.3/Pb55.68/Cu0.093；3—Sn40.0/Pb57.8/Sb2.0/Cu0.090

图 8-18　剪切应力，在 80℃下单搭接钎接接头的耐久性

第五节　基体金属的可焊性和焊点的可靠性

一、可焊性

可焊性指在规定的时间、温度和环境条件（助焊剂）下基体金属被熔化钎料润

湿的能力。而润湿作用的广义定义应为：在基材上形成一层相对均匀、平滑、无裂缝黏附着的钎料薄膜的能力。

评价可焊性的内涵包含下述3个方面的约定：

①熔化钎料对基体金属的润湿性；

②钎料和基体金属的接合性；

③接合部的可靠性。

上述3个约定中，①是表述可焊性的一项最重要的内容，一般来说润湿性好接合性也好，然而润湿性好不一定就说明焊接接合部的可靠性就高。例如，以Sn基钎料焊接Au系基体金属就是一个典型例子。

由此可以定义：容易润湿基体金属，而且还能获得机械强度好的接合部，这时的钎料或基体金属才是可焊性好的钎料或可焊性好的基体金属。

可焊性和焊接接合部的可靠性之间有着密切的关系，在通常情况下可焊性好的其焊接接合部的可靠性也高，因而焊接接合部的可靠性可由基体金属的可焊性的定量测定来评价。然而高可靠性的接头是由可焊性好的基体金属，钎料、助焊剂及焊接工艺参数等综合要素来获得的。正是由于可焊性受基体金属、钎料、助焊剂、焊接条件（温度、时间）等参数的综合影响，因而只有对这些影响参数一一做出定量评估，才有可能对整体的可靠性做出客观的评价。

图8-19所示是可靠性平衡图，该图列出了通常影响焊接操作的5个变量：温度、时间、钎料、助焊剂活性和可焊性，其中比较恒定的变量是时间、温度、钎料（假定没有被污染），在应用中可以利用助焊剂的活性综合控制这些变量。而可焊性是其中唯一不可控的参数，用可焊性表示的表面质量取决于供应商、储存、传递和前面所讨论的其他变量。从该平衡图可以看出，所采用每种助焊剂要求的最低可焊性水平，如果可焊性水平低于助焊剂活性允许的最低限度，则焊接效果肯定不好。

目前采用的浸入式可焊性实验方法完全是从使用观点制定的，它并不能揭示产生焊接问题的原因。为了防止在以后的生产中再出现可焊性问题，从实验观点看，元器件用户应把加速老化纳入可焊性实验方案，因为容易出问题的元器件是那些验收时可焊性就处于临界状态的元器件。因此，厂家不仅必须预测元器件未来的可焊性，还必须能够分析质量不好的原因，以便校正和预防元器件未来的可焊性。利用基于扫描电子显微镜的分析手段，就可以解释这些表面。

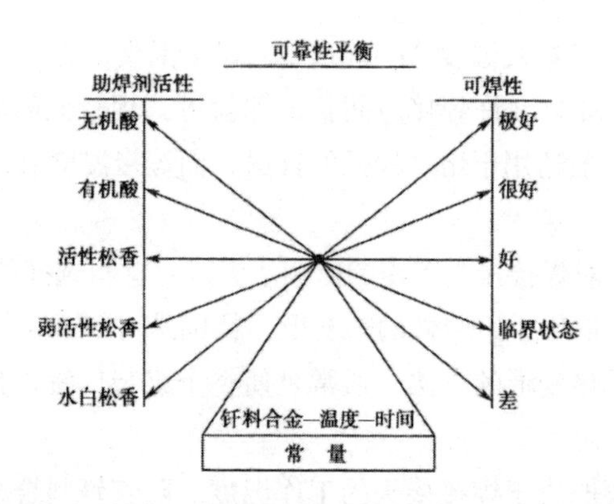

图 8–19　表示时间、温度、钎料、助焊剂活性和可焊性相互关系的可靠性平衡图

二、影响焊点可靠性的因素

一个波峰焊接接头系统主要由 3 要素构成，即基体金属、助焊剂和钎料合金。为了获得良好的焊接连接，这 3 种材料必须完全匹配。

（1）基体金属。设计焊接组装件时，要考虑与焊接有关的基体金属特性。

腐蚀的可能性：电极电位是一个重要因素，如果存在电离液体，则基体金属间或基体金属与钎料之间电位差高的场合会产生腐蚀现象。

在小型和精密组装中，要关注所选用的基体材料和钎料的热膨胀系数的匹配问题，以确保组装件在温度变化的情况下应用时不产生应力和尺寸变化。

因受热和冷却而产生的损坏现象称为热疲劳。热胀冷缩是产生热疲劳应力的原因，不管这些应力发生在哪个部位，它都将使焊缝中的钎料连续位移。如果钎料是可延展的，而且润湿良好，虽然焊缝表面应力集中的部位有时会产生结霜现象，但焊接接头不会损坏。

（2）正确选用助焊剂。为了确定焊接所需要的助焊剂类型，可按下述两步考虑：

①助焊剂选用。

②安全性。选择助焊剂的另一个重要考虑的因素，是焊前和焊后的净化。焊前净化的作用是使助焊剂比较容易发挥作用。外界杂质，像油、腊和漆等，在助焊剂和基体金属间形成隔离层，从而使助焊剂不能发挥作用。

焊后的净化对助焊剂选择的影响很大，不用清洗或容易清除的腐蚀性稍强的助焊剂有时较黏着力强和难于清除的腐蚀性较弱的助焊剂更适用。

（3）正确选择钎料。

①钎料焊接温度的选择范围。理想的波峰焊接用钎料，应是那些具有最理想的凝固特性的低共熔和糊状区最窄的合金。为使熔化的合金具有流动性和良好的润湿

性，焊接温度应高于液相线温度 21 ~ 65℃，焊接温度不是一个固定数据，因其本身也是时间的函数。如果允许焊接时间长，那就可选用较低的焊接温度。较液相线高 21℃的焊接温度一般适用于熔点较低的钎料，而焊接温度靠近最大值 65℃的适用于熔点较高的钎料。

②针料温度选择对焊接接头工作的影响。温度对针料选择的影响分为两类：

温度上限：主要取决于组装件的热变形，特别是对如 PCB 基板这类有机材料来说更是如此。减小受热变形的方法，通常是使整个组装件缓慢预热，以免因热梯度大而引起热冲击。

温度下限：主要取决于焊接接头的工作温度。随着钎料合金温度以渐近线的方式接近熔点，其强度降低量增加，最终不可能再靠钎料合金把被焊元器件闸定在一起。

三、波峰焊接表面的净度和电子污染

1. 波峰焊接后保持被焊表面净度的意义

不论如何强调波峰焊接后适当清除助焊剂残留物都不过分。从化学角度看，任何一种有效的助焊剂均必然存在一定的腐蚀性；否则，它就不能从被焊表面清除掉氧化膜。因此，某些助焊剂制造商声称其助焊剂无腐蚀性的论点是不能成立的。即使是“免清洗助焊剂”在高可靠性的 PCB 电路中也会存在危险性。残留物的腐蚀现象能损坏导体，使线路的电阻增高。腐蚀还使导体强度降低和脆化而使导体发生机械故障。此外，离子性残留物会产生漏电流，而且大小是随大气湿度变化而变化的，有时断续出现。对电子组装件的危害来源于可电离材料的存在，大多数可电离材料为卤素（如氯化物等），在腐蚀机理中起主要作用的是氯化物。

波峰焊接后的钎料表面，在有空气的情况下，空气也同样将被吸附于钎料表面，由于键的相互饱和，将使空气分子紧贴表面。在采用含铅钎料的情况下，空气中的氧与钎料中的 Pb、Sn 反应后，将形成氧化铅和氧化锡薄膜。

2. 在氯离子作用下被焊表面出现锈蚀的机理

通常金属铅因其表面覆盖着一层结构致密、附着力强的氧化铅层的保护而使其不受环境的侵蚀。然而，假若在 PCB 表面残留有某些含有氯离子（如含卤素的活性松香助焊剂，空气中存在含有氯的盐雾成分及汗渍等）的残留物时，那么在氯离子的作用下将发生如图 8-20 所示的化学反应。所形成的氯化铅是附着力相当差的化合物，在含有 CO_2 的潮湿空气中，氯化铅是不稳定的。从图 8-20 所示的循环腐蚀反应化学式的左下部可见，氯化铅很容易转变为较稳定的碳酸铅，并在该转变过程中释放出另一个氯离子，该氯离子再次游离侵蚀氧化铅层。该转变过程的最终产物碳酸铅层是多孔的白色材料，它不能保护金属。结果，大气中的氧接触金属铅并重新氧化金属铅的表面，氧化铅因存在氯离子的侵蚀，再次转变为氯化铅，在氯化铅进一步转换为碳酸铅时重新生成氯离子。而且只要环境中有水和二氧化碳，这种腐蚀过程将永无休止地循环进行下去，直到钎料中的铅全部消耗殆尽为止，从而造成电子装备的彻底损坏。因此研究被焊后表面的净度状况对某些高可靠性产品是非常重要的。

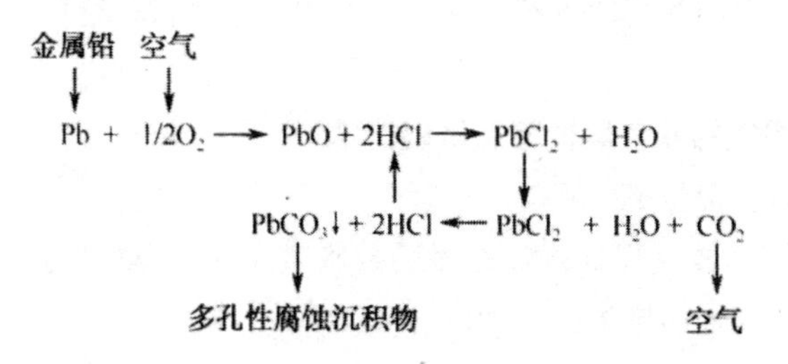

图 8-20　SnPn 钎料腐蚀的简化循环过程

3．表面净度和电子污染

上面所揭不的腐蚀过程，主要是被焊表面不洁净。那么表面应干净到什么程度才算净化了呢？不同用途和不同使用环境的产品，其所需要的净化程度也是不同的。因此，目前还没有适用于所有设备的明确净度标准。例如，家用电器（如收音机、电视机等）对净化的要求与飞机、导弹、卫星等设备的要求就可能完全不同。家用电子设备波峰焊接后不清洁不会构成严重危害，而对要求高可靠性的军用产品来说，情况就完全不同了，焊后应进行彻底的清洗，这样既可除去多余物，又可消除由于离子污染而使可靠性下降的潜在危险。监控 PCB 焊后的农面净化程度，最关键的还是要测定 PCB 上的离子污染程度。

清洁度测试用于测定有机、无机和离子化或非离子化的污染物，生产实践表明在 PCBA 上污染物主要有：助焊剂残留物；颗粒性物质；化学盐类残渣、指印、腐蚀（氧化）、白色残渣等。由于上述污染物具有危害性，因此，对高可靠性产品应按 IPC-TM-650 的 2.2.25 和 2.3.26 规定方法进行离子污染物测试，试验时用于清洗试样溶剂的电阻率应不小于 $2 \times 10^6 \Omega \cdot cm$ 或相当于 $1.56 \mu g/cm^2$ 的氯化钠含量。

上面分析了由于净度不良造成焊点填充钎料的消耗，除此外腐蚀还能损坏导线，使线路电阻增加，引起异线变细和脆化，导致导线机械损坏。此外，腐蚀产物不仅本身能产生电流泄漏现象，造成电路参数的不稳定，而且还能在诸如继电器等机械接点元器件上形成不导电的沉积物。例如，所用松香基助焊剂或类似材料，就可能在接点表面及其邻近区域产生非导电焊接烟尘，该烟尘在接点表面上沉积形成妨碍导电性的绝缘层。

在电子产品装配中，虽然助焊剂及其残留物通常是产生腐蚀现象的主要原因，但也不排除还有许多其他产生腐蚀的潜在因素，归纳起来可列述如下：

加工处理用的溶液，如电镀和腐蚀加工所用材料的残留物；操作人员的汗迹，因出汗而沉积在组装件上的腐蚀性氯化物能形成较任何其他因素更具腐蚀性的腐蚀剂；环境沉积作用，如空气中的硫可侵蚀 Ag、Cu 的表面；来自加工设备的污染，如切削冷却液、润滑油和其他可产生污染的溶液；包装材料选用不当。

四、镀层可焊性的储存期试验及试验方法

1. 储存期对可焊性的影响

元器件在只期存放过程中，各种镀层金属表面的可焊性均会恶化，而且这种恶化是随着储存期的增加而增加的，如图 8–21 所示。

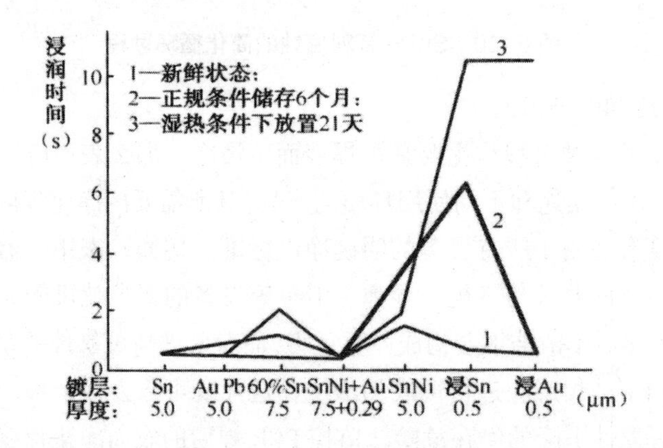

图 8–21 不同可焊性镀层在不同环境条件下储存的退化

出现上述现象的原因是：

金属表面接触空气中的氧、水分，在个别场合还会有 SO_2 气体、盐雾气之类的腐蚀性气体，生成氧化膜和氯化膜，使金属镀层的可焊性不断劣化。

上层镀层与基体金属之间，两种金属原子的扩散形成的金属间化合物，使镀层厚度有所减薄，从而使表面可焊性下降。例如，将镀 Sn 导线暴露在 155℃温度下进行加速老化，就会在基体 Cu 和镀层 Sn 之间形成铜锡金属间化合物的界面层，此界面层持续 16h 作用后，其厚度将增至 2μm。这对于镀层较薄或偏心的镀 Sn 引脚而言，可想而知会把镀 Sn 层完全消耗掉，或者将引脚周围的一部分消耗掉，从而在引脚表面上露出金属间化合物界面，这样的表面是很难焊接的。因此，国际锡金属研究协会研究了镀 Sn 层和基体金属之间的相互扩散情况后，提出在镀 Sn 层和基体金属间引进一层阻挡层（如 Ni 层）以延缓金属间化合物的生长速度。

当然在室温下也会形成界面合金层，但是由于这个过程进行得非常缓慢，其厚度经常都不会超过 1μm。因此，尽管长期存放，可焊性也不会明显改变。

2. 加速老化处理试验

为了使 PCB 和元器件买方能用加速老化的方法来检查储存后的元器件的可焊性，且只有那挫在老化处理后仍保持良好可焊性的元器件引脚和 PCB，才能经得起在室温下长期储存而可焊性不会有明显的下降。因此，人们想出了各种加速老化处理办法，作为鉴定保管期间可焊性历时变化的参考。

（1）国际电工委员会推荐的老化方法。为筛选一种最适宜的加速老化处理方法，以断定那残具有代表性的镀层经长期存放后可焊性的好坏，国际电工委员会推荐了几种老化方法，包括 1h 和 4h 的蒸汽老化，155℃、16h 的高温老化和 10 天的恒定湿热老化等。湿热老化和蒸汽老化的主要影响是表层氧化和腐蚀，而 155℃的高温老化除了使基体金属表层氧化之外，还将大大加速 Cu-Sn 合金层的形成。首先显然高温老化对可焊性的影响最为严重，其次是 10 天的湿热老化和 4h 的蒸汽老化。对于 1h 的蒸汽老化，按照美国军标 MIL-STD-2O2F 中试验方法 208D 的规定，至少相当于具有各种退化效应的综合储存条件下 6 个月的自然老化量。

对于评定长期储存的导线端头可焊性在 155℃下加速老化 16h 的方法不适合于快速测定。若一定要在 155℃下做模拟试验，只要加速老化 4h 便足够了。

（2）日本土肥信康等人的研究试验结论。日本土肥信康等人通过研究试验认为:

①与加热（150℃、lh）处理、亚硫酸气体（25℃、90%RH、SO_2 浓度为 2000ppm、5h）和盐雾（35℃、5%NaCl 水溶液喷雾、5h）处理等方法相比，蒸汽老化（90%RH、100℃、3 ~ 24h）是一种条件极为苛刻的加速老化处理方法。它能模拟所有使镀层可焊性恶化的因素，而且使用的设备相对简单，重复性良好，认为是最适宜的加速老化处理方法。

②对现今电子工业领域中的各类可焊性镀层，为鉴定其长期保管的可焊性，可采用试验条件控制精确度良好的可焊性试验方法，再加上能囊括所有影响可焊性恶化因素的蒸汽老化处理方法二者的并用。

3. 国内电子业界的试验建议

国内工业部门也有人通过试验后认为：镀层可焊性在自然储存后的变化，通常可通过下述两项等效加速试验来进行模拟。

（1）蒸汽加速老化试验。蒸汽加速老化试验是把样品悬挂在沸腾的蒸馏水面上，距离水面为（25±5）mm，老化时间≥ 2h。据有关资料称，蒸汽加速老化试验 2h 的可焊性劣化程度与无工业气体的储存室中无包装自然储存 25 个月后的可焊性是等效的。显然要预测 2 年后引线的可焊性，只需进行 2h 的蒸汽加速老化即可。

（2）稳态湿热加速老化试验。稳态湿热加速老化试验是把样品放入潮湿箱中，温度为40℃，相对湿度为（93%±3%）RH，老化时间根据使用要求确定。稳态潮湿老化10天和无工业气体的储存室中无包装储存25个月后的可焊性是等效的。

第九章　电子装联焊接技术基础知识

第一节　电子装联焊接概论

一、电子装联焊接的定义和分类

1．钎焊的定义

将比母材金属熔点低的金属材料（钎料）熔化，使其将母材结合在一起的操作就称为钎焊。

2．钎焊的分类

钎焊按使用钎料温度的不同可区别为下述两类。

（1）软钎焊。使用软钎料（熔点＜450℃）将不熔化的母材金属连接到一起的工艺方法称为软钎焊；在应用中人们习惯将使用锡基软焊料的钎焊叫作软钎焊，本书统一采用“软钎焊”或简称“焊接”，并把“软钎料”简称为“钎料”或“焊料”的叫法。

（2）硬钎焊。用硬焊料（熔点≥450℃）把不熔化的母材金属连接到一起的工艺方法。

上述分类法主要是为了方便，所以450℃的温度并没有什么特定的物理含义。美国军用标准（MILSPEC），是以所用金属焊料溶点800 ℉（429℃）为界限来区别硬钎焊和软钎焊的。

二、在电子装联中为什么要采用软钎焊工艺及其特点

1．在电子装联中采用软钎焊的突出优点

美国学者霍华德·曼科如是说：有三个令人信服的理由说明，为什么在可以预见的未来软钎焊不会被取代。

（1）应力连接。在室温下，纯焊料是可塑的自退火合金，它能够在产生加工硬化现象的条件下或在因应力循环作用而疲劳损坏的条件下吸收应力。这个独特的性能，使其能在不对设计提出一些机械装配件的典型技术要求的条件下，连接具有不同热膨胀系数、刚性和强度的材料。例如，印制电路板的设计就违背了有关应力集中、

材料强度、负荷分布和耐振动性能等方面的所有结构设计原则。如果没有软钎焊连接方法及其应力连接能力，就不可能有今天众所周知的印制电路板，若采用其他应力屈服型焊接方法，如硬钎焊或其他焊接方法，都可能引起层压板损坏、线路条脱落和板上兀器件的玻璃—金属间密封的破坏。

（2）可靠性。因为软钎焊可以在较低的温度下进行焊接，所以塑料和被焊组件通常不会因为受热而变形和发生性能劣化现象。

（3）经济性。因软钎焊所采用的设备简单，材料便宜且软钎焊过程可控，所以软钎焊方法特别经济。在不久的将来，只要我们还利用导线、半导体器件和绝缘材料，基于电脉冲和磁脉冲的原理制造电路，软钎焊就是必不可少的技术手段。

2. 软钎焊工艺的特点

软钎焊接工艺具有其他连接方法所不具备的如下特点：可以同时焊接多个焊点（即可以实施群焊）；可以在较低的温度下进行焊接，对PCB及电子元器件的热损伤小；接合部导电性好；可实现高可靠性的接合；接合部重工、修补容易；可同时适用于烙铁焊、浸焊、波峰焊，以及再流焊等多种焊法；所用焊接材料及设备价格较低廉，因而经济。

焊接接合部的接合模式和融接、扩散接合的模式相比较。在焊接接合部存在着作为母材的固相和作为焊料液相的凝固组织，在其界面上一般都形成了合金（固溶体或者金属间化合物）。

三、软钎焊技术在电子装联工艺中的重要地位

在整个电子产品的装联过程中，“软焊接”的权重可达60%以上，它对电子产品的整体质量和可靠性有着特殊的意义。美国是世界上第二个发射人造卫星的国家，但是就是在这种涉及国家威望的大事面前，也曾因小小的软钎焊点焊接问题而受到挫折。据说，美国卫星能够发射成功，最终还是多亏了德国的“焊接之神”阿尔宾·威德曼先生的帮助。由此可见，完美无缺地进行多接点焊接的难度之大。

第二节　焊接科学及基础理论

一、焊接技术概述

1. 电子装联软钎焊是一门综合性的应用技术

软焊接技术是一项综合性的系统工程。它涉及的学科是多方面的，它们各自通

过其可焊性、焊接接合部的腐蚀性，以及焊接强度等因素，最终影响焊接的可靠性。

2．构成软钎焊的基本要素及其相互影响

构成软钎焊的基本要素是：母材（基体金属）、焊料和助焊剂。研究这些要素在焊接过程中各自的作用及其它们之间的相互影响，对确保焊接过程的顺利进行有极为重要的意义。在软钎焊中它们相互作用和相互影响。

二、金属焊接接合机理

1．金属间的焊接接合

以锡—铅系焊料焊接铜和黄铜等金属为例，焊接时焊料在金属表面产生润湿，作为焊料成分之一的锡就会向母材金属中扩散，在界面上形成合金层（IMC），即金属间化合物，使两者结合在一起。

在结合处形成的IMC，因焊料成分、母材材质、加热温度及表面处理等的不同而异。其机理可用下述学说来解释。

扩散理论；晶间渗透理论；中间合金理论；润湿合金理论；机械啮合理论。

2．焊料的润湿及其产生润湿的条件

（1）润湿的定义

润湿是一种表面现象，当熔融的焊料在母材金属表面上进行充分的扩散，在表面上留下连续的持久的膜层时，这就说表面被润湿了。焊料能润湿金属表面是由于原子之间的吸引力。它们之间的反应也包括焊料合金与基体金属彼此间的相互扩散。

通常金属表面的显微镜像，可见有无数凸凹不平的晶界及伤痕。熔化的焊料就是沿着表面上的凸凹和伤痕靠毛细管作用润湿扩散的。

（2）产生润湿的条件

焊料和母材表面必须洁净，只有这样焊料与母材原子才能接近到能够相互吸引结合的距离，即接近到原子引力起作用的距离。

如图9–1所示，当一个原子在洁净的金属表面从右向0点靠近时，它将受到金属表面的引力和斥力的共同作用。在A点的右侧（如B点）：吸力＞斥力；在A点：吸力＝斥力，达到平衡；在A点的左侧：吸力＜斥力，该原子被推回到A点。当母材表面或熔化焊料表面附有氧化物或污垢时，就会妨碍熔化的焊料原子自由地接近B点或A点，这样就不会产生润湿作用。因此，金属表面的洁净度，是产生润湿作用的必要条件。

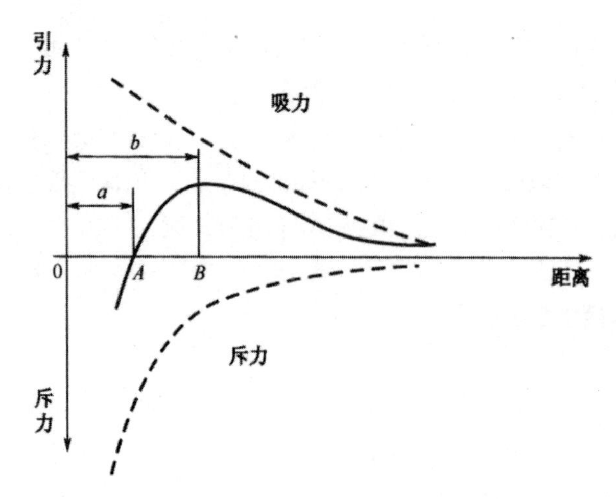

图 9-1　作用与母材和焊料原子之间的范德华力

3. 金属结晶

金属结晶：由同种金属原子构成，放出一部分电子而变成阳离子。对于金属结晶来说，游离的电子为许多金属离子所共有，这些金属离子有规则地排列着，形成金属的结晶。

原子间距离，即原子间隙（晶格常数），因金属的不同而异。原子间隙（图 9-1 中的 a）约为 2.5 ~ 3.3A（埃）（1A=8 ~ 10cm）；原子核的大小约为 10 ~ 12cm；原子的大小约为 8 ~ 10cm。

原子有规则地排列在原子空间中，保持着结晶结构（原子在空间有规则地排列模型被称为空间晶格）。金属的各个原子互相吸引又互相排斥，以此维持一定的间隔（平衡间隙），并保持一定的形状。图 9-1 示出了这种关系。若其他的金属原子接近某个金属原子，随着原子渐渐靠近，作用在原子间的引力就增大。当到达均为二倍 a 的距离 B 点时，引力为最大。

当原子再相互接近并达到 A 点时，引力与斥力相等，呈平衡状态。此时，金属就以一定的稳定状态而存在。在同种固体金属的接合处，会因金属种类和条件的不同而产生原子间位错现象。

4. 原子间的作用力和金属间的结合

在常温下，要想把两块表面非常洁净的固体金属接合起来，必须施加能使金属产生塑性变形的力才行。而在高温下具有塑性的表面洁净的二金属，当加热到一定的温度时，金属原子的运动将加剧，这时即使施加很小的压力，两种金属也会很容易地结合起来。

焊接时，因焊料呈熔融状态，所以在洁净的母材表面不须加多大的压力，即可发生润湿作用。只要表面没有氧化物、污垢等，焊料的原子就可以自由地被吸引，到达与母材金属原子相结合所必需的距离。

由上可知，在结合时，必须将妨碍熔化焊料和母材原子接近的氧化物和污垢彻底清除才行。

5. 熔化金属的聚合力和附着力

润湿是物质所具有的聚合力的作用结果，而紧密贴合与表面张力有关。产生表面张力的原因是聚合力。为了分析此现象，我们以 PCB 金属化通孔中的液态焊料和孔壁接触部位的状态来说明，如图 9–2 所示。

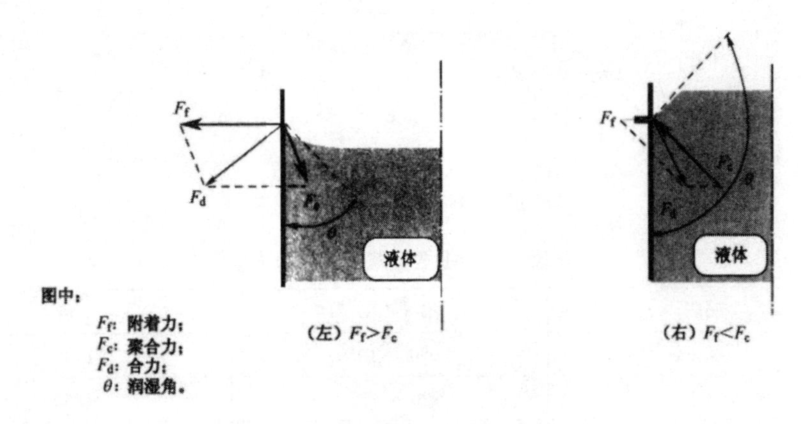

图 9–2　附着力和聚合力示意图

在图 9–2 中，液体分子受到对金属壁的附着力 Ff 及液体本身的聚合力 Fe 的作用时（忽略重力作用）。图 9–2（左）中由于液态焊料与金属壁之间的附着力大，所以合力 Fd 的方向是指向金属壁内，合力与成直角的液面呈凹面，液体呈凹面时，液体的表面张力使液面收缩，加在管内液面上的压力减弱，液面上升。所以液态焊料在金属孔壁表面润湿。而图 9–2（右）中所描述的情况与以上正好相反，液态焊料不能润湿金属壁表面。

在焊接中，润湿和熔融焊料的聚合力与基体金属的附着力有关。基体金属表面对液态焊料的附着力越大，聚合力就越弱，也就是说固体面和液体原子之间的附着力比液面原子的凝聚力越大，越易产生毛细管现象。由此可知，为实现良好的焊接，首先要使母材表面产生润湿，使焊料和母材金属的原子间距离接近到原子间隙，这时原子的聚合力起作用，使焊料与基体金属结合为一体，即完成了接合过程。

6. 表面自由能的形成

固体和液体的表面具有表面能。这是由物质内的原子结合模式所决定的，如图 9–3 所示。在液体内部的每个原子都整齐地排列成点阵状，都被其他原子所包围

（如A、B点），它们依靠相互间的原子引力来保持能量的平衡。而处于表面的原子（如C点）还有部分引力无处释放，可以认为，这部分力起着吸引移动过来的其他分子的作用。因此，在表面上存在过剩的能量，该能量就称为表面能（表面自由能）。当在表面具有各向同性的条件时，则单位面积上的表面能和作用于单位长度的张力（表面张力）在数值上是相等的，其单位为N/m（erg/cm^2或$dyne/cm^2$）。主要金属的表面能，如表9-1所示。

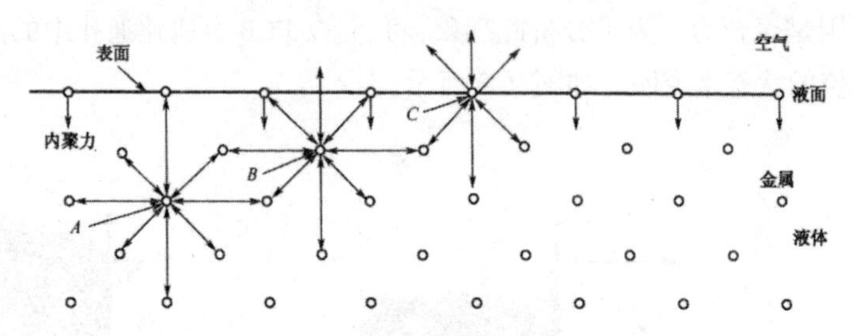

图9-3 金属表面能示意图

表9-1 主要金属固体的表面能

金属固体	温度（℃）	表面能（erg/cm^2）
Cu	950 ~ 1050	1430
Au	920 ~ 1020	1450
Ag	825 ~ 932	1140
Sn	215	685
Zn	−196	105

由于气体密度与液态钎料密度相比是很小的，在讨论中一般可把气体分子的作用忽略不计。因此，钎料液体的表面层中，每个分子都受到垂直于液面并且指向液体内部的不平衡力，如图9-4所示。

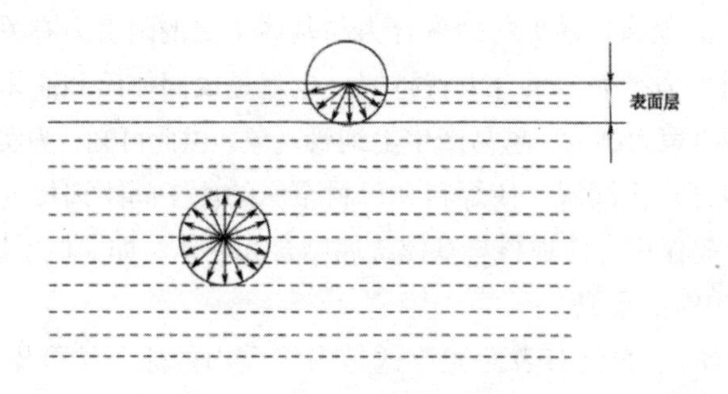

图9-4 液态金属的表面层

所以，要把一个分子从液体内部移到表面层内，就必须反抗这个力做功，从而增加了这一分子的位能，也就是说分子在表面层内比在液态内部有较大的位能，这项位能叫作表面能。

当系统处于稳定平衡时，应有最小的位能，所以液态钎料表面的分子有尽量挤入液体内部，尽可能缩小其表面面积的趋势。因为液体表面面积越小位能越小，在宏观上看液态钎料表面就好像是一个拉紧了的弹性膜，使其表面受到一收缩倾向的力作用，该力就被称为液态钎料的表面张力，如图 9–5 所示。

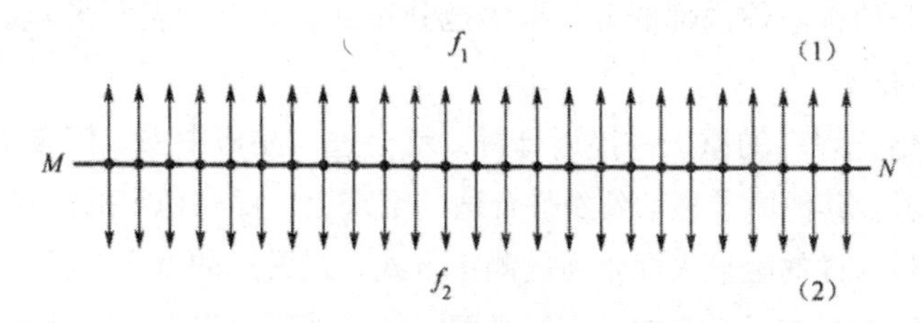

图 9–5　液态金属的表面张力

在图 9–5 中，直线 MN 表示在液面上所设想的任意的一条分界线，它把液面划分成（1）和（2）两个部分，表示液面区（1）对液面区（2）的拉力，f_2 表示液面区（2）对液面区（1）的拉力。这两个力都与液面相切，并与 MN 垂直，大小相等、方向相反。这就是液面上相接触的两部分表面相互作用的表面张力。

7. 表面张力及表面张力系数

（1）表面张力

表面张力是液体表面分子的聚合力，它使表面分子被吸向液体内部，并呈收缩状（表面积最小的形状）。

液体内部的每个分子都处在其他分子的包围之中，被平均的引力所吸引，呈平衡状态。但是，液体表面的分子则不然，由于存在于表面上的部分引力起着吸引表面以外的其他原子（分子）的作用。液面的原子，因其上部存在着不同的相（如 O_2），而这个相的分子密度小，故其受到垂直于液面并指向液体内部的力，因而在液体表面产生结膜现象，驱使其表面面积收缩为最小（球形）。这种自行收缩的力是由表面自由能形成的，故称为表面张力或表面能。显然，表面张力是位于液体的表面分子因受聚合力的作用而被拉向液体内部，使表面面积成为最小时所发生的。这个表面能是对焊料的润湿起重要作用的一个因素。

（2）表面张力系数

表面张力的大小是和液面上设想的分界线 MN 的长度 L 成正比的（参见图 9–5），因此可以写成

$$f=aL$$

式中比例系数 a（达因 / 厘米）称表面张力系数。在量值上，a 等于沿液面作用在分界线单位长度上的表面张力。

表面张力系数 a 也可定义为增加单位表面面积所需要的功，或增加单位表面面积时液面位能的增量。所以 a 的单位也可用尔格 / 厘米 ^{2}。

液体表面有缩小面积的倾向，这与拉紧了的弹性膜很相似，但实质上，两者是完全不同的。弹性膜的伸长改变了分子间的相对位置，伸张越甚，收缩的弹性力越大。液面薄膜的展开使得液体内部的分子更多地分布到表面上。表面张力系数是与液面面积大小无关的。

焊接时，熔化焊料的原子一接近母材，就会进入晶格中去，依靠相互间的吸引力形成结合状态。其他原子移动到条件合适的空穴上，停在稳定的位置上。

像熔融焊料这样的融液表面张力的测定方式，最常用的方法是：

通过测定该融液在毛细管中的上升高度；从熔液表面提升 - 圆环所需要的力等。

三、润湿理论——杨氏公式

1. 润湿和连接界面

润湿是一种表面现象，当融熔的钎料在金属表面留下连续的持久的膜层时，这就是说表面被润湿了。钎料能润湿金属表面是由于原子之间的吸引力，它们之间的反应也包括钎料合金与基体金属彼此间的相互扩散。

焊接焊点形成的基本过程取决于钎料和基体金属结合面之间的润湿作用，也正是基体金属被熔融钎料的物理润湿过程形成了结合界面。因此，在焊接接头形成过程中，润湿机理具有特别重要意义，它揭示了接头的原子结构和产生连接强度的原因。

当两个基体金属用钎料连接在一起时，由于钎料分别和两个基体金属连接在一起而形成两个连接界面，从而建立了金属的连续性 0 每个焊点至少有两个这样的连接界面。我们来考察从基体金属 A 到基体金属 B 的金属连续性结构，即由基体金属 A →基体金属 A 与钎料的连接界面（a）→钎料→钎料与基体金属 B 的连接界面（b）→基体金属 B，如图 9–6 所示。显然，钎料既是连接的媒介，也是构成基体金属连续性的一个组成环节。

实际上，为了理解焊接的基本过程，只须考察其中一个连接界面的形成过程就够了。

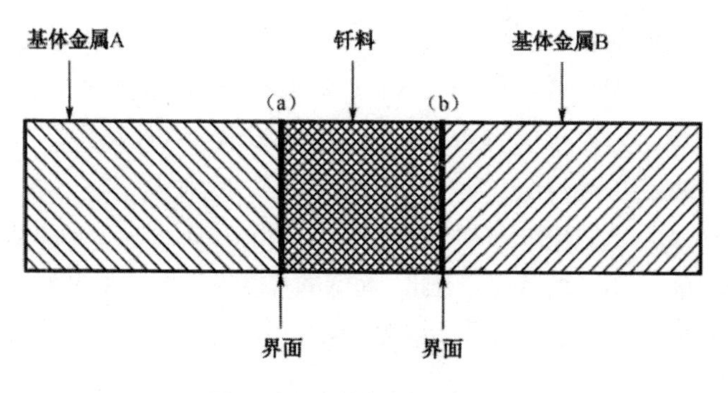

图 9-6　连接界面示意图

2. 熔化焊料对固体金属表面的润湿

按软钎焊的三要素：基体金属、焊料及助焊剂。在焊接温度下，基体金属呈固态，焊料呈液态、助焊剂通常呈液态（或气态）。一滴液态焊料位于平坦水平的洁净金属表面上，如图 9-7 示。实际上这是由固体 S、液体 L、气体 V 组成的三元系统。

图 9-7 中，γ_{LV} 是液相和汽相之间的表面张力，其作用方向是和液体曲面相切，其作用趋势是使液态焊料表面积最小，即满足表面能最小，在无其他作用力的情况下，该力将使液态缩成球形。然而重力和液体与其他周围介质间的界面张力通常和该表面张力的作用相反，因此通常液滴并不呈球形，而呈其他形状。γ_{LS} 是液相和固相间的界面张力（界面能量）。γ_{SV} 是固相和汽相之间的界面张力。θ 是接触角。γ_{SV}、γ_{LS} 二者的作用方向均沿固相表面，但方向相反。界面能量是由所涉及的两种材料固有性质所决定的。

我们假定：被焊表面为理想洁净化的，而且不会产生重新氧化或被其他环境侵蚀现象，在不进一步扩散和化学反应的热动力完全平衡条件下，三相之间以某一确定的角度相交，如图 9-7 的 A 点。当它们处于向量平衡时，这三个力实际上是该系统达到平衡状态的表面能量。从向量图中可得出杨氏（Young）公式：

$$\gamma_{SV}=\gamma_{LS}+\gamma_{LV}\cos\theta$$

其中是使液相在固相表面上漫流的力，即漫延力或润湿力。显然，如果 $\gamma_{SV}>\gamma_{LS}+\gamma_{LV}\cos\theta$，则产生漫流或润湿现象。上式表明，接触角 θ 越小，即说明焊料的润湿性越好。

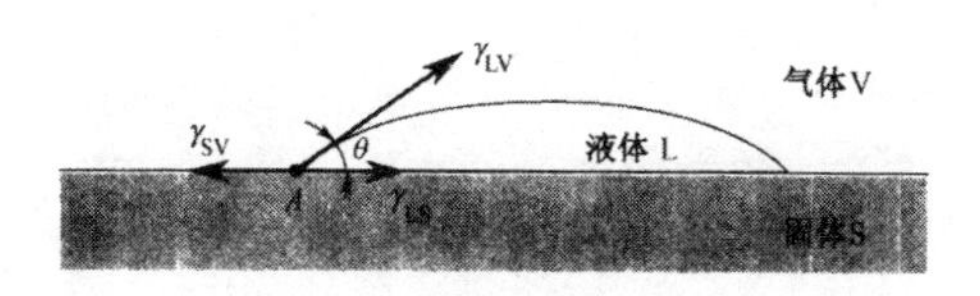

图 9-7　润湿过程中的热动力平衡状态示意图

3．附着张力和附着功

由上式可得

$$A=\gamma_{SV}=\gamma_{LS}-\gamma_{LV}\cos\theta$$

式中，A 称为附着张力。

附着张力 A 由于在固体及液体的接触而在固体表面消失，而可表示为生成新的固体 / 液体界面时自由能的减少，因此，润湿的程度由 A 的大小也可作出判断。然而，由于接触角 θ 比较直观，因此，大多数情况下都把接触角 θ 作为衡量润湿性好坏的尺度。

焊接中的润湿现象，是两个相同面的接触而形成的新界面上自由能的减少时而附着在一起的。由于该自由能的减小相当于将二相间的界面再分离为两个新的表面所做的功，人们将该功就称为附着功。

4．反润湿现象

如果系统在达到完全热动力平衡之后凝固，当 θ ＞90° 时表征了反润湿的情况，钎料在反润湿被焊表面的过程中凝固，因此驱动力作用于不润湿方向，而接触角直接取决于特定时间的反润湿速率。在此情况下，基体金属表面首先被润湿，而后由于某种原因（通常因固体和液体间反应而使界面张力变化）液态钎料回缩，使基体金属表面呈反润湿现象。

发生反润湿现象的特征是：反润湿表面应具有曾被润湿过的痕迹，即钎料首先润湿表面，然后因润湿不好而回缩，从而在基体金属表面留下一层很薄的钎料。

四、接触角（θ）

液相钎料表面和固相基体金属表面之间所形成的角 θ 被称为接触角（亦称为两面角或润湿角）。我们把 0° ～ 180° 的润湿角范围划分为如下四种情况（见图 9–8）。

完全润湿：如图 9–8（a）所示，此时 θ =0° ；

润湿优良：如图 9–8（b）所示，此时 0＜ θ ＜90° ；

润湿不良，如图 9–8（c）所示，此时 90° ＜ θ ＜180° ；

完全不润湿：如图 9–8（d）所示，此时 θ =180° 。

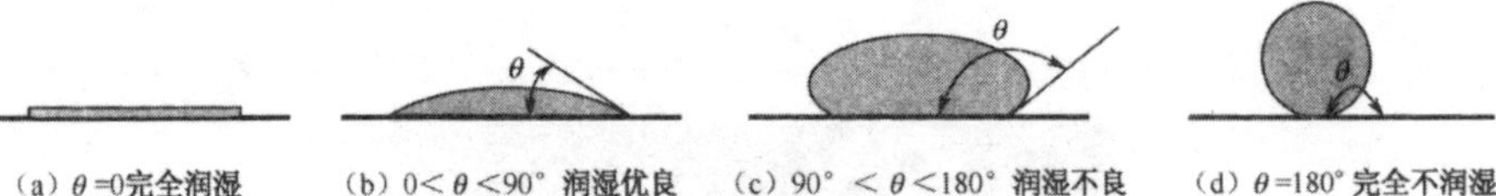

图 9–8 接触角 θ 和润湿程度的关系

通常在实际焊接过程中系统很少达到真正的平衡状态，由于焊接时间很短，系统达到其平衡状态之前钎料就凝固了。在这种情况下，θ 为我们揭示了润湿情况的附加信息。把 0 ~ 180° 这一润湿角范围划分为如下三个小范围。

① θ ≥ 90° ：表明液态钎料和基体金属表面之间缺乏润湿亲合力。在此情况下液态钎料根本未曾润湿过基体金属表面，而只是在基体金属表面上凝固，其凝固形状受各种力（如表面张力和重力）作用结果支配。

② 90° ＞ θ ＞ M：表征了临界润湿情况。此种润湿程度在极高可靠的特种装备中，通常是不期望的。M 纯系根据经验和为满足特定的要求而人为规定的。然而标准 J-STD-001D 规定 θ ＜ 90° 时，通常情况润湿均为可以接受。

③ θ ＜ M 表明良好润湿情况，如要求极高的焊接质量，M 值通常取≤ 75° 。

具有洁净表面的铜和 Sn-Pb 共晶钎料之间的接触角，大约为 20° 。如图 9-7 的 A 点所示。当作用于 A 点的三个力平衡时，就表示了表面能的平衡状态。

对于质量控制来说，应当把 M 明确规定为润湿良好和焊点良好的判据。但是必须考虑到钎料和周围基体金属表面间所形成的接触角，它实际上是可利用的钎料量和基体金属表面积大小的函数。为了证明这一点，我们来分析下述两种极端情况：

在无限大的基体金属表面施加有限的钎料，这种情况将给出真实的润湿情况；

如果在有限的小基体金属表面上施加大量钎料，则钎料必然形成很厚的钎料层，这实际上使钎料在其与基体金属表面接合处加厚。在这种情况下，接触角与润湿情况无关。

接触角还取决于固体表面状况，粗糙表面上的漫流能力超过光滑表面的漫流能力。这现象称为毛细管作用迟滞现象，因为粗糙表面的沟纹相当于毛细管，而使其表面面积增加。

润湿情况和焊点的可检查性密切相关。在有限表面上施加过量钎料掩盖了实际的可检查区域，常常使我们得出错误的检查结论，这进一步说明了必须防止钎料过多的焊点。此外，还必须考虑到焊接过程是在有限的时间内完成的，这有可能存在使钎料—助焊剂—基体金属系统不能达到平衡状态。因此，接触角只表示达到的润湿类型，而不能表示焊接系统的绝对润湿情况。在理想条件和延长焊接时间的情况下，被焊表面、钎料和助焊剂大概能够给出的接触角比实际焊接过程中得到的要小得多。

五、弯曲液面下的附加压强——拉普拉斯方程

1．弯曲液面下的附加压强

前面说过，液体的表面薄膜与拉紧了的弹性膜相似。如果液面是水平的，则表面张力也是水平的［见图 9-9（a）］。如果一弯曲液膜的周界在一平面内，这一薄

膜本身也有取平面形状的趋势。凸膜变平的趋势对下层的液体施以压力［见图 9–9（b）］；反之，凹膜变平的趋势对下层的液体起着拉伸的作用［见图 9–9（c）］。换句话说，与平液面下的液体所受的压强比较起来，弯曲的液面对液体内部都施以附加压强；在凸面的情形下，这附加压强是正的，在凹面的情形下，这附加压强是负的。

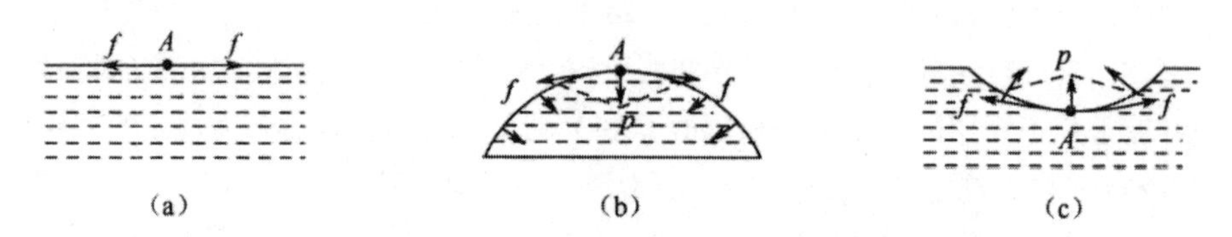

图 9–9　弯曲液面下的附加压强示意图

附加压强的大小与曲面的曲率半径有关，作为一个特殊例子，可以证明球形液面的附加压强是：

$$p=2a/R$$

式中，R 是曲面的曲率的半径；a 是表面张力系数。曲率半径越小，附加压强越大。即曲面的附加压强 P 与张力系数 a 成正比，而与曲率半径成反比。

2．拉普拉斯方程

以 PCB 的 PTH 孔的焊接过程中液态焊料透孔现象为例，在 PTH 孔中的熔融焊料由于液态钎料表面张力及表面能的作用，导致其孔内液态焊料的液面形成了与接触角 0（0° ~ 180° ）相关连的弯月形的曲面。

该曲面存在着压力差，可以用下述方程描述为：

$$\Delta P=-\gamma\{\frac{1}{R_1}-\frac{1}{R_2}\}$$

式中，R_1 为间隙内弯月面的曲率半径；R_2 为孔的内径（半径）；△ P 为界面压力；γ 为界面能。

上式就称为拉普拉斯方程。拉普拉斯方程是用数学形式来描述焊接过程中液态钎料液滴的形态变化规律。即表面张力、表面能、最小表面面积以及与接解角 θ（0 ~ 180° ）有关系的弯液面等，均可用拉普拉斯方程来定量分析。因此，它是研究焊接缺陷，桥连、透孔不良、空洞等形成机理的重要工具。

六、扩散、菲克（Fick）定律及扩散激活能

1．扩散及其对焊接的意义

（1）扩散。晶格中金属原子不断地进行着热振动，当温度升高时，它就会从一

个晶格点阵向其他晶格点阵自由移动，这现象称为扩散。

（2）扩散对焊接的意义。在焊接接合过程中，液态焊料在母材上发生润湿现象后立即伴有扩散现象，并因此而形成了界面层（合金层），此时的扩散速度及数量取决于温度和时间。焊接后冷却到室温，便在焊接处形成由焊料层、合金层和母材组成的接头结构，此结构决定了焊接接头的强度。

一般的晶内扩散，扩散的金属原子即使很少，也会成为固溶体而进入基体金属中。不能形成固溶体时，可认为只扩散到晶界处。固体之间的扩散，一般可认为是在相邻的晶格点阵上交换位置的扩散。也可用复杂的空穴学说来解释。

2. 扩散的分类

扩散随焊料、固体金属的种类及温度等的不同而不同。

（1）按扩散类型分

自扩散：即同种金属原子间的扩散现象。

相互扩散：异种金属原子间的扩散，如在焊接中母材和焊料之间的扩散。

单一扩散：指单方向的其他元素的扩散现象，如渗碳，氮化，在金属浸透的场合 C，N 向金属原子的扩散。

（2）按物理现象分

①表面扩散：熔融焊料的原子沿被焊金属结晶表面的扩散称表面扩散。它是金属晶粒生长的一种表面现象。例如，用 SnPb 焊料焊接 Fe、Cu、Ag、Ni 等金属时，Sri 在其表面上有选择地扩散。而 Pb 仅能降低表面张力，有促进扩散的作用。

②晶界扩散：熔化的焊料原子沿着固体金属的结晶晶界的扩散现象称为晶界扩散。晶界扩散所需的激活能比体扩散小，因此，在温度较低时，往往只有晶界扩散发生。而且，越是晶界多的金属（即晶粒越细），越易于焊接，焊接的机械强度也就越高。由于晶界原子排列紊乱，又有空穴（空穴移动），所以极易溶解熔化的金属（如 Cu），特别是经过机械加工的金属更易结合。然而经过退火的金属，由于出现了再结晶、孪晶，晶粒长大，而很难扩散。为了易于焊接，加工后的母材的晶粒越细小越好。

③晶内扩散（体扩散）：熔化的焊料原子扩散到固体金属的晶粒内去的过程称为晶内扩散或体扩散。SnPb 焊料扩散到母材内部金属晶粒间的 Sn，可生成不同组分的界面合金层，沿不同的结晶方向，扩散程度也不同。由于扩散，母材内部生成各种组成的合金。在某些情况下，晶格变化会引起晶粒自身分开。

对于体扩散，如焊料的扩散超过母材的允许固溶度，就会产生像 Cu 和 Sn 共存时的那种晶格变化，使晶粒分开，形成新晶粒，如图 9-10 所示。这种扩散是在铜及黄铜等金属被加热到较高温度时发生的。

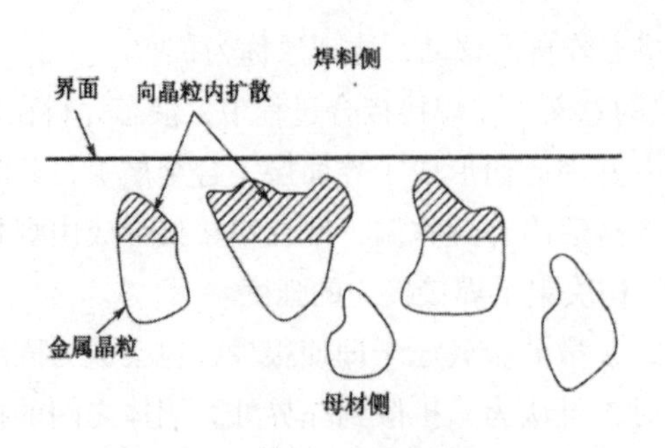

图 9-10　体扩散模型图

④选择扩散：两种以上的金属元素组成的焊料进行焊接时，只有某一金属元素扩散，其他金属根本就不扩散，这种扩散叫作选择扩散。出现选择性扩散时，当靠近 Cu 的 Sn 扩散到 Cu 内后，距 Cu 较远的 Sn 原子则由原子的阻挡减慢了扩散速度。当出现 Pb 偏析现象时，往往使接合界面的性质发生种种变化，导致接合强度急剧下降。

3．菲克（Fick）定律

焊接时液态焊料和金属母材之间产生扩散现象，而当焊料凝固后，就呈焊料—合金—母材的结构状态。此时这些金属相互间扩散速度虽然减慢，但扩散还在进行，这种扩散就叫固相间扩散。同液相—固相间的扩散相比，其速度要慢得多，常温下甚至可忽略不计。

1855 年，Hck 在研究热传导理论中，导出了关于扩散的两个法则，即 Fick 定律。它给出了扩散过程温度、扩散速度、浓度、时间等参数的相互关系。用它计算所得出的结果与实验值近似。

七、毛细现象

1．毛细现象的定义

焊接过程中熔融的钎料能在很短的时间内浸透到接头的窄缝中，这种浸透性是由钎料的润湿性所左右的。通常把液体浸透窄缝的现象称为毛管现象或毛细管现象。

熔融焊料的窄缝浸透性，是受焊料的流动性和毛细管的流入特性影响的。

2．熔融焊料的流动性

为简单说明问题，我们在图 9-11 所示的沿水平方向放置的二平面板的间隙中，观察流体在其中的流态。假定流入的流体为层流场合，焊料在 t 秒间流入的距离为 l，其值可表示为：

$$l^2 = \frac{PD^2t}{6\eta}$$

式中，P 是单位面积当量的压力；D 是间际；η 是焊料的黏度。

在图 9-11 中，当熔融焊料流体在间隙中流过△ 1 的距离时，则固体表面则润湿了 2 △ l 的面积。此时，固体表面的自由能的变化为 2（ $\gamma_{SV}-\gamma_{LS}$ ）× △ l，与熔融焊料所做的功是相当的，力为 2（ $\gamma_{SV}-\gamma_{LS}$ ）。从而溶融焊料填柄间隙时的压力为 2（ $\gamma_{SV}-\gamma_{LS}$ ）/D，由上面式可得：

$$l^2=\frac{\gamma_{LV}\mathrm{COS}\theta Dt}{3\eta}=k\frac{Dt}{3}$$

$$[k=\frac{\gamma_{LV}\mathrm{COS}\theta}{\eta}]$$

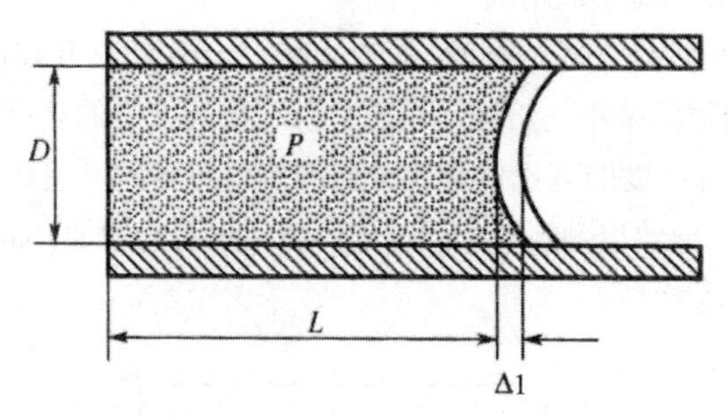

图 9-11　熔融焊料沿水平平行二板间的流入

3. 毛管上升高度

当把间隙狭小的平行的二块板的一端与液体面垂直地浸润到液体中时，由于毛管现象，位于平行的二板间的液体液面就会上升，如图 9-12 所示。

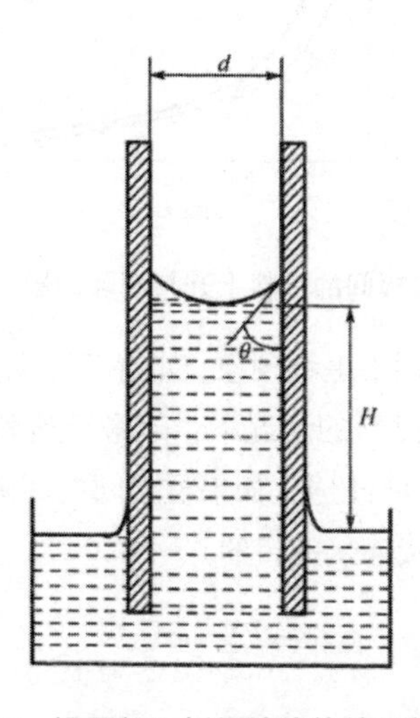

图 9-12　沿平行二板间隙液体的毛管上升

如果将平行二板间的熔融焊料的平衡上升高度作为 H，那么在间隙内填满焊料的单位宽（长度）的重量是 pgdh，而作用于液面的附着张力为 $2\gamma_{LV}COS\theta$，则毛管上升高度 h 可用下式求得。

$$H=\frac{2\gamma_{LV}COS\theta}{Pgd}$$

式中，γ_{LV} 为焊料的表面张力；θ 为接触角；p 为焊料的密度；g 为重力加速度；d 为间隙。

从上式可知，在一定条件下，焊料的毛管上升高度 H 随着附着张力 $\gamma_{LV}COS\theta$ 的增大，以及间隙 d 的减小而增大。

然而，在实际的焊接中，与间隙的变小相反，毛管上升高度也有所减缓，图 9-13 反映了随着间隙的减小，熔融焊料在平行二板间上升的高度和间隙的关系。间隙减小时，毛管上升高度的理论值和实验值的差值在增大。造成此现象的原因是，由于助焊剂的加入，导致溶融焊料和助焊剂的黏性阻力的增加，而且间隙不断减小，黏性阻力是在不断地增大。

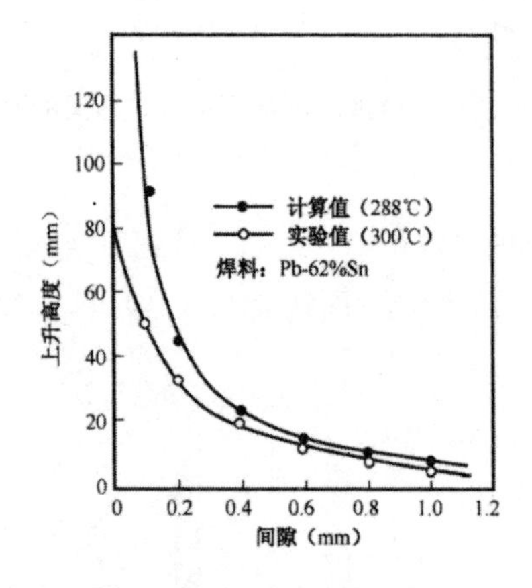

图 9-13　平行二板间的焊料上升与间隙的影响（材料：黄铜）

焊接过程就是巧妙地利用了毛细现象，如将三种部件材料（I、II、III）焊在一起，在确保钎料和有足够的热量供给的情况下，熔融钎料就是由于毛细现象驱使其沿着 A→B，B→C，B→D 的方向浸透。如果材料间的间隙适宜，熔融钎料就能在瞬间浸透各缝隙中，从而达到焊接连接的目的。

八、母材的熔蚀

焊接过程中作为液体状态的熔融焊料，和作为固体的母材要直接接触，母材很容易被溶融的液态焊料溶解而导致母材尺寸的减小。人们把这种溶解现象定义为熔蚀。因此，熔蚀现象在电子工业的微焊接工艺中是不可忽视的重要问题。例如，母材的镀 Ag 层被熔融的焊料熔蚀的场合叫作 Ag 被吃掉，同样母材的镀 Au 层被熔蚀了的现象也可叫作 Au 被吃掉。Ag 被吃掉现象在电子产品焊接中是最具代表性的熔蚀现象。

固体金属在液体金属中的溶解现象适用于 Nemst–Brunner 公式

$$\frac{dn}{dt}=K\frac{A}{V}(n_s-n)$$

式中，n 为在溶解时间 t 的溶质浓度；n_s 为溶质的饱和浓度；V 为溶液的体积；A 为反应界面面积；K 为溶解速度常数。

从上式可知：溶解速度与溶质的浓度差 n_s–n 成正比。它也适用于焊接时母材的熔蚀现象。显然为了减小焊料的熔蚀速度，可以采取减小焊接的面积，或提高焊料中母材成分的浓度，即采用含有母材成分的焊料最有效的手段。为了防止 Ag、Cu 母材的熔蚀，可以用含有少量的 Ag 或 Cu 的焊料。由于溶解的速度常数 k 是温度的函数，随着温度的上升而增大，即降低焊接温度可以降低母材的熔蚀。纯 Sn 及 Sn40Pb 的焊料对 Au 的溶解量和焊接温度的关系，如图 9–14 所示。而 Ag 在 Sn37Pb 共晶焊料中的熔蚀性，如图 9–15 所示。

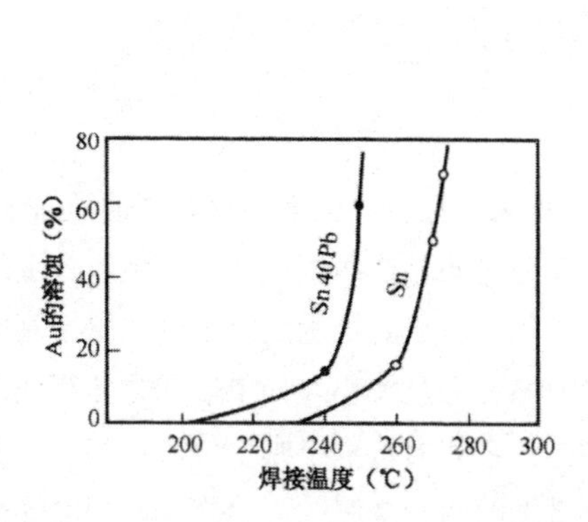

图 9–14　Au 在纯 Sn 及 Sn40Pb 焊料中的溶解性

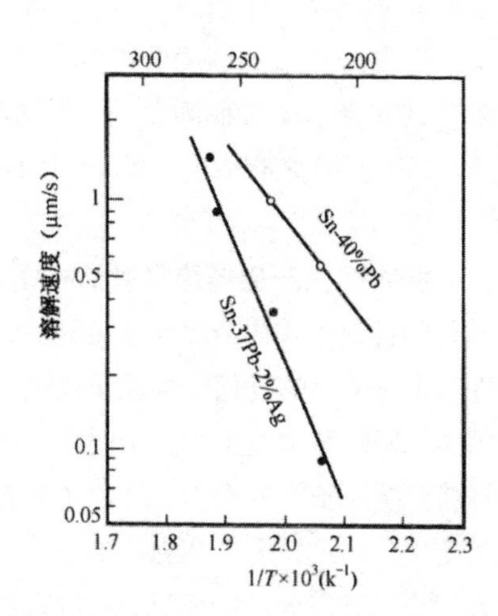

图 9–15　Ag 在 Sn37Pb 焊料中的熔蚀速度和温度的依存关系

第三节　焊接接头及其形成过程

一、可焊性

可焊性，是指基体金属在组装中焊接的难易程度。它是用熔化的钎料对基体金属表面的润湿程度来标志的，是两种材料亲和性好坏的一种量度。对 PCB 上的铜箔而言，本来是可焊的。然而，由于固体金属表面存在原子不饱和的力场，故极易被污染。在表面形成锈膜或阻挡层，使表面能减小，从而导致润湿性不良，使基体金属变得不可焊。因此，润湿性不良是产生虚焊的根源。

二、固着面积

固着面积可定义为：在润湿过程中焊料在基本金属表面上发挥了冶金作用的有效面积，它构成了影响润湿系统中力平衡的一个重要因素。当表面不均匀或者存在局部污染时，则固着面积系数表示了可供润湿的金属面所占的百分数。焊料或者基体金属中的夹杂物和吸附杂质（金属氧化物、硫化物等）、非金属杂质粒子或在润湿过程中没有排除掉的表面吸附气体均可导致表面不均匀。目前，还没有测量或估计在润湿过程中金属表面固着面积的方法，然而只要保持表面预处理方法和净化方法相同，而且是行之有效的，则固着面积系数基本上就能保持一致。

三、钎料接头产生连接强度的机理

熔化的钎料和基体金属互相接触的时候，如果在接合界面上不存在其他任何杂质，那么钎料中锡或铅的任何一种原子就进入基体金属的晶格而生成合金。生成合金的种类随基体金属的种类及生成合金时的温度而变化。但是能否生成合金则取决于基体金属与钎料合金原子间的引力，即原子间亲和力的有无及大小。如果亲和力非常大则生成金属间化合物；如果亲和力小则生成固溶体；亲和力特别小则生成混合物；没有亲和力就不能生成合金。这里所说的混合物是微细的两种金属的混合物，而固溶体是原子的混合物。总之，钎料和基体金属之间必须生成合金，才能达到焊接的目的。

取一焊接部位的金相断面放在显微镜下观察，可以看到钎料和基体金属接合处所生成的合金组织。另外，还可观察到由于基体金属溶入熔化的钎料之后在基体金属表面产生的凹凸不平现象，这是在基体金属表面出现溶化金属晶粒的结果。当以铜为母材在温度为300℃左右进行焊接时，钎料中的锡和铜生成合金，在钎料则生成Cu_6Sn_5，在基体金属则生成Cu_3Sn合金。从上述分子式，可以看出，在这种情况下生成的合金都是金属间化合物。这是因为Sn和Cu之间有很强的亲和力。同样当母材为镍或银时则生成Ni_4Sn和Ag_3Sn。

从以上分析可知，锡铅焊料主要靠锡和基体金属在界面生成合金达到焊接连接的目的。但对有些母材（如金）而言，则主要是靠铅与母材生成合金（Au_2Pb、$AuPb_2$）实现焊接的目的。以上所说钎料中的元素与基体金属生成的合金，是溶融钎料中元素的原子扩散到基体金属的晶格中的结果。扩散的速度随温度及扩散物质的浓度而变化。扩散常数与温度成指数关系，因此扩散速度受温度变化的影响显著。

前面已讨论到，由于促进溶融钎料润湿基体金属的表面能量，使钎料和基体金属表面连接起来。该能量是由表面原子的未饱和键产生的。由于在金属表面层存在着不饱和键所形成的原子力场，一旦钎料润湿了表面，则表面键相互饱和，且原子级的表面能量使连接界面具有很高的强度和可靠性。

焊接作为液态熔融钎料和固态金属母材的直接接触，在其界面上形成的合金层是由母材的溶解反应而引起的，其结果是γ_{LF}或γ_{Ls}的变化，则钎料的润湿性也在变化。各种固态金属对液态钎料的润湿性，可以看成两者的金属学的相互反应。

四、形成焊接连接的必要条件

前面已讨论到，凡是和钎料中的主要元素有亲合力的金属都可能进行焊接，但是仅有这一点还是不够的，还必须同时满足下述的各种条件才行。

1. 温度

热能是进行焊接不可缺少的条件。但是对热能的供给速度及如何设定与控制，这样一些应该考虑到的问题却往往被忽视，因此，由于热能的利用方法及控制不当而造成的焊接缺陷是很多的。

因而，有必要从焊接角度对热能的作用和意义进行研究。

在焊接时热能有两个作用。

（1）提供钎料中的元素向母材金属扩散生成合金所需要的能量

这时的最低温度必须选在所用钎料的液相线以上。如果仅从扩散速度来考虑，则温度越高越有利。但温度过高就会出现以下不良现象：

母材向钎料中的溶解速度增大；钎料和母材的氧化加剧；助焊剂的作用急剧劣化。

因此，最合适的焊接温度应比所使用的钎料的熔点温度高40 ~ 60℃（注意与润湿温度范围的区别）。对共晶成分的锡—铅钎料而言，温度宜选在223 ~

243℃。

（2）供给使基体金属上升到焊接温度所需要的热量

在现在的自动化焊接系统中，是利用熔化的钎料作为媒介供给基体金属热能的。与烙铁手工焊相比的不足之处是烙铁手工焊时，是先用烙铁头压住工件，热量从烙铁头传到工件上，直到工件的温度上升到使钎料完全熔化并漫流完毕，此时烙铁头还要一动不动地停留一会儿而不是马上离开工件，这正是烙铁头焊接的关键。焊接时间要根据烙铁的温度和热容量、工件的热容量等差异进行适当的调节，因此，对各焊点来说，焊接时间不是完全一样的。这种时间的调节是靠操作者用眼睛检查，以认为已达到良好焊接结果为准来确定焊接时间。

用烙铁焊接时针对各焊点的不同条件，操作者可做出不同的判断和处理。但如何把各焊点的不同条件标准化，以适应自动化焊接的需要则是个重大问题。自动化焊接时把性能和大小不同的电子元器件装在同一块 PCB 上，然后用熔化的钎料以一定的时间一次焊完一块 PCB 板上所有的焊点。由于元器件的材质、热容量、比热各不相同，必然造成 PCB 板上各焊点的温度上升速度及所达到的温度也各不相同。为克服上述现象，使所有的焊点能全部焊好，就必须以 PCB 板上热容量最大的焊点为基准，来选定钎料槽的温度及浸溃时间。但在这种情况下就存在着许多焊点钎料的熔融温度比上述的合适温度都要高，所以易造成各种质量事故。

2. 时间

这里所说的时间是指在焊接的全过程中进行物理和化学变化所需要的时间。其中不包括为使助焊剂等辅助材料对焊接发挥作用而进行处理所花费的时间。

纯粹焊接过程所用的时间是为了达到以下三个目的。

①将工件加热到焊接过程必需的温度所花费的时间。焊接时必须把工件加热到预定温度。但由于工件的比热、热容量及热导率的不同，加热时间也显著不同。此外，钎料的熔融时间也包括在这一部分时间内。

②生成合金所需要的时间。这个时间实际上是非常短暂的，因此，在计算焊接过程时间时几乎可以不考虑，但在分析问题时是不应该忽略的。焊接时生成合金的扩散反应时间一般在 3 ~ 10s 数量级。

③助焊剂发挥作用所需要的时间。它随所选用的助焊剂的作用效率而变化。此外，还与温度、基体金属种类及基体金属表面的物质种类、性质等多方面的因素有很大关系。由于助焊剂是以除去一般的氧化物为目的的，所以对除去一般氧化物之外的特殊污染物质的有效性还存在问题。因此，助焊剂作用的时间要求显著延长，否则污染部分就必定焊不好。

以上三种时间总计起来是焊接所需要的全部时间。下面分析一下其中哪一种时间是能够控制的。

在自动化生产中进行时间控制有两个目的。

①为了提高生产效率而缩短时间。为此目的对三种时间控制进行如下分析：

从热容量方面考虑缩短时间。只要没有热容量很大的元件，就没有必要把加热的时间延长很多。

关于扩散时间，此处不作讨论。

助焊剂的作用时间是最重要的，必须考虑对它的控制。

从广义上讲，助焊剂是腐蚀剂，作用越强越快其腐蚀性就越大。助焊剂的腐蚀性太强会引起电路绝缘性能降低，这在制造高可靠性电子装备中是禁止的。

另外，从被焊元器件引线端子及基体金属来看，焊接性能各不相同，有的差异还很大。这种情况下安装了很多元器件的PCB需要一次完全焊好，就不能不以最难焊的焊点为基础来选择适用于它的较强活性的助焊剂，而其他焊点也都不得不跟着使用这种助焊剂，这是很危险的。因此，为了实现采用统一的腐蚀性低的助焊剂进行迅速的高质量的焊接，选择可焊性好的元器件和PCB就具有特别重要的意义。

②为了避免因元器件端子的可焊性差造成焊接缺陷而延长助焊剂的作用时间。

3．压力

熔化的钎料接触基体金属表面时，为了使钎料中元素的原子向基体金属晶格中扩散生成合金，除了上述介绍的温度、时间等条件之外，还必须有适当的压力条件，即熔化的钎料对基体金属表面作用产生的压力。

烙铁焊接一般都是利用熔化的钎料沿重力方向流动这一自然现象进行的。因为钎料的密度较大，所以沿重力方向的压力也是较大的。而在波峰焊接中它是利用泵的压力使钎料形成向上喷流的波峰，波峰方向与钎料重力方向相反，这时钎料对基体金属的压力不如烙铁焊接时稳定。特别是在钎料波峰顶部，向上的喷力和向下的钎料重力抵消而处于无重力状态，即对基体金属不产生压力，在此状态下是不利于进行焊接的。钎料波峰的喷力由于受到泵运行的不稳定性和钎料黏度的变动，以及混入泵系统的助焊剂的碳化物的影响而产生不稳定现象。

从理论上讲，压力越大越好。但压力过大钎料颗粒会从PCB上元器件插孔和引线间隙中向上飞出，造成钎料珠现象。所以使用的压力必须适当，在PCB浸入波峰的一定深度下，穿孔下端焊接面上的值与浸入深度内孔中钎料的自重相等为最好。

五、焊接接头形成的物理过程

1．钎料接头强度形成机理

由图9-16可知，原子A具有相对于它对称排列的最邻近的原子，而原子B和

C两者均具有相对于它不对称排列的邻近原子，因而具有产生表面能量的未饱和键。原子在金属晶格中的这种有序排列形式相当准确地表述了金属的内部结构。表面存在的未饱和键是产生表面能的主要因素，它决定了影响系统润湿或者不润湿的力的平衡起着重要的作用。一旦钎料润湿连接界面就具有很高的强度和可靠性。

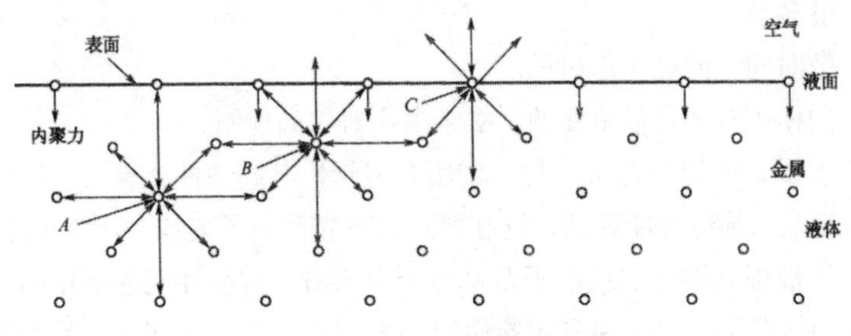

图 9-16　金属表面能示意图

2. 基体金属

当基体金属处于绝对真空且其表面绝对净化的情况下，那么就能得到如图 9-3 所示的晶格排列形式。

但是，当净化金属表面暴露于空气中时，由于表面产生的吸附现象，基体金属的表面能量将吸引空气分子使其靠近金属表面，在紧贴基体金属表面形成一吸附空气层。由于空气中的氧能够侵蚀大多数金属，基体金属表面被氧侵蚀所形成的锈膜所覆盖。而位于外层的空气分子被重新吸附于该锈膜表面，其他空气分子随机地散布在金属表面上部的整个空间中。由于吸附的空气层和锈膜层使得基体金属变得不可焊，故在焊接过程中吸附的空气层和锈膜层均必须被清除掉。

3. 助焊剂的加入

在图 9-17 和图 9-18 所示的表面，一旦加入助焊剂，如图 9-19 所示，它首先排开表面的空气，助焊剂表现的这种活性称为润湿特性。一旦助焊剂润湿了锈蚀的金属表面，它就可以除去氧化物而恢复金属表面的洁净，助焊剂的这种作用可以是利用还原氧化物的方法，也可以是利用从表面除掉氧化物的方法来实现。

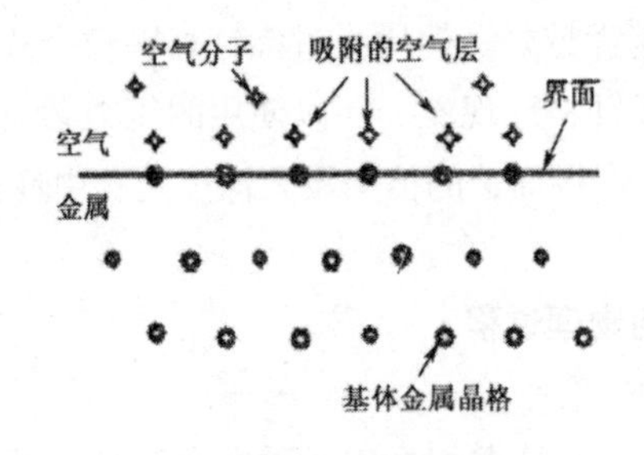

图 9-17　吸附空气层

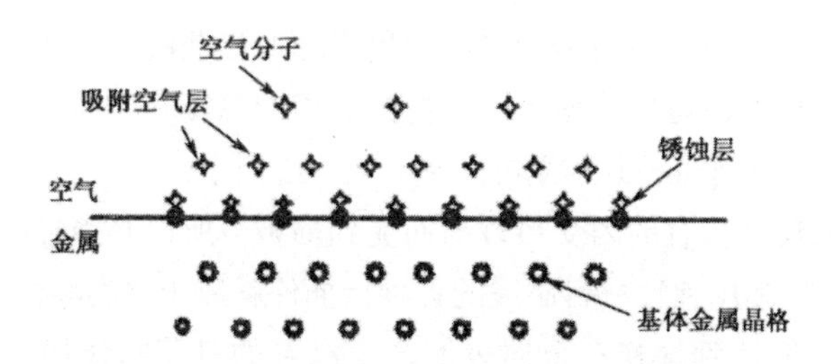

图 9–18　基体金属表面被氧侵蚀所形成的锈膜

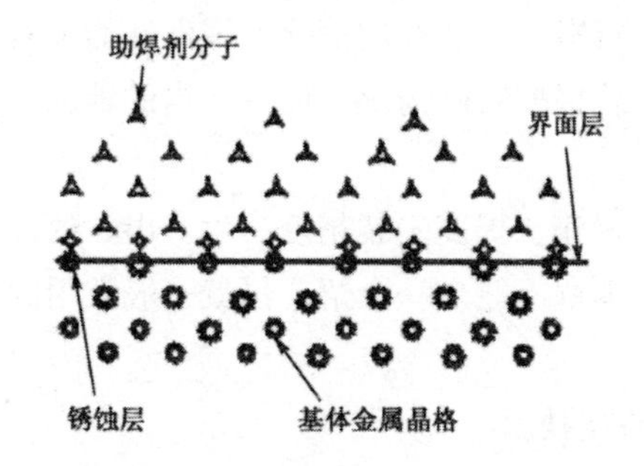

图 9–19　被助焊剂润湿，但尚未发生化学反应的锈蚀表面

4. 加入钎料

当把液态钎料加进上述的助焊剂——基体金属系统时，在满足润湿要求的前提下，由于空气和助焊剂的密度不如钎料大，液态钎料很容易地排开助焊剂并和基体金属相结合。在焊接温度的作用下，在液态钎料和基体金属的界面区内，钎料和基体金属之间相互扩散，形成金属间化合物及固溶硬化现象。合金形成区的大小及其产生的有害影响取决于温度及基体金属材料。一旦液态钎料在基体金属表面凝固，基体金属和钎料之间就形成了良好的冶金连接，从而建立了金属的连续性，其导电、导热、强度等性能均良好。

第四节　电子装联焊接技术应用概论

一、电子装联焊接技术概述

1. 概述

为了获得良好的焊接效果和质量，必须具备三个条件：被焊母材金属表面要洁净，可焊性好；焊接温度要合适；焊接时间要控制好。

为了使熔化后的焊料在清洁的母材金属表面产生润湿，形成良好的金属间化合物，必须对焊接部位进行局部加热，并达到适当的温度和时间。温度过高或过低，时间过长或过短，都将得不到预期的效果。

被焊接的元器件，有的因受热过高而受到损害，所以必须控制焊接的加热温度和时间，电子元器和用弹性材料制成的各种接插件就属于这类零件。

使焊接温度能达到焊料在金属表面产生润湿的机器叫作加热器。加热器应能给出足够的热量，使母材达到某一合适的温度，并持续一定的时间。为此，应综合考虑焊接部位的形状、材料、表面处理情况及零件性能上对焊接的限制等因素，选择高效加热器。有时还要根据实际情况，使用适当的辅助工具，以防温度过高损害零件。

实际上，为了便于操作，提高安装精度，生产出一致性好的产品，还要使用各种各样的工具和工装，本章不能一一介绍，仅就一般常用的，操作时必不可少的工具略作介绍。

2. 电子装联高效焊接技术

在电子工业中作为最早也是应用持续时间最长的“烙铁焊法”，直到现在还普遍应用着，特别是在分立元器件的维修工作中还是作为一种主要工具在应用着。

1949 年，美国人 S.F.Danko 和 Abramson 发明印制电路板浸焊法，预示了 PCB 焊接新工艺方法的诞生。它是人们从手工烙铁逐点焊接进入半机械化焊接的起步，这无疑对减少焊接疵病、提高生产效率是一大进步。但浸焊法只适合于低档的电子产品，满足不了现代电子产品轻、薄、短、小的生产要求。

1956 年，英国 Fry’sMetal 公司发明了印制电路板波峰焊接法，尽管在文献中只发表了表示这种方法的一个示意性的图例，却意味着在 PCB 焊接领域中的一个新时代的开始，它使 PCB 由人工烙铁逐点焊接进入机器自动化大面积高效率焊接的新阶段。使得 PCB 的焊接工艺真正进入了自动化的时代。它在减少焊接疵病、提高电子产品的可靠性、降低生产成本、改善工人的劳动强度、提高生产效率等方面所作出的贡献是巨大的。

3. 焊接方法的分类

如上面所述，在电子工业中焊接的方法有多种，常用的分类方法如下。

（1）根据热源或加热方法的不同分类

根据在焊接中所采用的热源或加热方法不同的分类，如图 9-20 所示。

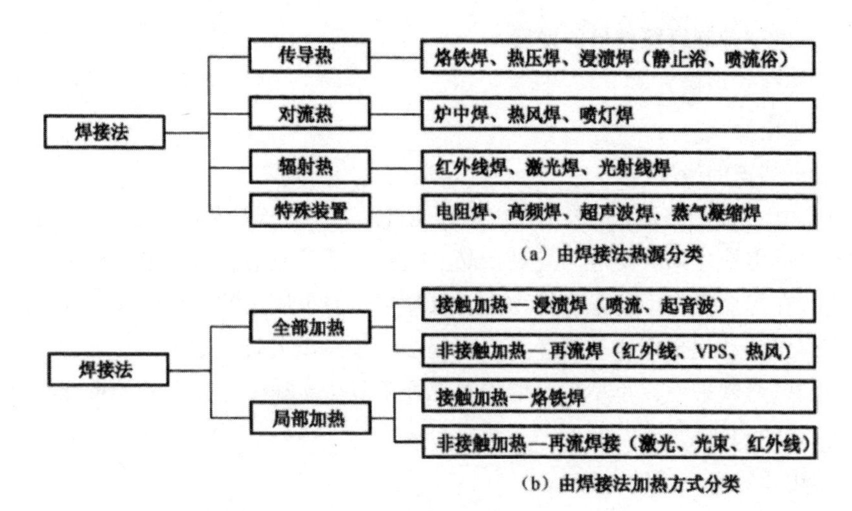

图 9-20　由焊接法的加热源及加热方式分类

（2）根据焊接方法分类

根据焊接方法不同的分类，如图 9-21 所示。

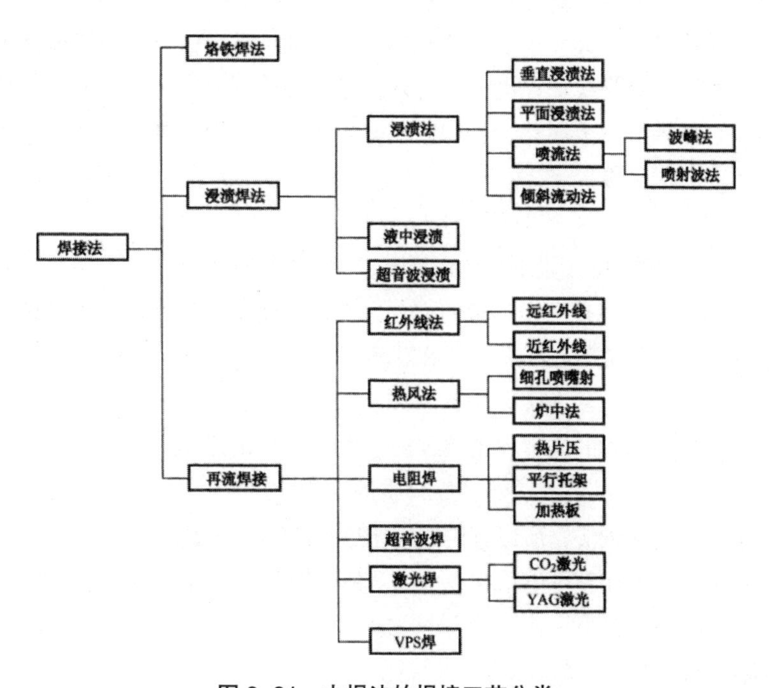

图 9-21　由焊法的焊接工艺分类

二、电子装联焊接技术的发展

1．传热式焊接方式

（1）电烙铁

1）电烙铁的历史

20世纪以前的烙铁，是采用火炉或其他直接加热方式加热的。直到1893年前后，电加热式的烙铁才第一次成为专利产品。随着电子工业的发展，电烙铁也不断地得到改进。在焊接操作中，采用体积小、重量轻、便于使用的电烙铁，已成为主流。即使在焊接自动化全面普及的今天，它仍是焊接操作上必要的工具。现在，对焊接微型件的电烙铁来说，小型化、增加温度等调节功能和减少漏电等的智能式电烙铁已成为革新的方向。

2）电烙铁应具备的条件

根据焊接操作的要求，电烙铁应具备下述条件。

温度稳定快，热量充足；耗电少，热效率高；温度降了，可连续焊接：重量轻，便于操作；可更换头，修理容易；漏电流小；静电弱；对元器件没有在磁性影响。

3）电烙铁的构造

电烙铁主要由下述三部分构成。

①能量转换部分：即将电能转换成热能。其结构是在云母片或其他绝缘体上绕上镍铬丝，然后接上导线通以电流。另外，还有一种可取代镍铬丝的加热器，叫陶瓷加热器。它是将特殊金属化合物印刷在耐热陶瓷上，经烧制而成。电烙铁的能量转换是由下式来表达的。

$$Q=(1/4.2)\times I^2RT\ (\mathrm{cal})$$

式中，Q是发热量；I是电流；R是电阻；T是时间。

②储热部分：是储存一定热量的部分，并将其变换成热能传递到烙铁头，由烙铁头热容量决定的存储热量可按下式求出。

$$储热量=热容量\times 温变\ (\mathrm{cal})$$

由于热容量同金属的质量和比重成比，所以可由下式求出。

$$热容量=质量\times 比热$$

一般都使用铜烙铁头，所以可用铜的比热和比重计算出储热量。

③手把部分：为使整个电烙铁成为一个便于作业的工具，手柄部分要容易握持，从发热体传来的温升要小。

4）电烙铁的功率容量

按JIS标准电烙铁的额定功率范围为15 ~ 500W，共分10个规格。具体瓦数选择随电烙铁材料的热容量而异，一般用于端子连线焊接采用 40 ~ 100W，而用于印制板焊接常选用 15 ~ 40W。电烙铁头部的温度不仅取决于发热体的瓦数，而且还与头部的形状和大小有关系，因此，使用前对温度特性要实测确认。在实际作业中，焊接后烙铁头部的回温特性对提高作业效率是很重要的。回温特性与瓦数及头部的热容量（材质、形状）有关，如图 9-22 所示。焊接时实际的头部温度和被焊接的端子的加热温度的关系，如图 9-23 所示。

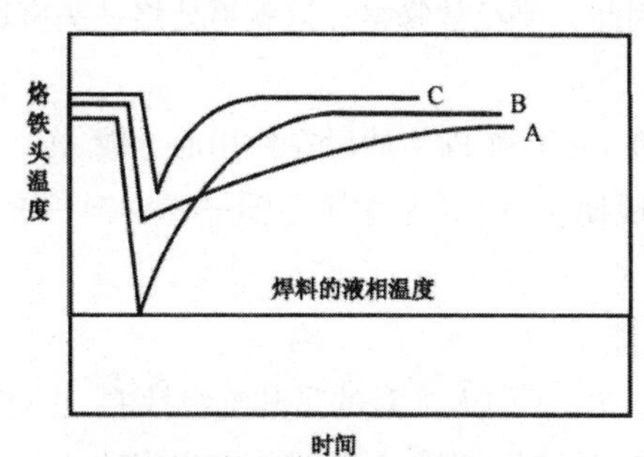

A：加热器输出功率小，头部的回温速度慢

B：烙铁头热容量过小，温度下降大，回温快

C：头部热容量和加热器输出合适，温度下降小，回温快

图 9-22　电烙铁头部的回温特性

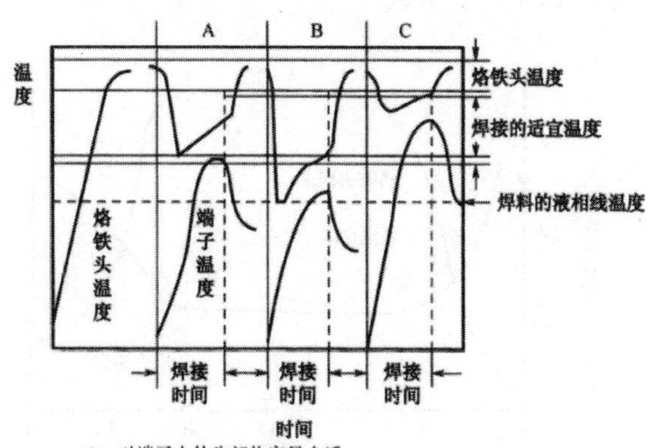

A：对端子大的头部热容量合适

B：对端子大的头部热容量小

C：对端子大的头部热容量大

图 9-23　烙铁头部的温度和焊接接线端子的升温特性

5）烙铁头应具备的条件

①与焊料的亲和性：烙铁头必须是由易与焊料亲和的金属制成。因为被焊金属是固体，而烙铁头也是固体金属，而固体和固体之间实现面接触是很困难的，它们

必须通过液体焊料来完成这种接触。否则用不亲和焊料的金属，焊料就会滴落下来，形成两种固体金属之间的接触，这样就会降低导热效率，导致工作效率下降。

②导热好：迅速而有效地将储热部分热量传递到接合部，是与焊接质量和工作效率相关的重要因素。因此，必须要使用导热好的金属。

③机械加工性能：烙铁头在连续使用中，由于 Sn 的扩散，消耗十分严重，导致烙铁头的作业面变得凹凸不平，这不仅阻碍传热，而且使焊接效率大为降低，也是造成焊接缺陷的原因。因此，要经常修整，这就需要烙铁头有良好的加工性。

6）烙铁头的材料

①电镀烙铁头：是在 Cu 上镀 Fe，然后在使用面上镀 Ag。

②合金电烙头：一般使用以 Cu 为基体的铜—锑、铜—铍、钩—铬—锰及铜—镍—铬等铜合金。

7）电烙铁的绝缘性能

在电烙铁的性能要求中，不引人注意的是其绝缘性能，也就是漏电流。半导体二、三极管及集成电路等在被烧坏时，肉眼是很难检查出来的。

电烙铁加热器用的绝缘体，大都具有负温度系数，开始时绝缘电阻很高，但随温度上升而急剧下降。因此，冷却时即使具有高绝缘性能，也还不能放心。图 9-24 所示为常用电烙铁在加热时的绝缘性能，按 JIS 规定，加热时绝缘电阻在 10MΩ 以上的为 A 级，在 1MΩ 以上的为 B 级。

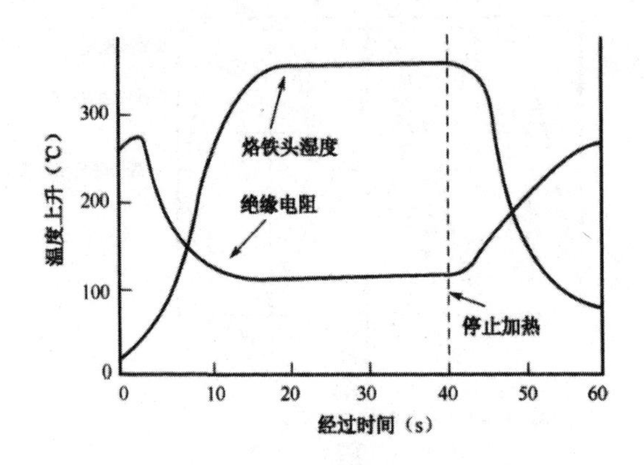

图 9-24 烙铁头温度绝缘特性

（2）其他烙铁

1）弧焊烙铁

这种烙铁的头部装有直径为 6mm 的碳头，使焊料同被焊物体接触，利用弧焊烙铁发出的电弧热熔化焊料，进行焊接。这种烙铁的优点是：无须将烙铁头加热便可立即焊接；由于烙铁头不热，用后就可以收起来；电源是5伏碱性蓄电池，烙铁体积小、重量轻，携带方便；烙铁只有钢笔那么大，用起来非常方便。

2）超声波烙铁

在普通焊接中，为了除去金属表面的氧化物，需要使用助焊剂。但是，在有些情况下却不能用助焊剂，或者即使使用了助焊剂也无效果。这时，超声波烙铁就会发挥它的作用。例如，对铝、玻璃、陶瓷与其他材料的焊接等。超声波烙铁是德国于1938年研究出来的，第二次世界大战后诞生了西门子超声波烙铁。此后，英国也制成了马拉德超声波烙铁。

这种烙铁是在电加热的烙铁头又加上超声波振动，通过熔化的焊料把超声波振动传给接合金属，利用超声波振动产生的空穴作用破坏金属表面的氧化层，熔化的焊料在该处接触被焊金属表面，在金属表面产生润湿，完成焊接工作。

3）高频电磁感应焊接

高频电磁感应焊接是在焊接部利用高频电流的电磁感应加热进行焊接，按设定的焊接条件控制电流的大小和加热的时间完成焊接工作的。焊接的频率为40kHz，输出功率为1 ~ 10W。

高频电流电磁感应焊接，最重要的是加热线圈的形状，它随不同材料的加热特性而不同，直接影响焊接性能。

（3）浸焊槽

所谓浸焊槽是在一定容积的槽子内，将焊料熔化，用于电气零件端子和引线或布线用导线，以及电缆等线头的预挂锡。与电烙铁相比，浸焊的特点是蓄热部位就是焊料本身，其导热性能远比电烙铁头的铜差，因而浸焊槽的容量应尽可能大一些，以保持热量。

（4）喷流槽

在浸焊槽中，由于焊料在不同温度时Sn和Pb的溶解度发生变化，从液态变成半固态时，一部元素要分离。因此，在凝成固体时，在浸焊槽的底部密度大的Pb的成分多，而在上部则Sn的成分多。假如第二天作业时，再加热原来槽中的焊料，即使焊料熔化了，但因没有对流，仍然保持浸焊槽底部Pb多，而上部Sn多的状况。为此，每次使用都一定要搅拌一次。若不搅拌就使用，则用在焊点上的是含Sn多的焊料，而在浸焊槽中剩下的是含Sn少的焊料。喷流焊料槽就是针对浸焊槽的不足应运而生的，如图9–25所示。

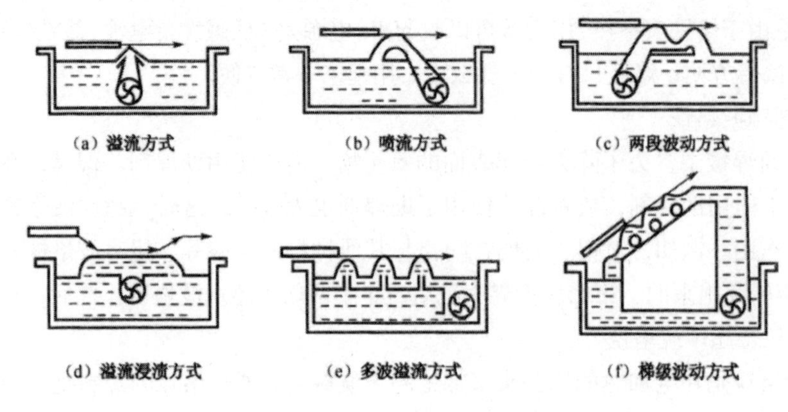

图 9-25 喷流焊料槽

2. 辐射热焊接方式

(1) 小型红外线聚光灯焊接方式

把石英灯作为光源，放在椭圆凹面镜中，通过光反射使光线聚集在另一个焦点上进行加热。由于这种方式可以进行局部加热，故不易损伤母材。但是，其缺点是：由于助焊剂的挥发，会使反射镜变模糊，加热效果变差。

(2) 激光焊接方式

激光焊接法是用激光的光点照射在焊接部位上进行加热焊接的。它是为适应电子设备的小型化、元器件的微型化、焊点的细密化而开发的焊接方式。

(3) 光束焊接法

光束焊接法是将高能量的光束集中照射在焊接部位进行焊接的方法。其作用原理与红外线焊法是相同的。其能量的来源是利用灯泡电极产生的弧光得到的。

三、自动化焊接系统

1. 概述

(1) 焊接自动化的意义

从单点焊发展到能适应现代化工业需要的多点焊，这一机械化技术水平是以印制电路板的大量连线焊接为标志的，它在电子设备生产中发挥了重要的作用。可以断定，这一技术足以满足今后电子工业向小型化和集成化方向发展的需要，而且还将发挥更大的作用。

(2) 自动化焊接的目的

实现焊接自动化的目的，归纳起来有以下四点。

①节省人力：人力资源不是随时可根据生产需要按计划提供的，而且人工费用

成本每年均有增加，因此，用机器来替代人，这是发展的大方向。

②提高产能：一个人的作业量是有限的，如果改由机器操作，不仅能大幅度地提高效率，实现大批量生产，还能降低生产成本。

③质量标准化：由于采用机械化和自动化生产，就可排除手工操作的不一致性，从而使产品质量能始终保持在一定的水平上。就能确保产品质量的一致性，实现产品质量水平稳定性不变。

④可完成手工操作无法完成的工作：例如，对精密的微型化领域，许多问题靠人的技能是无法解决的。这时，就只能靠先进的机械化技术来完成。

2. 波峰焊接技术的发展

（1）焊料波峰焊接技术的发展历史

焊料波峰焊接技术的发明及其推广应用，是21世纪电子产品装联技术中最辉煌的成就，它对电子工业发展的促进作用和所创造的经济效益是无法估量的，工业实践雄辩地表明了它是电子产品装联工艺中具有深远意义的革新。从世界上第一台具有工业应用价值的机器的诞生，到现在虽仅仅五十余年，但它却以非凡的速度走完了从诞生、完善到成熟，迈入了大面积、大范围的工业应用中。尽管目前由于SMT再流焊接工艺的大量应用，导致波峰焊接工艺的应用比率明显下降，然而波峰焊接在电子装联工艺中的应用，这种态势还将持续下去，特别是在我国将更是如此。

焊料波峰焊接动力技术的核心是要形成能用于自动化焊接的焊料波，这个波如何获得，便揭示了焊料波峰发生器动力技术的内涵。由于PCB的波峰焊接通常是在200 ~ 300℃的温度下进行的，液态焊料的氧化现象、表面张力的变化、杂质金属的混入、热劣化、波峰的平整性、焊料槽内温度场的分布和均匀性、热效率等问题，都是应该妥善处理的。

焊料波峰焊接技术虽然发明于英国，然而技术进步最快的却是在美国、瑞士、意大利、荷兰、德国。它们在发展机械泵式波峰焊接设备技术方面，都达到了较高的境地，特别是美国的Electrovert公司、瑞士的epm公司、意大利的IEMME公司、荷兰的Slotec公司、德国的ERSA公司等，它们的产品技术基本上都反映了现代波峰焊接技术的最新发展成果。

（2）焊料波峰动力技术的作用

焊料波峰动力技术是产生波峰焊接工艺所要求的特定的焊料波峰。它是决定波峰焊接质量的核心，也是整个系统最具特征的核心部件，更是衡量波峰焊接系统性能优劣的重要判据。它是融合了焊料波峰动力学理论、流体力学、金属的表面理论、冶金学、热工学、电工学等多学科知识于一体的综合性技术。对其技术要求可归纳如下：

有优良的焊料波峰动力学特性；波峰平稳，高度可调；具备一定的抑制高温液态焊料氧化的能力，最好不要使用防氧化物质；在保证热容量的前提下，力求焊料槽容量最小；热工特性好，节能省电，且有完善的温度自动控制措施；焊料槽设计应使所有焊料均能处于循环状态之中，从而保持焊料成分的高度均匀性，避免局部区域出现沉积熔析相的死角；加热器的设计和布置应使焊料受热均匀且无过热点；杂质金属对焊料槽的污染最小，且在长期工作中杂质金属浓度应能维持在一个较小的安全水准上并能达到动态平衡。

（3）焊料波峰采用的动力技术的分类

当今世界上在波峰焊接设备中所采用的焊料波峰动力技术，其分类大致可归纳为如图 9–26 所示。

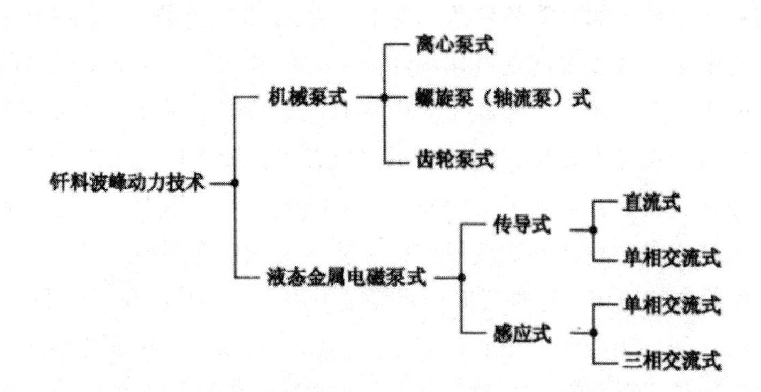

图 9–26　焊料波峰动力技术的分类

（4）以机械泵为动力的焊料波峰发生器

1）离心泵式焊料波峰发生器的结构原理

离心泵式焊料波峰发生器是机械泵焊料波峰发生器的主流结构，其典型结构如图 9–27 所示。

图 9–27 所示的结构，是由一电动机带动一泵叶，利用旋转泵叶的离心力而驱使液态焊料流体流向泵腔，在压力作用的驱动下，流入泵腔内的液态焊料经整流结构整流后，呈层流态流向喷嘴而形成焊料波峰。焊料槽中焊料绝大多数是从泵叶旋轴中心部的下底面吸入泵腔内的。

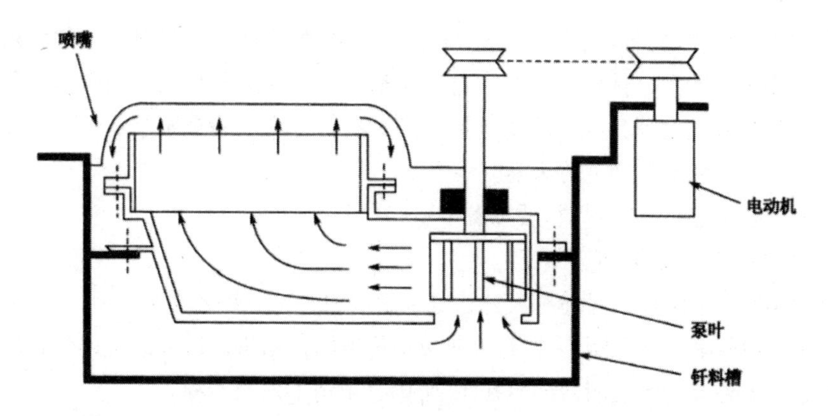

图 9-27　离心泵式波峰焊接系统示意图

为了减少焊渣的生成，降低液态焊料表面张力减少拉尖和桥连，美国 Hollis 公司（后为 Electroce 公司所兼并）发明了一种能往焊料中注油的 Z 形整流结构的离心泵式焊料波峰发生器的专利，如图 9-28 所示。

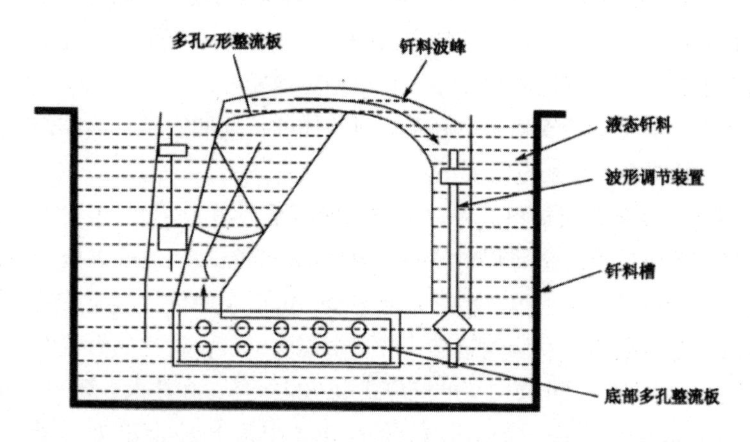

图 9-28　美国 Hollis 公司设计的 Z 形整流结构离心泵式焊料波峰发生器

2）轴流泵式焊料波峰发生器的结构原理

它与离心泵的不同之处，就在于对液态焊料的推进形式不一样，它是利用特种形状的螺旋桨的旋转而产生轴向推力，迫使流体沿轴向流动。轴流泵式焊料波峰发生器也是目前工业上应用较多的一种结构形式。

3）机械泵式焊料波峰发生器的技术评估

以 Fry’sMetal 发明为基础的机械泵式波峰焊法的焊料波峰发生器，虽然历史悠久，但结构复杂、旋转零件多、机件极易磨损、可靠性低、维修困难，由于机械泵的强烈搅拌作用，处于高温熔融状态下的焊料氧化厉害。焊料槽容积大，浸没在焊料槽内的旋转零件多，焊料受其他金属杂质污染的可能性大，焊料槽中的焊料需定期更新，资源浪费大，使用成本高，这一切都是长期困扰着其技术完善的障碍。机械泵式焊料波峰发生器，在工作中所产生的大量含有毒性的金属铅盐的焊料氧化废渣，将给地球环境带来严重的污染。

（4）液态金属电磁泵焊料波峰发生器

1）液态金属电磁泵概述

20 世纪 60 年代末，国外有人开始寻求解决机械泵式问题的新途径，1969 年，瑞士人 R.F.J.Perrin 首先提出了具有工业应用价值的，用于泵送液态金属焊料的传导式液态金属电磁泵的新发明，同时在 12 个国家申请了发明专利。

1982 年，法国也有类似的技术获得专利权。1989 年，日本也有类似的技术申请了专利。

传导式液态金属电磁泵焊料波峰动力技术的应用，虽然为 PCB 波峰焊接设备技术开创了一个新的技术领域。它在简化结构、减少磨损、增加寿命、减小焊料槽容积等方面，无疑是创新的。然而，它在应用中所暴露的问题表明它也并不是很完美。由于在这种泵结构中，用于产生传导电流的升流变压器系统是必不可少的。特别是电极材料要求特殊，不仅电阻率要小，化学稳定性要好，无磁性，而且要求能长期耐受低电压大电流（近千安培）及高温焊料流体的长期冲刷而不熔蚀，对高温液态焊料流体亲合性要好，接触电阻要小。

针对传导式液态金属焊料波峰动力技术的不足，20 世纪 80 年代末，由我国发明的单相交流感应式液态金属焊料波峰动力技术，为新一代波峰焊接设备技术的发展开辟了一条新途径。它去掉了传导式液态金属电磁泵的传导电流及其产生系统，由传导式液态金属电磁泵发展到感应式液态金属电磁泵，就犹如由带电刷和换向器的电动机演变到去掉电刷和换向器的感应式电动机一样，在技术上是一大进步。

将液态金属电磁泵正式应用于波峰焊接设备中始于 20 世纪 70 年代。瑞士、法国是率先研究传导式液态金属电磁泵波峰焊接设备的国家，其代表性机型是瑞士出产的 6TF 和 KD4330 等机型。20 世纪 80 年代，日本在研发三相感应式液态金属电磁泵波峰焊接设备方面也取得了明显的进步，其代表性机型是日本 Tamum 公司推出的 “FLIP” 三相平面线性吸入泵的系统，之后日本电热计器株式会社也推出了型号为 “ELMAVflow” 的类似的产品。20 世纪 80 年代末，我国在研发单相交流感应式液态金属电磁泵波峰焊接技术上也获得了多项发明专利，其代表性机型是 DCB2F 和 NSM 两大系列。

2）分类

液态金属电磁泵基本上可分为感应式和传导式两大类。感应式泵与传导式泵相比，具有无电极、可直接用市电而不需要升流变压器等优点。在波峰焊接系统中普遍都采用平面型电磁泵。

3）传导式液态金属电磁泵

20 世纪 70 年代中期，瑞士 KIRSTN 公司利用此技术在世界上首先推出了单相交流传导式液态金属电磁泵波峰焊接机系列产品（6TF 系列）。如图 9–29 所示为瑞士人 R.F.JPerrin 设计的传导式液态金属电磁泵的结构模型。

图 9–29 中开口铁芯 2 用来产生泵作用的磁场，用绕组 3 和铁芯 4 构成泵传导电流变压器，该变压器的二次绕组由汇流板 5 和泵沟 6 中的液态焊料 8 共同构成单匝闭合回路。假定在某一瞬间，泵沟中磁场极性和电流的方向如图 9–29 所示，那么电流和磁场相互作用的结果，就在该瞬间产生如图 9–29 所示方向的作用力。二次绕组的结构部分是不能移动的，而泵沟中的液态焊料是可以移动的。因此，在焊料槽 1 泵沟中的液态焊料在电磁力的驱动下，迫使其朝向喷口方向流动，并从喷口中喷流而出形成焊料波峰 7。

图 9–29 的结构模型中励磁磁场和传导电流是采用同一个线包 3 来激励的，该专利中还给出了用两套独立的电磁系统，用来分别产生励磁磁场和传导电流。

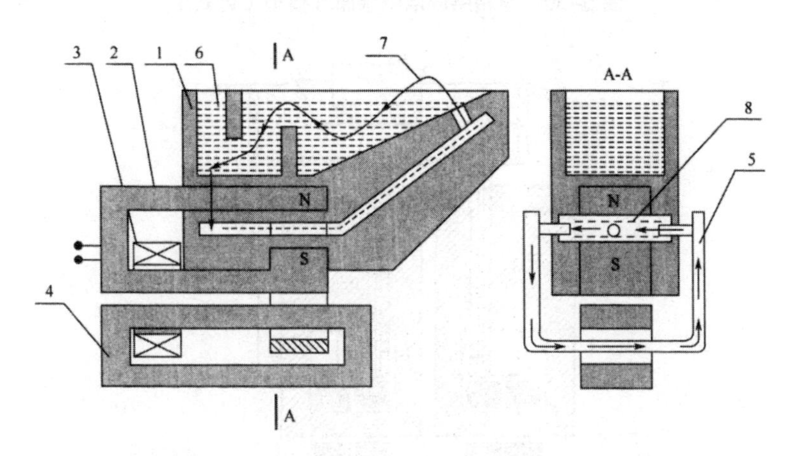

1—焊料槽；2—开口铁芯；3—绕组；4—铁芯；5—汇流板；
6—泵沟；7—焊料波峰；8—液态焊料

图 9–29　传导式液态金属电磁泵物理模型（专利：CH013065）

我国进行传导式液态金属电磁泵的研究，并将其应用于波峰焊接系统中，是在 20 世纪 70 年代末开始的，是为克服国外的传导式液态金属电磁泵焊料波峰发生器在工业应用中所暴露的共性问题：波峰不稳、焊料氧化严重等缺陷而设计的。

4）单相交流感应式液态金属电磁泵

20 世纪 80 年代末，我国在研发单相感应式液态金属电磁泵领域取得了成功。其原理模型和双波结构图分别如图 9–30 和图 9–31 所示。其工作过程以图 9–30 为例描述如下：当励磁线圈 2 接入一定幅值的单相交流电压后，在开口铁芯 1 的开口气隙中激励起交变磁通，该磁通由于所经历的路程不相等原因，沿泵沟 5 的纵向被分裂成在时间即相位上和空间位置上均有差异的若干个磁通分量，泵沟 5 内液态金属焊料受力的大小与这些磁通幅值的大小成正比，受力的方向是由超前磁通指向滞后磁通，从而驱使液态金属焊料沿着规定的混流腔 6 方向流动，经整流导向板 7 整流导向后，沿着路线 8 由喷嘴 3 喷出，形成平稳的波峰。

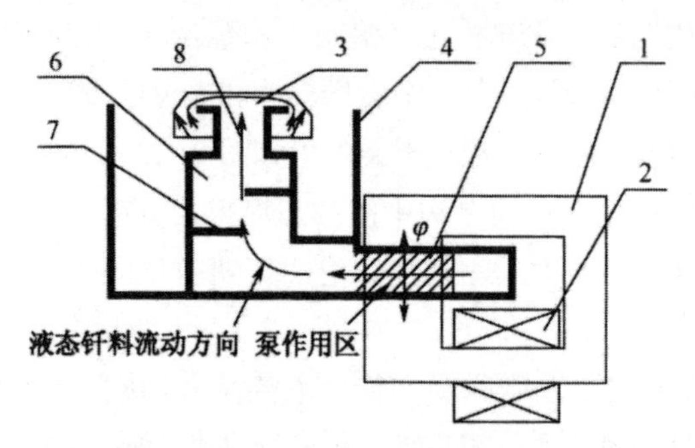

图 9-30　单相感应电磁泵原理模型（卧式）

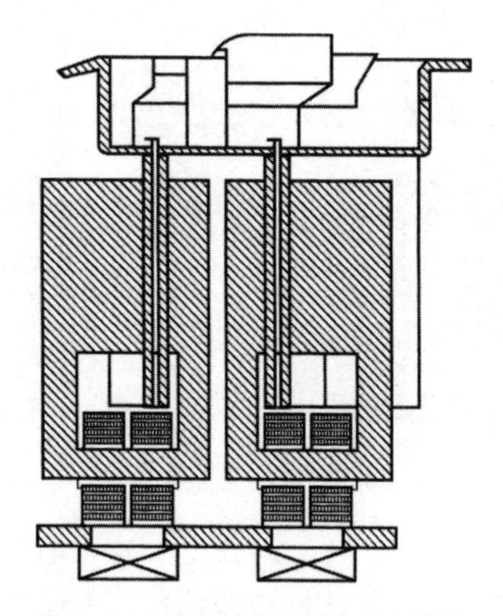

图 9-31　双波峰结构模式（立式）

3．再流焊接技术的发展

（1）再流焊接定义

再流焊接是利用加热将覆有焊膏区域内的球形粉粒状焊料熔化、聚集，并利用表面吸附和毛细作用填充到焊缝中而实现冶金连接的工艺过程。

随着 PCB 安装方法由传统的穿孔插入安装（THT）方式迅速向表面安装（SMT）

方式扩展，再流焊法也正迅速发展成为现代电子设备自动化软焊接（以下简称焊接）的主流技术之一。

（2）再流焊法的演变及其特点

再流焊法的出现就其历史而言，并不晚于波峰焊法，其演变大致可分成如下阶段。

1）电阻炉加热再流焊法。电阻炉是再流焊法在发展初期所常用的一种加热形式，整个被焊装配件在电阻炉中被整体加热到焊接温度。电阻炉再流焊接方式，炉内温度分布均匀性差，热效率低，温度控制精度较差。因此，现在采用纯电阻炉进行再流焊的方法已经极为罕见。

2）远红外线加热再流焊法。远红外线是具有 3 ~ 10inm 波长的电磁波。通常 PCB 板、助焊剂、元器件等的封装材料都是由原子化学结合的分子层构成，这些高分子物质因分子伸缩、变换角度而不断振动。当这些分子的振动频率与频率相近的远红外线电磁波接触时，这些分子就会产生共鸣，振动就变得更激烈。频繁振动发热，热能在短时间内能够迅速均等地传导到整个物体。因此，物体无须从外部进行高温加热，也会充分变热。

远红外线加热再流焊接的优点是：被焊件产生的热应力小，热效率比电阻炉高，因而可以节省能源。由于这种设备体积一般都比较小，所以安装占地也小。其缺点是：由于红外线照射，被照射的同一物体表面呈均匀的受热状态，像金属那样导热好的物体，温度上升会稍慢些。而且被同时照射的各物体，因其表面色泽的反光程度及材质的不同，吸收热量不同而导致彼此间出现温度差，个别物体会因过量吸收热能而可能出现过热现象，这一切在应用中都是应该关注的因素。

3）强制热风对流加热再流焊法。强制热风对流再流焊接是一种通过对流喷射管嘴或耐热风机来迫使气流循环，从而实现对被焊件加热的一种再流焊接方法。该类设备自 20 世纪 90 年代开始兴起，由于采用此种加热方式的 PCB 基板和元器件的温度接近给定的加热区的气体温度，克服了红外再流焊接的温差和遮蔽效应，故目前应用较广。在强制热风对流再流焊接设备中，循环气体的对流速度至关重要。为确保循环气体能作用于 PCB 的任一区域，气流必须具有足够快的速度。这在一定程度上易造成薄型 PCB 基板的抖动和元器件的移位。此外，采用此种加热方式就热交换方式而言，效率较低，耗电也较多。

美国 BTU 国际公司在 IRS 系列再流焊接系统中所采用的高效能循环热传导设计，由于不用风扇而采用 BTU 的专利技术——气体放大器，使气体消耗降到最低。VIP 系列是 BTU 推出的用于中、小规模的 SMT 焊接生产中，它采用气体放大器与风扇相结合的设计。

4）远红外线—热风再流焊法。红外线—强制热风循环再流焊接，它是一种将热风对流和远红外线加热结合在一起的加热方式。它集中了红外再流焊法和强制热风对流再流焊法两者的长处，即它既充分利用了远红外线穿透力强、热效率高、节电的特点，同时有效地克服了远红外线再流焊的温差和遮蔽效应，又弥补了热风再流焊对气体流速要求过快而带来的影响。扬长避短地加以组合，因此是目前较为理想的复合式加热方式。

对炉内结构说明如下。

①上、下都安装远红外线加热器，为了实现形成 PCB 基板温度＞导线温度＞元器件本体温度的温度差异，故采用了从底座下面加热的方式。

②从上部加热器小孔吹向 PCB 基板的空气是层流，把层流空气吹到 PCB 基板平面后，发生紊流效果，可以使藏在 PLCC 等本体下的导线部分也接受到加热空气。

5）饱和蒸汽再流焊（VPS）法。饱和蒸汽再流焊接亦称气相再流焊接（Vapor Phase Soldering，VPS），是由威斯坦电气公司（Westen Electric）研制出来的，早期它是利用高沸点、热稳定性好、抗氧化的氟系列碳氢化合物作为传热介质。将液态氟碳氢化合物加热到沸腾状态，并在系统设计时采取措施，使得比空气重的沸腾蒸汽保持在设备内。当系统达到平衡时，蒸汽的温度等于液体的沸点温度，而且在加入被焊 PCB 组件之前一直保持该温度。当把被焊的 PCB 组件加入后，其所有表面立刻充当了冷凝片的作用，当蒸汽在组件表面上转变为液体时，放出其蒸发潜热。当该热传递过程停止时，组件温度升高到液体的沸点温度。因为组件的所有表面均参与了传热过程，而且传热方式相似，所以可以在相当短的时间内加热被焊组件，从而达到很高的经济性。当被焊组件达到了焊接温度，就可以慢慢地把被焊组件从蒸汽中抽出。焊膏中球状焊料微粒重熔后析出的助焊剂残留物，经过蒸汽液化后的清洗作用，从而同时达到对被焊组件的净化目的和要求。该焊法研制出来的最初几年，由于处理液价格昂贵且货源短缺，未能得到充分利用。直到 1977 年 3M 公司研制出“FrorientFC-70”处理液后，综合技术公司（Hybrid Technology Corp）利用此成果向工业部门正式推出了商用机型。

饱和蒸汽再流焊接与 IR、对流系统相比，蒸汽凝集气氛具有更好的热交换性能。因而允许在 PCB 上以较大的热质量进行均匀的热转换。

6）激光再流焊法。激光束为我们提供了另一种适用于表面焊接的辐射加热方法。激光可以在比较短的时间内把被焊表面加热到润湿温度。采用这种加热方式时，遇到的主要困难是：如何在正确的焊接操作顺序和在最短时间内加热两个被焊零件的条件下，把激光束对准特定的目标区。

激光在 PCB 焊接中的典型应用是采用波长在 10pm 以内的激光束（不可见光）。

该激光束是由专门用于焊接的 50W 二氧化碳激光器产生。为了把激光束精确地定位于焊接区，通常都是采用数控方式。焊接速度可达 3 个焊点 / 秒。

近些年来，由于军事和空间电子装备中普遍采用了金属芯电路组件和热管式 PCB，这些器件及 SMA 的热容量都比较大，采用红外线、热风、VPS 等再流焊法需增加加热时间，这将构成影响电子装备可靠性变差、连接缺陷增多的因素。因此，采用激光再流焊法可快速地在待焊区上局部加热使焊料再流即可消除上述缺陷。

第十章　焊接接头的界面特性

第一节　焊料的润湿界面的形成

一、焊料的润湿

Sn 系焊料对基板上电极材料的润湿性，依存于电极及焊料表面覆盖的氧化膜的状态。焊料对电极的润湿机理，如图 10–1 所示。在安装基板配线电极上所覆盖的焊料量，随焊接工艺的不同而变化，不论在什么场合下形成的焊料圆角的形状，都对安装的可靠性有着极其重要的影响。焊料的润湿是形成圆角的重要因素。

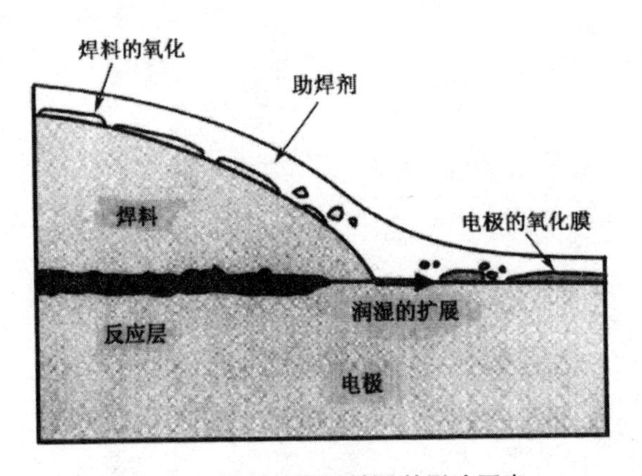

图 10–1　焊料的润湿性及其影响因素

在焊接中母材表面被熔融的液态焊料润湿后，伴随着扩散和熔蚀的发生，在两相之间的界面附近生成了新的金属间化合物，导致结晶后两相金属生成了冶金连接界面层。该界面层的金属组织结构并非是一层均匀的金属组织结构，而是随不同的焊料及母材的金属成分、温度的变化及温度作用的时间的长短而不同。

当然，在实际的使用中，很多情况是多种金属共同参加反应，生成的反应物是三元甚至多元的，比表中的情况复杂得多。另外，不同的焊料合金，甚至同一种焊料合金与不同的金属焊接时的界面反应和焊缝组织都不一样，它们的可靠性也不一样。由于电子元器件的品种非常多，特别是元件焊端的镀层很复杂，可能会存在某些元件焊端与焊料的失配现象，造成可靠性问题。因此，一定要仔细选择并管理元件。

接合界面的强度，可以采用传统的润湿试验来评价，图 10-2 示出了采用静滴法的模式图。图中的接触角 θ 可用金属的表面能；γ_m 和附着功 Wad 按下列公式（Young—Dupre 式）来求得。

$$Wad=\gamma_m(1+\cos\theta)$$

接触角 θ 的测定后，由式（2.1）即可进行界面接合性的评价。上式中，表面能也可叫作“表面张力”。由于大部分金属的表面能都已列入热力学数据库。因此，用实验测定接触角 θ 后，便可由上式求得附着功 Wad，即可很方便地获得界面结合强度指标。

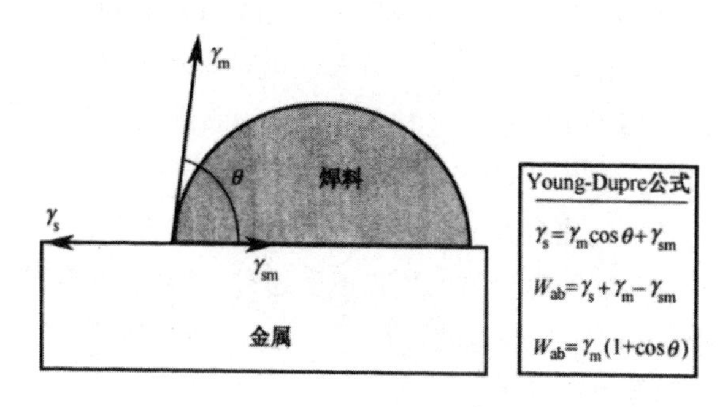

图 10-2　润湿的接触角示意图

二、界面的形成

Sn 基焊料和母材金属界面，几乎都要形成金属间化合物层。

①为在 1min 以内的短时间内形成的接合界面，这是目前在电子产品装联焊接中，普遍存在的最接近的界面。在此种情况下，基板金属表面的形状变化很少，平整性也很好。

②界面是在高温下长时间地进行焊接的场合，由照片中可明显观察到电极发生了明显的熔蚀现象，界面化合物生长得很厚，即在 Sn 中分散着 Cu 的化合物，这样的界面在基板电极也变得很不平坦，给接触角 θ 的测定带来了很多可变因素。

三、焊接界面反应机理

Sn 和母材金属界面的形成，几乎在各种场合下都要形成金属间化合物层。该组织只需很短的时间内（< 1min）就能形成这种接合界面。它是目前电子设备成批生产焊接中普遍出现的一种界面构造，而基板金属表面形状几乎未发生变化，基板原

有的平整性也未受到影响。

Sn 基焊料合金和 Cu 基体焊接时所形成的界面，大体上从 Cu 侧依次形成 $\varepsilon-Cu_3Sn$、$\eta-Cu_6Sn_5$ 两层金属间化合物。而其焊料中所形成的金属间化合物，则基本上决定于焊料合金的成分。

对于 Sn 焊料，除添加 Zn 的合金元素外，大部分的界面在 Cu 侧依次生成 $\varepsilon-Cu_3Sn$、$\eta-Cu_6Sn_5$ 的二层化合物。在再流焊接情况下，$\varepsilon-Cu_3Sn$ 其厚度均小于 1μm，因而很难观察到它，在一般的显微照片中所能看到的部分，大都是 $\eta-Cu_6Sn_5$。界面层的形态对接续构造的可靠性影响很大，特别是厚的反应层的形成，其粒子尺寸的缺陷将带来不良的后果，因此，必须要尽力避开。

母材是由电极、元器件和基板等不同的材料构成的，它们彼此间的热膨胀系数差异很大，因此，很容易发生龟裂。由界面反应层的生长机理可知，确保接头部的可靠性是非常重要的。图 10-3 示出了 Sn、Sn-3.5Ag 和 Cu 的界面反应层的固相生长形态。在反应的初期，溶入焊料中的 Cu 原子一般都未达到饱和状态，新生成的固态金属间化合物甚至还能再次溶解，这时界面处于固、液两相共存状态，结晶与溶解是双向进行的，因此，此时界面反应速度很快。随着母材溶解的进行，Cu 的浓度逐渐升高，已生成的金属间化合物又进一步阻碍了原子的扩散，导致界面反应速度开始减慢。然而，只要金属间化合物的生长速度超过其溶解速率，界面层就还要继续增厚，当 Cu 达到饱和时，溶解也就停止了。此后，随着温度降低，焊料凝固，Cu 在固体焊料中的溶解度也将下降。

图 10-3 是 Sn/Cu 和 Sn-3.5Ag/Cu 的界面反应层的固相生长情况。

反应层的厚度随时间的变化而变化，其变化规律大致是厚度与时间的平方根成正比，具体可用下述数学式表示：

$$X - X_0 \propto \sqrt{t}$$

式中，X 为反应层厚度；X_0 为初始厚度 it 为反应时间。

如果用扩散激活能 Q 表示的话，Sn 和 Cu 的界面反应所生成的界面反应层的厚度 X 可用下式表示：

$$X(t,T) = X(0,T) + K_0 t^n \exp(-\frac{Q}{RT})$$

式中，X（t，T）是在绝对温度下反应时间为 T 所形成的界面反应层的厚度；K_0 是常数；Q 是扩散激活能；R 是气体常数；T 是反应温度。在扩散律速度的场合，$n \approx 0.5$ 实际上是 Sn 基焊料 /Cu 界面的固相反应，大多取值范围为 0.4 ~ 0.5。

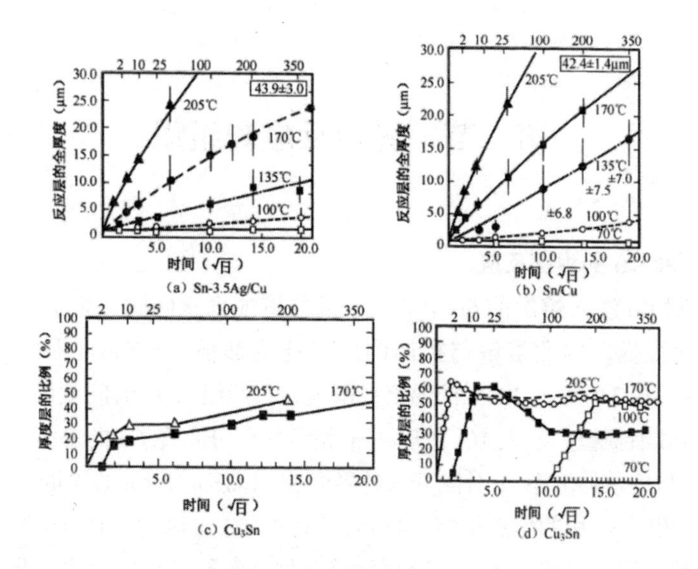

图 10-3　固相反应层的生长

在焊接时 Sn 和 Cu 形成界面层的扩散过程中，同时存在着沿晶内扩散的体扩散、沿晶粒界面扩散的晶界扩散，以及诸如 Cu 和 Sn 相互间的扩散，这些原子扩散方式的路线和方向，如图 10-4 所示。

处于熔融状态的焊料 Cu 间反应层的生长，对伴随 Cu 的溶解反应而认为是单纯的扩散过程是不确切的。实际上，对于在 250℃附近的反应例，实测 Cu/SnAg 界面 $N \approx 0.33$（> 220℃），而 Ni/SnPbAg 界面 $n \approx 0.33$（250℃）。图 10-5 所示为反应层的生长，时间轴大多是以平方根的形式表示的。图中的"晶出"部分，是由液体的凝固过程中在反应层表面析出的，是与生长过程有关的。该部分的影响，和界面层的整体生长相比是很小的。而且在 Sn 合金侧的界面，变形成了明显的凹凸状态，且具有立体感。

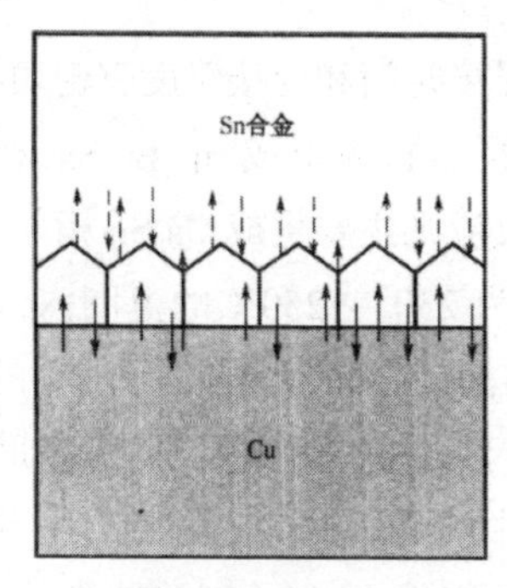

图 10-4　在 Cu 焊料界面反应时的元素移动模式

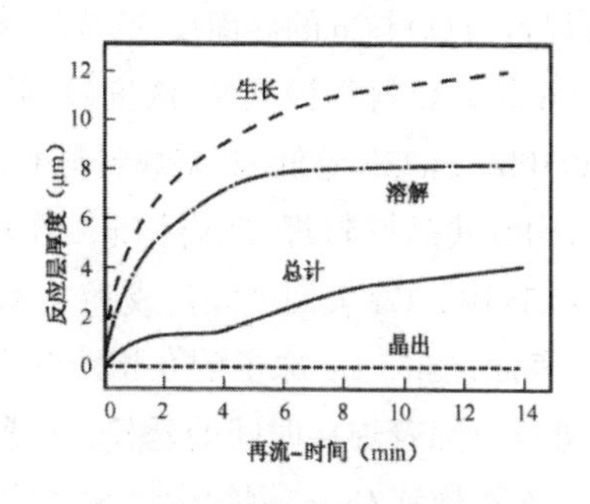

图 10-5　Sn-3.5Ag/Cu 界面在再流焊接中反应层的生长

第二节　界面反应和组织

一、Sn 和 Cu 的界面反应

当把母材 Cu 浸入熔融的 Sn 中后，扩散与熔蚀也就同时发生了。由于此时 Su 中的 Cu 浓度很低，因此溶解与扩散的反应速度都很快，Sn/Cu 界面会立即出现 η−Cu_6Sn_5 相。在 240℃ ~ 300℃的温度范围内，只须浸入 1s 时间就可观察到初生相 η−Cu_6Sn_5 的微细颗粒；浸入 10s 之后，η 相已连续分布在 Cu 的表面上了，形成一个将母材 Cu 与熔融的液态 Sn 分隔开来的界面层。Cu_6Su_5 中 Cu 的含量达 40%，因此，ε 相是富 Sn 相。η 相的熔点很高（415℃以上消失），因此，在电子装联焊接的温度下呈固体状态。一旦形成了这一金属间化金物界面层，η 相的进一步生长就需要原子的扩散来实现；Cu 需要从基材一侧穿过这个金属间化金物而与液态 Sn 结合，Sn 也要穿过这一界面层而与 Cu 结合。因此，随着界面层的形成、生长，界面反应速率也将随之降低。原子的扩散与界面层的生长也使界面层两侧的成分、浓度处于不断的变化之中。穿过 ε 相的少量 Sn 原子与 Cu 结合形成 ε 相（ε Cu_3Sn），导致界面层出现双层金属间化合物组织。Cu_3Sn 中的 Cu 含量可达 60% 以上，因此 ε 相是富铜相；穿过 η 相的少量 Cu 原子则与较高的 Sn 结合促使 η 相继续生长。因此，SmCu 界面反应层组织通常是双层金属间化合物的组织形态。

Sn 和 Cu 基体焊接时所形成的界面，大体上从 Cu 侧依次形成 ε Cu_3Sn、η−Cu_6Sn_5 两层金属间化合物、Sn 层。

二、Sn 基焊料和母材 Cu 的界面反应

Sn 焊料与母材 Cu 的界面反应，与焊料成分、焊接时间和焊接温度有密切的关系，如 Sn37Pb 共晶焊料等因其 Sn 浓度较高，故界面反应首先形成 η−Cu_6Sn_5 相，而对诸如 Sn95Pb、Sn73b 等低 Sn 基焊料与 Cu 的界面反应则主要生成 Cu_3Sn 相。

用 SnPb 共晶焊料焊接母材 Cu，在焊接温度为 230 ~ 250℃的范围内，在反应初期 1 ~ 3s 内，Cu 表面就能生成 1 ~ 3μm 的 Cu_6Su_5。随着 Cu_6Sn_5 呈连续的层状分布于 Cu 表面，Sn、Cu 原子的互相结合变得困难起来，进一步地反应需借助原子扩散才能进行。随着焊接时间的延长，扩散到焊料中的 Cu 原子与 Sn 结合引起；相继续生长，而扩散到 Cu 一侧的少量 Sn 原子与较高浓度的 Cu 结合又形成新的 Cu_3Sn，于是界面形成了双层组织。与纯 Sn 一样，Sn 基焊料和母材 Cu 焊接时所形成的界面

层的结构，也是依次形成从母材 Cu— ε Cu_3Sn— η —Cu_6Sn_5—Sn 的基焊料层。

所不同的是对 Sn3.8Ag0.7Cu 钎料合金来说，钎料体中出现了两种金属间化合物 Cu_6Sn_5 和 Ag_3Sn，而对 Sn3.5Ag 来说，钎料体中只出现 Ag_3Sn。这主要是在再流焊接时，前者 Cu 的来源更丰富。

另外，SnZn 钎料合金和 Cu 基材焊接时，和其他 Sn 基钎料合金所形成的界面反应相比有较大的差异。

但是，如果焊接时间过长或焊接温度过高，将导致焊料一侧因大量 Sn 原子消耗而出现一个富 Pb 层，而作为 Cu 供应源的 Cu/Cu_3Sn 的界面附近则因 Cu 的过度消耗而形成空洞。

1．SnPb 焊料和母材 Cu 的界面反应

长期以来，SnPb 焊料与 Cu 界面反应是借助于 SnCu 二元合金的状态图来进行分析的，到 20 世纪 90 年代中期才有 Sn–Pb–Cu 的三元状态图。因此，当用 SnPb 焊料焊接 Cu 母材时，其界面反应有如下特点：

① Cu 能溶于熔融的 SnPb 焊料中。

② SnPb 焊料的共晶温度因 Cu 的溶入而略有下降。例如，SnPb 共晶焊料溶入少量的 Cu 后，其共晶温度降到了 SnPbCu 三元共晶成分（Sn38.5Pb0.2Cu）的温度 182℃。显然，在特定的工艺条件下，焊料熔点的降低有利于其润湿。

③在多数情况下，界面反应的产物是金属间化合物 η–Cu_6Sn_5 相；只有使用 Pb 含量很高的焊料或当 Cu 达到了很高的浓度时，界面层中才会出现新的金属间化合物 ε–Cu_3Sn 相。

在普通焊接温度下，在 Cu 和 SnPb 焊料之间生成了 ε–Cu_3Sn（基体金属侧）和 η–Cu_6Sn_5（焊料侧）二层化合物。而焊接温度在 300℃以上时则将出现 Cu31Sn8（对目）及其他结构不明的合金。

这种结合与温度有关，在正常的润湿温度再流状态下，ε–Cu_3Sn 合金层的厚度只有 1μm 以下，因而很难将其区分出来，界面层中大部分是 η–Cu_6Sn_5 合金层。

Cu_6Sn_5 金属间化合物与 Cu 在所有焊料中均有很好的黏附性。界面层的形态，对连接的可靠性影响很大，由于金属间化合物的脆性和母材的热膨胀等物性上的差异，很容易产生龟裂。焊料的熔化过程（即通常的焊接过程）是反应层的成长过程。液态焊料的凝固过程，对反应层在表面上的析出、成长也是有所促进的，但其影响在全部成长的反应层中仅占较小的部分。

2．Sn3.5Ag 焊料和母材 Cu 的界面反应

Sn3.5Ag 共晶焊料是一种熔点较高的无铅焊料合金，它是由 1μm 以下的微细的 Ag_3Sn 粒子（白色）成纤维状分散在 Sn 基体中形成的。由于在 Sn 中 Ag 几乎是不固溶的，

故 Ag_3Sn 是稳定的化合物，一旦形成，即使在高温下放置也不容易粗大化，故其耐热性良好。

在 Sn 基焊料 /Cu 界面形成的是从 Cu 侧→ Cu_3Sn → Cu_6Sn_5 →焊料的层状构造。而 SnAg 焊料 /Cu 的界面也不例外，也是与上相同的反应层构造。

Cu_3Sn 比较薄，且 Cu 和 Cu_3Sn 的界面比较平坦，而 Cu_6Sn_5 比较厚，在焊料侧形成许多像半岛状的突起。照片中的界面组织虽然是在实验的条件下形成的，然而由再流焊接所形成的组织也是相同的。

当连接部受到外力作用时，界面的高强度应力集中最易发生在凸凹的界面处，而不会在平坦的界面上形成。

在实际的基板上，由热疲劳等而引发的龟裂，与由焊料圆角、引线、基板上的图形，以及部件的材质和形状等所引发的应力集中的情况是不同的。因此，所有发生在界面上的龟裂，在多数场合是由于在界面形成了不良的合金层所致。

3．SnCu 焊料合金和 Cu 的界面反应

当采用 SnCu 焊料合金和基体 Cu 焊接时，其界面反应所形成的金属间化合物是 Cu_6Sn_5 和 Cu_3Sn，而在焊料体内的大颗粒金属间化金物是 Cu_6Sn_5。

4．SnZn 和 Cu 的界面反应

含 Zn 合金的浸润性都非常差，且接触角明显增大，主要是因为 Zn 很容易氧化，而且整个系统的表面能较高。

用含 Zn 的焊料和 Cu 基材焊接时，和其他 Sn 基焊料合金所生成的界面层反应相比有较大的差异。从中可见其生成的反应层非常薄，也见不到像 Cu_6Sn_5 相那样的非常明显的凹凸状。SEM 只能观察到反应层的一层，实际上用 TEM 可以观察到其整个界面层的结构分布是，从 Cu 侧→ β′ –CuZu → γ –Cu_5Zn_8 →焊料。Cu_5Zn_8 生长得比较厚，用 SEM 等可以对该层进行宏观观察。

5．SnAgCu 焊料合金和 Cu 的界面反应

用 SnAgCu（以下简称 SAC）焊料焊接 Cu 基体时，焊料 SAC/Cu 界面间生成的界面层组织分布是，从 Cu 侧→ Cu_3Sn → Cu_6Sn_5 → SAC →焊料。

此时在 SAC 焊料中同时存在 Cu_6Sn_5 和 Ag_3Sn 两种金属间化合物。

三、Sn 基焊料合金和 Ni 的界面反应

镀 Ni 在电子元器件中应用很广。Ni 涂覆层具有表面较平、稳定性高、货架寿命良、焊接性尚可等优点。Ni 涂覆层的性能不仅受工艺方法（如电解镀或无电解镀）的影响，而且还受磷添加量的差异［低磷（含 P 量 1% ~ 5%）、中磷（含 P 量 6% ~ 10%）和高磷（含 P 量＞ 10%）］的影响。因此，这给研究其界面反应的影响因素增加了

一些复杂性。

一般 Ni 是稳定的，其界面反应层与 Cu 相比是相当薄的，晶粒比较细。其热膨胀系数（CTE）为 12.96ppm/℃，比 Cu 的（16.56ppm/℃）小。

Ni 作为可焊接的阻挡层能阻挡 Cu 向焊料中扩散。经过焊接和老化，Ni 与 SnPb、SnAg 等合金形成了 Ni_3Sn_4 金属间化合物，在其他情况下，当用 SnAgCu 焊料合金焊接 EING Ni（P）/Au 镀层时，其界面反应形成的界面层组织结构，也能在形成的（$Ni_{1-y}Cu_y$）$_3Sn_4$ 金属间化合物上形成（$Cu_{1-p-}qAu_pNi_q$）$_6Sn_5$。

在镀 NiP 合金场合下，形成 Ni_3Sn_4 是可以确定的，而关于其详细的界面构造还在继续研究中。日本学者菅沼克昭在最新获得的数据基础上，用图解方法归纳了 Ni/Sn 的界面组织模型。

在无电解镀 NiP 合金的情况下，从镀层 Ni 向焊料侧由扩散过程形成了 Ni_3Sn_4 和薄的 Ni_3SnP。由于在与 Sn 的反应中消耗了 Ni，多余的 P 就积累在 Ni/IMC 界面，从而导致了富 P 层（Ni_3P+Ni）的出现。在 Ni_3Sn_4 和富 P 的 Ni 层界面上由于 Sn 扩散进入 IMC 层后，在 IMC 层上的焊料里就容易出现柯肯多尔（Kirkendall）空洞。使该界面附近的接合强度低下而容易发生接触不良和劣化，即所谓黑垫。因此，充分理解镀层的状态和再流焊接条件来进行工艺过程控制是非常重要的。

四、Sn 基焊料和 Ni/Au 镀层的冶金反应

以 SAC_30_5 焊料在 ENIG 焊盘上焊接为例，说明锡基焊料在镍金焊盘上的反应机理。当焊料融化并在 ENIG 表面铺展时，表面的金会迅速溶解到焊料中，真正与焊料形成合金的是底部的镍层。镍与锡基焊料的反应过程是：

①首先形成的是 Ni_3Sn_4 或者（Cu，Ni）$_3Sn_4$ 的合金。这层合金比较薄。

②当温度增高或时间加长时，由于底层的镍的补充，在（Cu，Ni）$_3Sn_4$ 表面会形成块状的（Cu，Ni）$_6Sn_5$ 合金。

在相同条件下，镍锡合金的生长速度比铜锡合金要慢，而且比较稳定，连续性好。因此，通常在条件相同的情况下（即同样的再流和老化条件下），镍镀层焊盘上形成的金属间化合物的粒度大小和结合层厚度，均明显小于在 OSP 铜焊盘上的情况。

前面已介绍了为改善可焊性目的，在 Ni 层上镀一层薄金。此层 Au 在焊接过程中完全溶入了液态焊料中。因此，它对界面层的形成没有贡献。最后还是和 Ni 镀层一样，由 Sn 和 Ni 反应形成的界面合金层。

虽然镍锡合金比较稳定，连续性好，但在实际生产中也存在下述问题。

①金脆问题：ENIG 表层的 Au 能与焊料中的 Sn 形成 AuSn 间共价化合物（$AuSn_2$、AuSn、$AuSn_4$）。

有研究表明，当经过老化或长时间工作后，这些含金的化合物会逐渐聚集到界面附近。当焊点中金的含量超过 3% 时会使焊点变脆，使得焊点的可靠性下降。如果过多的 Au 原子溶解到焊点里，无论是 SnPb 还是 SnAgCu，都将引起“金脆”。所以一定要限定 Au 层的厚度，用于焊接的 Au 层厚度一般应控制在 0.1 ~ 0.3μm。

② P 偏析：由于化学镀灿的工艺问题，ENIG 的镍层并不是纯镍，而是含有一定 P 的 NiP 合金。以含 P 量的多少分为高 P、中 P 和低 P。当 P 含量高时，镀层的抗腐蚀能力增强，但脆性增加，可焊性下降。目前，一般采用含 P 量 7% ~ 9% 的中 P 镀层。当表层的 Ni 与焊料中的锡不断形成合金，表层会形成一定厚度的高 P 层。由于 P 是无机物，这层物质的强度相对比较差，如果高 P 层持续生长，就会对焊点的可靠性造成较大影响。

五、Sn 基焊料和 Pd 及 Ni/Pd/Au 涂覆层的冶金反应

1. Sn 基焊料和 Pd（/Au）涂覆层的冶金反应

Pd 和 Au 一样是贵金属，它作为有潜力的表面涂层，在下述几个方面优于 Au：

①价格比 Au 便宜；

②密度比 Au 低（Pd 为 12.O2g/cm^2，Au 为 19.32g/cm^2）；

③ Pd 抗拉强度比 Au 高 35%；

④硬度为 250 ~ 290Vicker，为 Cu 的 2 倍、Au 的 3 倍，更适合接触应用；

⑤在 Sn40Pb 中溶解比 Au 慢（Pd 为 0.01μm/s，Au 为 5μm/s），因此对焊点的掺杂不敏感。

与 Ni/Au、Ni/Ag 涂层相比，由于 Pd 涂层的针孔率远远低于 Ni/Au 和 Ni/Ag 的针孔率，故 Pd 表现了良好的可焊接性和稳定性。在 Pd 层上加镀一层闪 Au 层能进一步提高存储的稳定性。非电镀 Pd 涂层工艺，主要是带闪 Au 或不带闪 Au 的一个自动催化过程。其中带闪 Au 厚度小于 0.0.5μm，用作焊接时的 Pd 层厚度为 0.0.5 ~ 0.225μm，典型值为 0.1 ~ 0.15μm。用作引线键合时 Pd 厚度约为 0.6μm。

与 HASL 工艺相比，厚度 0.1 ~ 0.15pm 的纯 Pd 层能提供高度可焊接化处理。在波峰焊或再流焊时，Pd 层在焊料中分解，以悬浮形态保持。在焊料和基体金属界面所形成的金属间化合物是 CuSn。Pd 的可焊能力可和 AuNi 相比。其突出优点是其货架寿命长，在加速老化试验后 Pd 的性能好于 Au/Ni。这是因为 Pd 充当着热和扩散的阻挡层，而 Au 或 Ag 则允许 Ni 或 Cu 穿过其扩散至表面。既然 Cu 不能直接扩散穿越 Pd，所以 Pd 可以直接涂覆在 Cu 上，以保护 Cu 不被氧化。

2. Sn 基焊料合金和 Ni/Pd/Au 涂覆层的冶金反应

带有浸 Au 或没有浸 Au 的非电镀 Ni/Pd 涂覆层，相对于 ENIG（Ni/Au）是一个

较便宜的替代工艺。由于 Cu 不能直接扩散穿越 Pd 层，所以在 Cu 上直接涂覆一薄 Pd 层，就足够作为可焊性的终端处理层。

在 Ni/Pd/Au 工艺中，Ni 层典型厚度为 2.5 ~ 5.0μm，在其上的非电镀 Pd 层厚度为 0.125 ~ 0.25μm，典型值为 0.15 ~ 0.2μm，浸 Au 层厚度小于 0.0.5μm。如果 Pd 层厚度增加到 0.325 ~ 0.5μm，其表面就成为可焊接的。如果处理工艺合适的话，Ni/Pd 的焊接能力要好于 Ni/Au，这是由于 Pd 层的针孔要小于 Au，使得 Ni 的扩散发生概率下降。

Pd 在 Sn 基焊料合金中的溶解要比 Au 困难，这就要求 Pd 非常薄，以避免 Ni 和焊料之间的微弱界面层的出现。因此，Pd 层厚度应该在 0.0.5 ~ 0.05μm，这样薄的 Pd 层极易受到摩擦等的破坏，而使 Ni 层暴露出来，这对 Pd 表面的焊接能力是有害的。目前非电镀 Pd 层厚度为 0.15 ~ 0.2μm。

所不同的是对 Sn3.8Ag0.7Cu 焊料合金来说，焊料体中出现了两种金属间化合物 Cu_6Sn_5 和 Ag_3Sn，而 Sn3.5Ag 焊料中只出现 Ag_3Sn。这主要是在再流焊接时，前者 Cu 的来源更丰富。

另外，SnZn 焊料合金和 Cu 基材在焊接时，和其他 Sn 基焊料合金所形成的界面反应相比，有较大的差异。

第十一章　电子装联焊接所用焊料与接头设计

第一节　电子装联焊接所用焊料

一、焊料冶金学知识

1. 冶金学导言

（1）关于金属的基本概念

①定义：金属是“有光泽、有硬度、韧性和延展性的化学元素，而且通常是热和电的良导体”。在所有的元素中，有 73 种元素被划分为金属。

②金属的空间点阵：金属中的原子是以确定的秩序和模式排列的，并在所有的三个方向重复该排列方式。对于所有的晶体材料，这是典型的原子排列形式。原子在晶体中的有序排列也称为空间点阵。原子间的距离以埃($A=1\times10^{-10}m$)为度量单位，而且取决于具体的材料及其温度。

③金属的多晶体：日常生活中的许多金属由许多晶体构成，故被称为多晶体金属，仅在特定条件下才能得到金属的单晶。多晶体结构取决于金属从某熔化液态向固态转变的结晶方式。随着液态金属的冷却，形成许多晶核，而且同时开始增长。随着这些固态晶核的增长，它们不断消耗液态金属，直至所有向三个方向不断扩大的晶体外壁在晶粒边界处相遇。因为金属核在其开始增长时具有不同的空间取向，所以晶核增长后将不在有序的界面相遇，因此，晶粒边界是不规则的，而且也是完全不可能预料的。采用像退火这样的冶金处理可改变晶粒的大小和结构。

④合金：在日常应用中，大多数金属不是在其纯净状态下使用，而是配以其他金属元素形成合金。因此，合金可定义为“呈现金属性质的元素组合”，以不同的比例把几种金属组合在一起（使其合金化），可获得具有所需特定特性的材料。含有两种或两种以上元素的合金性质与其母体金属明显不同。通常把合金分为黑色合金和有色合金两种，黑色合金包括铁基材料，而有色合金包括不含铁的合金。

⑤合金通常采用溶解的方法形成。合金呈明显的均匀相，而且不管在何处取样分析，其成分都是相同的。液态情况下的两种材料在冷却过程中可能形成金属间化合物。这些金属间化合物是独特的，因为它们不一定遵守化学化合物所遵守的那种化学—化合价规则。

⑥金属间化合物可定义为：成分范围比较窄并具有单一理想配比的可区别均匀相。金属间化合物可能为金属性的或具有离子键。金属间化合物组元的结构和性质取决于原子半径和形成该金属间化合物的两种或两种以上金属的电子活性。

⑦当合金的组成元素以一种元素的原子变为另一种元素空间点阵一部分的方式互溶时，我们获得了真正的固溶体。固溶体不同于金属间化合物，因其两种金属间的配比不是固定的特定数。两种元素形成固溶体的配比范围和温度有关。

⑧大多数焊料合金的退火温度或再结晶温度低于或近似于室温。因此，普通焊料中的应力不能产生加工硬化现象。

（2）原子键合

使原子结合到一起的键合力是由外部电子壳层施加的。常有三个最重要的键合类型。

①金属键合：原子将其中的一部分电子释放到“社区”中，这些传导电子会在原子间“自由”移动。由于原子释放电子后将带正电荷，因此自由电子就会作为“黏合剂”使原子结合起来。

②共价键合：相邻原子的电子将共享一个轨道，这样就不能说现有电子属于哪个原子。

③离子键合：某些原子由于拥有过多电子或丢失了一定的电子而带电荷，这种状态称为电负性。原子会因为电负性的差异而相互吸引。

（3）焓与熵

焓：单位质量的物质所含的全部热量称焓。

熵：为了衡量热力体系中不能利用的热能，用温度除热能所得的商。

所有材料都包含焓和熵两种类型的热能。焓是可以通过热量方式直接体验到的，它是原子围绕中间位置运动所产生的动能。而熵是人类无法感受到的，熵表示系统中无序状态或潜在的可能性。无序程度越高熵就越大。

在熔化过程中，晶体的键断裂会使熵增加，这是因为原子可以更加自由地运动，从而导致无序程度更高的缘故。这说明熔化过程其实就是能量释放的过程。这样，试样聚集状态的变化点会由于通过加热持续不断地提供能量但温度保持不变而变得比较明显。直到试样完全熔化后，熔化材料的温度才会上升。聚集状态改变而温度没有增加时，施加的能量会全部转化为熵，并称为熔融能量，或在温度更高的情况下称为汽化能量，也有使用潜热等。

2. 相图

（1）相图的定义

以 SnPb 合金为例，把 Sn、Pb 的重量百分比与温度的关系绘制成图，它表示金属状态随温度的变化关系，称为相图或状态图。

相图是我们分析平衡状态下各种不同成分的合金系，在不同温度下的各种不同相之间的相互关系，是理解合金系的理论基础。

（2）相图的建立

当能量减少时，会以相反的顺序重复进行对材料熔化和汽化时发生的流程。蒸汽冷却至汽化温度，在这种情况下称为凝结温度。然后，蒸汽转换为液体。这就会使原子排列更加井然有序从而减少熵，这是因为原子在液态下运动不如在气态下运动那样自由。这样它会释放焓，也就是热。虽然热量从系统中释放出来，但温度仍然保特不变。达到凝固温度时，也会发生同样的过程。

在针对合金成分的不同配比，重复进行此种试验后发现每种合金的冷却特性曲线的极限点 S 和 L 所处的温度值有所不同。将这些极限点映射到温度—合金水平面上时会生成一条折线。折线 S 表示材料中每种成分开始熔化的温度，这条线称为固相线，低于此温度的均呈固态。折线 L 表示每种合金处于液态温度，称为液相线，高于此温度均呈液态。过渡区折线 S 表示材料中每种成分开始熔化的温度，这条线称为固相线，低于此温度的均呈固态。折线 L 表示每种合金处于液态温度，称为液相线，高于此温度均呈液态。过渡区（即凝固间隙）材料中将混合有液体和固体晶体（即 L+S）。

例如，以 SnPb 合金为例，如果将冷却特性曲线的交集部分投向由温度和成分组成的平面中，则极限点组成封闭的曲线图形，便构成了 SnPb 合金的相图。

（3）熵对合金的熔点温度的影响

当将熔点为 232℃的 Sn 与熔点为 327℃的 Pb 混合后，所得合金的熔点会降低，这与熵的变化有关。纯金属的晶核中所有位置的原子类型均相同，这样熵处于最小状态。如果其中的一个原子被外来原子替代，那么系统就会失序，从而使熵增加。通过混合两种材料而增加的熵会在发生预期凝固的点导致焓降低。也就是说，秩序越混乱，凝固温度越低，纯金属所含的熵最小。因此，该图还说明了最高熔融温度，加入另一种金属后，熵就会增加。加入的金属越多，熵越大，由于金属会在特定的能含量时熔化，因此熔化焓（熔化温度）会随着熵的增加而降低。

二、有 Pb 焊接用的 snPb 基焊料

1. 焊料常用的几种基本金属元素特性

（1）元素 Sn

1）物理特性

Sn 为银白色有光泽的金属，密度为 7.3，熔点低，只有 232℃。Sn 的化学性质很稳定，在常温下不易被氧气氧化，所以它经常保持银闪闪的光泽。Sn 在常温下富有展性。特别是在 UMTC 时，它的展性非常好，可以展成极薄的 Sn 箔。晶粒结构比较粗，当弯曲 Sn 棒时，由于其晶粒界面相互摩擦的结果，可发出称为 Sn 鸣的奇特声音。Sn 是一种质软的低熔点金属，相变点为 13.2℃，低于这个温度时变成粉末状的灰色 Sn（aSn），灰色 Sn 具有金刚石型晶格的金相结构。当温度高于 13.2℃时变成白色 Sn（βSn），呈体心立方晶格，富有延展性。

aSn 的原子能够加速未转变材料中 aSn 的形成过程。添加某些金属元素可显著降低发生这种 Sn 瘟的危险性，如美国国家标准 QQ–S–571 要求焊料中添加 0.25% 的锑，以防止 aSn 的形成。Sn 不仅怕冷，而且怕热。在 161℃以上时，白 Sn 又转变成具有斜方晶系的晶体结构的斜方 Sn。斜方 Sn 很脆，一敲就碎，展性很差，叫作“脆 Sn”。白 Sn、灰 Sn、脆 Sn，是 Sn 的三种同素异性体。

2）化学性质

Sn 的化学性质如下：在大气中耐腐蚀性好，不失金属光泽，但不能抗氯、碘、苛性钠、苛性钾等物质的腐蚀；虽不耐强酸、强碱的腐蚀，但对于中性物质来说，有较好的抗腐蚀性；不受水、氧气、二氧化碳等气体物质的腐蚀，能抗有机酸的腐蚀。

（2）元素 Pb

1）物理性质

Pb 是一种蓝灰色金属，具有面心立方晶格，密度大；膨胀系数大；电导率低；熔点低（327℃）；质软；容易铸造；易塑性加工；有润滑性；

2）化学性能

化学性质稳定，抗腐蚀好，不与以下物质起反应：空气、氧、海水、含氯成分的水、苯酚、碳酸钠、食盐、丙酮、氟酸；基本不被乙炔、无水醋酸、硫酸与硝酸的混合液腐蚀；稍受醋酸、柠檬酸、盐酸腐蚀；受硝酸、氯化镁严重腐蚀；Pb 是一种对人体有害的有毒金属，接触时要特别注意。

3）其他特点

Pb 新暴露表面具有光亮的金属光泽。通常在空气中该表面很快变质、氧化而呈暗灰色。该氧化膜附着力非常强，可以保护其底层金属免受环境的进一步侵蚀，它使 Pb 具有耐受多种化学和环境腐蚀的独特性能。Pb 是一种质软金属，具有面心立

方晶格，很容易加工成形。

2．SnPb 合金

（1）选用 SnPb 合金的优点

截至目前，在有 Pb 焊接中所用焊料几乎都是 SnPb 二元合金。在电子产品 Pb 装联工艺中，广泛采用 SnPb 二元合金做焊料的主要原因如下：

熔化温度范围小（即糊状区窄），非常适合于工程应用需要；润湿性和机械、物理性能尚可。

（2）工程用 SnPb 合金相图

相图是我们分析平衡状态下各种不同成分合金系，在不同温度下的各种不同相之间的相互关系，并理解合金系的理论基础。它既反映了 SnPb 二元合金相变随温度和成分之间的变化关系，也提供了应用中关键数据的细节。在图上标示的推荐温度带，对于通常的电气焊接采用的焊料成分来说，该温度处于根据经验提出的推荐的温度范围之内。含 Sn 量较高、熔点温度也较高的焊料不仅用于电气焊点的焊接，也用于机械结构的焊接。

3．工程用 SnPb 焊料应用分析

（1）熔点温度

在选用焊料的诸多考虑因素中，焊料熔点温度是首先要考虑的。由于在等于或稍高于熔点的温度下，焊料仍呈黏滞状态，极不易流动，在一定程度上限制了其润湿特性。因此，比较理想的润湿温度应大约高于焊料熔点温度 15.5 ~ 71℃为宜。该温度范围适用于大多数焊料合金。对于 Sn37Pb 共晶合金在焊接中的温度应选择高于熔点温度 37℃为宜。

对于焊接中通常所采用的焊料成分来说，该温度带处于根据经验给出的推荐温度范围之内。然而应该明确，推荐的焊接温度并不等于波峰焊接时焊料槽的温度。在波峰焊接过程中，焊点达到的温度是处于焊料槽温度和被焊工件温度之间的某一中间温度。为了确保焊料的适当流动性，并考虑传到被润湿表面的所有热损耗，故波峰焊料槽必须采用较高的温度。

波峰焊料槽采用较高温度的目的是保证焊料良好的流动性，并考虑到被润湿表面的所有热损耗，这也是缩短焊接时间和增强助焊剂活性所要求的。在波峰焊接时，焊点的加热过程中主要影响因素是被焊工件的焊前温度，被焊零件的热容量和热导（即被焊零件和焊点的散热效果），进一步加热助焊剂和激活助焊剂活性所要求的温度，焊料槽本身的热散失（传导热和辐射热）。这些对温度的要求必须和焊料波峰所能提供的热量相平衡。这一点在实际应用中非常重要，如当波峰焊接用焊料为 Sn37Pb 的共晶成分时，该焊料的液相线和固相线完全重合，均为在 183℃。为了确保焊料的良好润湿，就必须将温度从液相线的基础上再提升37℃左右，达到220℃的最低润湿温度。焊料槽的温度须再一步提高到250℃左右的高温。才能补偿其他的耗热和热量的流失，确保波峰焊接过程中的热量平衡。

（2）冷却过程中的温度—时间关系

分析相图中位于糊状区域的焊料，假如把加热过程拉长，即经历较长时间后达到焊接温度，这不会产生什么问题。然而，冷却过程情况就不同了，糊状区焊料形成的第一个固相晶体通常是沉积于被焊基体金属表面。因为沿该表面产生的散热量最大，此时如果被焊表面发生了相对位移，则留下的液态焊料将不再以连续的形式凝固，并将使糊状区焊料离析出的晶粒参差不齐地排列。

在完全凝固时，余下的共晶成分的液态焊料不能桥连所有已形成的晶粒间界面，结果形成表面呈结霜状的焊点。在极端情况下，这样的焊料接头可能存在扩展的裂纹和焊料间断点，进而可能导致焊点断裂，形成受扰动焊点。因此，糊状区的存在，导致了凝固过程的延长，这对形成匀质焊点是极为不利的。

（3）SnPb合金系中Pb的作用

SnPb合金焊料（以下简称焊料）中的Sn，在焊接过程中，因冶金反应与基体金属形成合金。而Pb在任何情况下几乎都不起反应。然而在Sn中加入Pb将其作为焊料的一种成分，就可以使焊料获得Sn和Pb都不具备的下述优良特性。

①降低熔点，便于操作：Sn的熔点是232℃，而Pb的熔点为327℃，如将Sn、Pb两种金属混合，就可获得比两种金属熔点都低的焊料（熔化温度为183℃）。因其熔点低，所以操作时就比较方便。

②改善机械特性：Sn的抗拉强度为1.5kg/mm^2，剪切强度约为2kg/mm^2。Pb的抗拉强度约为1.4kg/mm^2，剪切强度约为1.4kg/mm^2。如果将两者混合起来制成焊料后，抗拉强度可达4～5kg/mm^2，剪切强度为3～3.5kg/mm^2。焊接后，这个值会变得更大。这样一来，机械特性得到了很大的改善。

③降低界面张力：液态焊料的扩散性，即润湿性，会因表面张力及黏性的下降而得到改善，从而增大了流动性。

④抗氧化性：将Pb掺入Sn中，就可增加焊料的抗氧化能力，减少氧化量。

（4）SnPb系焊料的特性和应用

1）焊料的物理特性

焊料中由于Sn和Pb的不同组分，其物理特性也是不同的。由于Sn和Pb的密度不同，故焊料的熔化温度、密度、电导率、机械特性等都有所不同。例如，含Sn37Pb组分的焊料，其抗拉强度和抗剪强度均很高，机械特性很好。从电气特性来看，随着Sn成分的增加，其导电性能也就越好。

SnPb 系焊料的硬度，随 Sn、Pb 的比例、温度、生产方式和生产时的冷却方式的不同而异。和抗拉强度一样，硬度随温度升高而急剧降低。

2）非室温下的物理性能

从冶金学的观点看，任何金属的性能均取决于其使用温度和其熔点之间的温差。一般来说，当该温差相同时，具有相同晶格结构的合金具有相类似的物理性能。下面我们来分析这些性能在非室温下如何变化。

①低温下应用

随着温度降低，焊料的屈服点强度和抗拉强度增高，而拉伸延伸率和截面缩减率急剧降低，在较低温度下电导稍有提高。

前面已讨论到，β Sn（体心立方晶格）和 aSn（金刚石型晶格）的相变点温度为 13.2℃。这种在固体状态下，由于原子排列发生变化而产生相变（同素异构转变），将导致焊料变脆。我们已知 pSn 的密度为 7.30g/cm^3，aSn 的密度为 5.77g/cm^3。因此，在发生 aSn 相变时，体积就会增加 26%，强度就所存无几甚至完全消失。因此，当设备的工作环境存在着低温下使用的情况时，就应当特别慎重地考虑此因素。在这种情况下，如果在 SnPb 合金中掺入略高于 0.1% 的锑就可以有效地阻止这种相变，以防不测事件的发生造成不必要的损失。

②高温下的应用

在高温应用中，焊料合金的温度接近其熔点温度，因此焊料的强度降低，但其延展性能和延伸率增高。HowardH · Mwnko 为电子工业归纳出计算特定的焊料合金最高使用温度的经验公式为：

$$Tmax=（Tsol-Troom）/1.5+Trroom$$

式中，Tmax 为合金的最高推荐使用温度；Troom 为室温，通常取 20℃；Tsol 为共晶成分的熔点温度。

例如：共晶成分（Sn37Pb）的 SnPb 焊料的 Tsol 为 183℃，算得其 Tmax 为：

$$Tmax=（183-20）/1.5+20=128.7℃$$

很显然，SnPb 焊料不能用作高温或室温下的结构性焊接材料。

4. SnPb 焊料的蠕变性能

（1）蠕变

蠕变是固体材料在保持蠕变系数为 0.5 不变的条件下，应变随时间延长而增加的现象。它与塑性变形不同，塑性变形通常在应力超过弹性极限之后才出现，而蠕变只要应力的作用时间相当长，它在应力小于弹性极限时也能出现。

（2）蠕变的危害

锡铅合金的熔点低，共晶组分熔点为 183℃（456k）。因而在室温下的行为与其他金属在高温下的行为类似，也就是说，锡铅合金在室温下就会具有明显的蠕变现象。在设计锡铅合金的结构时必须以其蠕变强度作为考虑的基础，而机械强度及屈服强度已无实际的意义。

5．SnPb 焊料合金中的杂质及其影响

（1）按纯度划分 SnPb 合金焊料的品位

1）回收并精炼的焊料

在工业上往往对一些废焊料（焊料渣、滴落的焊料、料头、废弃的污染料等）进行回收利用或者精炼后重新出售。由于精炼的费用高（远远超过焊料的售价），故对像仅含铜、锌和铁这类杂质的低品位废焊料，一般是采取向回收废焊料中添加新的原生金属，以使其杂质含量降低到焊料污染允许水平之下。美国国家标准 QQ-S-571 和 ASTMB-32 反映了回收利用材料中的允许污染水平。在重要的应用中不鼓励采用回收利用的焊料，因为在自动化大生产中，焊料中不可预见的杂质将使焊料性能增加了不可预料的变化因素，有可能产生严重的问题。

2）原生焊料

原生焊料是指利用从矿石中提炼的 Sn 和 Pb 配制成的焊料。原生级焊料是电子工业生产中非常标准的材料，特别是在大量生产的自动化焊接（如印制电路板波峰焊接）的情况下，该品级焊料杂质含量的一致性相对来说是可以预料的，因而足以防止由于采用回收利用的焊料而产生的潜在危害。

（2）金属杂质对 SnPb 焊料物理性质的影响

焊料中有微量的其他金属以杂质的形式混入。有些杂质是无害的，而有些杂质则不然，即使混入微量，也会对焊接操作和焊点的性能造成各种不良影响。概括起来说，焊料中混入杂质元素的影响取决于所混入的元素金属在 Sn 或 Pb 相中的固溶度，如果形成金属间化合物，则该影响还取决于金属间化合物的形成。固溶体的形成使电阻率增高（如添加铋和锰），而金属间化合物的形成则使焊料的电阻率降低（如添加铜）。在波峰焊接中遇到的主要杂质金属对焊接性能的影响。

（3）主要的杂质金属

有 Pb 波峰焊接用焊料的主要成分是 Sn 和 Pb，除此之外，含有的微量元素即为杂质。

6．Sn 基有 Pb 焊料的工程应用

（1）Sn37Pb 共晶焊料

该组分冷却时由液相到固相或升温时由固相到液相，均是在同一温度（183℃）下进行的，不经过糊状区。因此，冷却后所形成的细晶粒混合结构。正是在电子设备生产焊接所必需的。正因为如此，该组分为目前整个电子制造行业最为广泛采用的最著名的品牌焊料，应用极广。

（2）Sn36Pb2Ag 焊料

在 SnPb 焊料掺入少量的 Ag，可以使焊料的熔点降低（如焊料 Sn36Pb2Ag 的熔点为 179℃），增加扩散性，提高焊接强度，焊点光亮美观。此类焊料适用于焊接晶体振子、陶瓷件、热敏电阻、厚膜组件、集成电路及镀 Ag 件等。

为抑制焊料在母材上与 Ag 相互扩散，需要预先在焊料中加入 Ag。这样，就可以抑制附着在陶瓷和云母上的 Ag 的扩散，以防止 Ag 层的剥离，这就是此种焊料的最主要的应用特征。

（3）无氧焊料

1）无氧焊料

以 SnPb 焊料为例，使用真空熔炼的 Sn 和 Pb 制成的原料，再用真空熔炼制成的焊料，称为无氧焊料。一般焊料成分中含有 Sn、Pb 氧化物残渣，同其他非金属物质一样，以前一直被忽视。现在一些基础研究证明：焊料中所含的杂质、气体及非金属夹杂物等对焊料的性能的影响是很大的。现在，已能除去这些非金属物质，处理后的材料在国际市场上可以买到，其商品名为“巴库洛”或“无氧化焊料”。

2）一般焊料和无氧焊料在特性上的差异

①外观上的差异：空气熔炼的焊料与无氧焊料在外观上有明确的差异。前者表面不仅会出现很多的残渣，而且颜色也有变化，还会出现小气孔和由于气体逸出而形成的气孔“麻点”。而无氧焊料表面光滑，基本上无气孔。

②微结构上的差异：以 Sn50Pb 焊料为例，一般的焊料，冷却时以许多非金属杂质为核心生成很多小晶粒。而无氧焊料晶粒很少，a 相呈树枝状结构而形成纯金属的大晶粒。

③真空熔炼的焊料有明显的脱气现象，而在氮气中熔化的焊料则几乎没有这种现象。

④扩散性能：若将普通焊料作为 100，再把真空熔炼的无氧焊料的扩散面积与其对比，使用真空熔炼的 Sn、Pb 和焊料，表现出最佳的扩散性。随着电子装备和元器件的小型化和微型化必将需要这类焊料。

三、无 Pb 焊料合金

1. 无 Pb 焊料合金的发展概况

（1）无 Pb 焊料合金的定义

欧盟 RoHS、ISO9453 和日本 JEIDA 等都有明确规定：Pb 的含量小于 0.1wt%（1000ppm）的焊料合金可定义为无 Pb 焊料合金。

（2）评价无 Pb 焊料合金应用性能的标准

①机械性能（剪切强度，抗蠕变、等温疲劳、热疲劳等能力）要接近或等于 Sn37Pb；

②物理性能（电导率、热导率、热膨胀系数）与 Sn37Pb 应是可比较的；

③应用特性与现代电子产品的制造基础结构是兼容的；

④润湿性良好，相变温度（固—液相线）与 Sn37Pb 焊料相近，金属学组织稳定；

⑤无毒性：金属元素对毒性的影响：Pb ＞ Cu ＞ Ni ＞ Ag ＞ Al ＞ Sn ＞ Au；

⑥可以再循环利用，成本低；

⑦地球上储量能满足市场需求，某些元素，如 In、Ce 等因储量小，只能作为添加成分；

⑧能加工成工业上所需的棒料、线料及粉料等各种形状。

（3）无 Pb 焊料合金的开发

1）开发概况

目前，有可能替代 SnPb 焊料的合金材料是 Sn 基合金。以 Sn 为主，添加 Ag、Cu、Sb、In、Bi、Zn、Ni、Co 等金属元素，构成二元、三元或多元合金，以改善合金性能，提高可焊性、可靠性。这些合金具有下述特征：

合金的性能，特别是力学性能取决于其金属学组织；Sb 的含量不适当将恶化 Sn 基合金的润湿性能；In 原子在 Sn 晶格中的分布显著影响其疲劳性能；如果存在 Bi 的第二相沉淀将显著脆化 Sn 基合金；Sn 与 Cu、Ag、Sb 等之间金属间化合物的形成将显著影响其强度和疲劳寿命。

可以断定，新型无 Pb 焊料合金中各组分含量必须是特定的，或者只能在一个很窄的范围内变动。

由美国 NCMS 推荐的含 Bi 的无 Pb 替代合金，由于 Bi 是 Pb 冶炼中的副产品，因此，在欧洲不太受欢迎。In 因货源贫乏也被排除。SnZn 合金融点、成本均与 SnPb 接近，有优势。然而含 Zn 合金润湿性差、氧化厉害，给应用带来了困难。另外，由于四元合金系在应用中循环再生过程非常复杂，循环再生成本高昂，故在应用中也受到了约束。

据统计，目前世界上已研究出超过 200 余种无 Pb 合金，然而仅只有不到 10 种合金能进入工业应用。而且到目前为止，还没有一种无 Pb 焊料合金的性能能与

SnPb 共晶合金相媲美。

目前，从最简单的二元系合金到更复杂的多元系合金，其性能优点表现突出的有下述八个成分系统：

① Sn–Ag；

② Sn–Cu；

③ Sn–Zn；

④ Sn–Cu–X；

⑤ Sn–Ag–Cu；

⑥ Sn–Ag–Bi；

⑦ Sri–Ag–Cu–Bi；

⑧ Sn–Ag–Cu–In。

2）尚存在的问题

虽然 Sri 基无 Pb 合金已获得较为广泛的应用，但与 Sn37Pb 共晶焊料相比，无 Pb 焊料合金仍存在以下问题。

①熔点高。

②表面张力大，润湿性差。

③价格高。

2. 实用的无 Pb 焊料合金

实用的无 Pb 焊料合金，通常按熔点范围作如下分类。

①低熔点无 Pb 焊料合金（熔化温度范围：< 180℃）。

②熔点与 Sn37Pb 相近的无 Pb 焊料合金（熔化温度范围：180 ~ 200℃）。

③中等范围熔点的无 Pb 焊料合金（熔化温度范围：200 ~ 230℃）。

④高溶点无 Pb 焊料合金（溶化温度范围：230 ~ 350℃）。

3. 实用替代合金的应用特性

①替代合金必须适应电子工业使用的所有形式。

手工焊用的焊料丝；焊膏用的焊料粉末；波峰焊接用的焊料条。

②不是所有被推荐的合金都可制成所有需要的形式。

Bi 含量高将使合金太脆而不能拉制成焊料丝；替代合金还应该是可循环再生的，将三四种金属加入无 Pb 替代焊料配方中，可能使循环再生过程复杂化，从而导致成本的增加。

③不是所有的替代合金都可轻易地取代现有的焊接过程。从工业应用角度看，趋向于使用共晶或接近共晶成分的合金如下：

Sn3.5Ag；Sn0.7Cu；Sn（3.0 ~ 4.7）Ag（0.5 ~ 1.3）Cu；Sn（3.0 ~ 3.5）Ag（0.5 ~

3.5）Bi（0.5 ~ 0.7）Cu。

4．SnAg 系合金

当组分为 Sn3.5Ag 时形成共晶合金，熔化温度为 221℃，该合金是一种在无铅化之前就已经使用的抗疲劳、高熔点的焊料合金。由图可知，当 Ag 含量低于 50% 时，SnAg 合金系的状态图与 SnPb 合金系的状态图相似。但对 SnPb 合金，Sn 和 Pb 在结晶时能在某种程度上互相固溶，而 Sn 几乎不能固溶 Ag；同时，Sn 和 Ag 却能形成稳定的金属间化合物 Ag3Sn，因此，SnAg 合金中的 Ag 主要是以金属间化合物而非固溶体的形式存在着。

Sn3.5Ag 合金的典型显微金相组织。它是由不含 Ag 的纯 Sn 相（P-Sn）初晶和微细的 Ag_3Sn 相组成的二元共晶组织，但其结构和形成过程与 Sn37Pb 共晶合金不同。Sn3.5Ag 的结晶过程是，先形成 β-Sn 初晶颗粒，在其长大的同时，其周围间隙中富含 Ag 的液相合金也在发生共晶反应。最终的金相组织是由树枝状的 p-Sn 初晶，与围绕其周围的 p-Sn 与 Ag_3Sn 交织而成的共晶组织（图中明暗交织的部分）共同组成的。Ag_3Sn 通常难以长大，特别是在焊接中较快的冷却速度更限制了它的生长。因此，共晶合金中的 Ag_3Sn 通常都呈微细的纤维状结构。

由于 Ag 在 Sn 中的溶解度可以忽略，因此，对合金机械性能（包括疲劳寿命和裂纹扩展率）起改善作用的不是固溶强化，而是分散在合金组织中的金属间化合物 Ag_3Sn。而且当 Ag 含量超过 3% 时，合金的抗拉强度和屈服强度就已超过了 Sn37Pb 焊料合金，其延伸率也达到了最高值。然而当 Ag 量超过 3.5% 后，合金的机械性反而会出现下降，这与 Ag 量增加而引起的 Ag_3Sn 组织的粗化有关。此外，Ag 量超过 3.5%，合金的液相线温度也将开始提高，这对电子装联焊接也是不利的。因此，焊料合金中的 Ag 含量均应小于 4% 为宜。

Ag_3Sn 是在高温下形成的金属间化合物，故即使在高温环境下也不易粗大化，故 Sn3.5Ag 的耐热能比 SnPb 焊料合金好。同时，因 Ag 是以化合物的形式存在，故难以发生“Ag 离子迁移”现象。

因此，业内人士认为用 SnAg 焊料作为 SnPb 替代品应该很方便，但这种材料也有下列几个问题：

熔点为 221℃，相对于许多表面安装器件和工艺来说都太高；内含（3.5 ~ 4）wt%Ag，将因成本过高而在某些领域应用中受到限制；当合金内不同区域冷却速率不同时，存在 Ag 的相位变化而无法通过可靠性试验。

有人将一条 Sn4Ag 合金块进行再流并从底部强制冷却，然后检查它在不同冷却速率下的微观结构。

Sn4Ag 合金由于冷却速率不同而有三种金相结构，这种结构缺陷与在焊点上发生的情况很类似。因此，它可能引起现场失效。正是由于这个缘故，多数 OEM 厂商和工业组织都反对采用 SnAg 作为主要的无 Pb 焊料合金，Ag 的相变问题还引起了人们对含 Ag 量高的 SnAgCu 合金的担心。

5. SnCu 系合金

在 Cu 侧形成了复杂的多个金属间化合物，而当 Sn 含量＞60% 时，可见到近似共晶的合金。当成分为 Sn0.7Cu 时构成共晶组分，其金相组织形式为 Sn-Cu_6Sn_5 的二元合金。

Cu 几乎不固溶于 Sm，但与 Sri 可形成一系列金属间化合物。在共晶成分附近，Cu 与 Sn 形成的主要金属间化合物是 η 相 Cu_6Sn_5。故 Sn0.7Cu 共晶合金的显微组织与 Sn3.5Ag 很相似，也是由 β-Sn 初晶与绕其周围的由 Cu_6Sn_5 微粒与 β-Sn 交织的共晶组织共同组成的。但是，Cu_6Sn_5 不像 Ag3Sn 那么稳定。分散的 Cu_6Sn_5 粒子组织的粗大化变化，正是导致 SnCu 系焊料合金的高温稳定性和热疲劳可靠性与 SnAg 系焊料合金相比要差的原因。此外，Cn_6Sn_5 的形状、分布也与冷却速度有关。在通常焊接的冷却速率下，Cu_6Sn_5 主要呈颗粒状分布；而当冷却速度很低时，Cu_6Sn_5 可能形成中空的细条形状。

SnCu 共晶合金共晶点的温度为 227℃，在无 Pb 焊料合金中属于熔点比较高的合金类。因而在组装中，焊接温度要超过 250℃，故不适合做再流焊接。由于其不含 Ag，价格比较低，故多用在比较简单的 PCB 板的经济型产品波峰焊接中。

尽管 SnCu 合金可以节约一部分成本，但它也有几个问题必须要考虑：

熔点 227℃，比 Sn3Ag0.5Cu 高了约 9℃，因此在许多温度敏感场合下，其应用受到限制；与其他无 Pb 焊料合金相比，这种合金湿润性较差，在很多时候要求使用氮气和活性较强的助焊剂；SnCu 合金毛细作用能力很低，难以吸入 PTH 孔中，同时它缺乏表面安装组件所需要的抗疲劳特性；很差的抗疲劳特性会引起现场失效，可能会完全抵消因廉价所带来的初期成本的节约；延展性：约为 30%；电阻率：11.67μΩcm。

为了细化 SnCu 合金中的 Cu6Sn5 的粒度，可在其中添加 Ag、Ni、Co、Au 等微量元素来进行改性。例如，添加 0.1% 的 Ag 可以改善其机械性能；而添加微量的 Co、Ni 不仅具有抑制氧化浮渣发生的效果，而且还使得其润湿性接近纯 Sn，故改善了对 PCB 的 PTH 孔的透孔性。

6. SnBi 系合金

Bi 正成为无 Pb 电子系统中的必要元素。比如说，在 SMT 制造中，一块 PCB 板上就可能组装有一个或多个含铋的元器件。这是因为，除 Pb 外，Bi 是减少 Sn 晶须现象发生的最有效的元素。

就健康危害方面而言，Bi 比其他常用金属如 Sn、Ag、In、Cu 和 Ni 更安全（根据美国 OSHAPEL 标准）。在采用 Bi 的焊料中，有两种含 Bi 合金：Sn58Bi 和 Sn43Pbl4Bi 成为得到确认的组分。其中 Sn58Bi 组分在低温条件下，如在室温或接近室温的情况下，是一种强有力的合金。不过，其性能随着温度升高而急剧下降，因而其应用只限于低温条件下。

在 Sn 系合金中添加了 Bi 的焊料，可以制得从共晶点 138℃到 232℃范围极宽的熔点合金。它不形成金属间化合物，Bi 主要以固溶体的形式存在于 Sn 之中，在 139℃时，Sn58Bi 共晶合金的显微组织是由富 Sn 相（在 Sn 中固溶有 Bi）和富 Bi 相（在 Bi 中固溶有 Sn）组成的共晶组织。因此，对 SnBi 合金起强化作用的是固溶强化。

该合金在实际应用中的问题是：其熔点约为 190℃，从状态图可以看到此时的固—液共存区很大，其后果是易导致凝固偏析现象的发生。它在 80℃的温度下是稳定的合金组织，一旦超过 140℃便因 Bi 晶粒的粗大化而变脆。

7．SnZn 系合金

SriZn 系共晶焊料，是和 SnPb 共晶焊料融点最接近的一种无 Pb 焊料合金，而且它还具有良好的机械性能和经济性。它不形成化合物，合金元素相互之间几乎不固溶，Sn 相和 Zn 相是分离的。Zn 相虽然呈现比较大的板状结晶，然而，却又不像 Bi 系合金那么脆，机械性能那么差。

SnZn 系合金由于在大气中抗氧化和耐腐蚀性能都比较弱，润湿性能和焊接的工艺性都比较差。所以，含 Zn 的无 Pb 焊 Sn 基合金在日本以外的国家和地区，基本上不受重视。

8．SnAgCu 焊料合金

（1）状态图

在 SnAg 合金中添加了 Cu 的合金，不仅保持了 SnAg 合金的优良的机械特性，还使其融点降低了若干，而且还减弱了在焊接过程中由于 Cu 的熔蚀而造成的恶劣影响。

在 SnAgCu 合金中，Sn 与次要元素的 Ag 和 Cu 之间的冶金反应是决定应用温度、固化机制，以及机械性能的主要因素。按照二元相图，在这三种元素之间有三种可能的二元共晶反应：

Ag 与 Sn 反应，在 221℃形成 Sn 基相位的共晶结构和 ε 金属间的化合相位（Ag_3Sn）；Cu 与 Sn 反应，在 227℃形成 Sn 基相位的共晶结构和 η 金属间化合相位（Cu_6Sn_5）；Ag 也可以与 Cu 反应，在 779℃形成富 Ag 的 a 相和富 Cu 的 a 相的共晶合金。

（2）金相组织及构成

Sn3.0Ag0.5Cu 相对较硬的 Ag3Sn 和 Cu6Sn5 粒子的形成，可分隔较细小的 Sn 基颗粒，建立一个长期的内部应力，有效地强化了合金，阻挡疲劳裂纹的蔓延。

Ag_3Sri 和 Cn_6Sn_5 颗粒越细小，越可以有效地分隔 Sn 基颗粒，结果是得到整体更细小的微组织结构，因此延长了在较高温度下的疲劳寿命。

Ag 和 Cu 在合金设计中的特定配方，对获得合金的机械性能是关键的。例如，当 Cu 含量为 0.5wt%，Ag 含量在（3.0 ~ 3.5）wt% 之间变化时，其温度特性的变化并不是很敏感。

（3）熔化和凝固的物理过程

日本学者菅沼克昭通过热分析得到 Sn3Ag0.5Cu、Sn3.6Ag0.75Cu 和 Sn3.9Ag 0.6Cu 三种 SnAgCu 焊料合金的 DSC 曲线。

1）升温（熔化）过程

以 Sn3Ag0.5Cu 合金为例，其升温过程物性变化如下所示：

（a）$Sn+Ag_3Sn+Cu_6Sn$—液体 217 ~ 218℃

（b）$Sn+Ag_3Sn$—液体 218 ~ 219℃

（c）SnO—液体 219 ~ 211℃

（d）Ag_3Sn—液体 218.5℃

2）降温（凝固）过程

① Sn3Ag0.5Cu 的凝固：

液体→形成 Sn 初晶→形成 Sn/Ag_3Sn 共晶→形成 $Sn/Ag_3Sn/Cu_6Sn_5$。

② Sn3.5Ag0.75Cu 的凝固：

液体→大致是同时形成 $Sn/Ag_3Sn/Cu_6Sn_5$（在组织里析出 Sn 初晶）。

③ Sn3.9Ag0.6Cu 的凝固：

液体→形成 Ag3Sn 初晶→形成 Sn/Ag3Sn 共晶→形成 $Sn/_3Ag_3Sn/Cu_6Sn_5$（在组织里析出 Sn 初晶）。

当 Cu 和液态焊料反应时，和反应层形成的同时，Cu 向焊料液体中溶解。当凝固时，Cu 在 β-Sn 相中几乎不固溶，而是作为化合物结晶出现，且大部分场合是生成 Cu_6Sn_5。且以其为结晶核，在界面和孔隙中作为异物而生长的场合比较多。Cu_6Sn_5 几乎都是呈中空触须状结晶。

（4）Ag、Cu 含量对机械性能的影响

Ag 和 Cu 含量对 SnAgCu 焊料合金机械性能的影响，可分别作如下的描述。

① Ag 为（3.0 ~ 3.1）wt% 时：合金的屈服强度和抗拉强度都随 Cu 含量的增加而提升。

②当 Cu 的成分超过 1.5wt% 时：屈服强度会降低，抗拉强度保持稳定，整体合

金的塑性在Cu成分为（0.5 ~ 1.5）wt%范围内是较高的，然后随着Cu的进一步增加而降低。

③ Cu含量保持在（0.5 ~ 1.7）wt%范围时，合金的屈服强度和抗拉强度两者都随Ag含量的上升而增加，但是塑性却降低了。

④在Ag含量为（3.0 ~ 3.1）wt%时，疲劳寿命在Cu为1.5wt%时达到最大，而且还发现当Ag的含量从3.0wt%增加到更高的水平（如4.7wt%）时，机械性能没有任何的提高。

⑤当Cu和Ag两者配比都较高时（如Sn4.7Agl.7Cu），塑性则受到损害。

⑥对于Cu含量为（0.5 ~ 0.7）wt%的SnAgCu合金，Ag含量高于3.0wt%时将增加Ag_3Sn粒子的体积比例，从而得到更高的强度。可是，它不会再增加疲劳寿命。

⑦当含Cu量在（1 ~ 1.7）wt%的较高组分时，将造成疲劳寿命降低。

⑧同样当Ag的成分控制在（3 ~ 3.1）wt%而Cu超过1.5wt%时，Cu_6Sn_5粒子体积比例也会增加。可是，强度和疲劳寿命不会随Cu的增加而进一步增加。

⑨具有（3.0 ~ 4.7）Ag和（0.5 ~ 1.7）Cu的SnAgCu合金，具有相当好的物理和机械性能，不论是抗拉强度、疲劳特性和塑性均比Sn37Pb好得多，它展示了所希望的特性：熔化温度、强度、塑性、抗蠕变和疲劳寿命的最佳平衡。因此，世界上大多数国家都主张使用SnAgCu合金。

⑩如前所述，Ag是SnAgCu合金中最贵的部分，和低Ag合金相比，高Ag合金在工艺性、可靠性及供应方面没有什么明显的优点。有人认为含Ag量高的合金有助于提高湿润性，但是湿润试验表明，含Ag量低的合金实际上比含Ag量高的合金湿润性更强。

因此，所有焊接应用中自然会使用成本较低的材料。事实上低Ag合金解决了高Ag合金的Ag相变化问题，且具有较好的湿润性和更低的熔点温度，可用在所有焊接场合，因此日本将其推荐广泛使用。

（5）在电子组装中优选的无Pb焊料合金

对于PCBA组装制造来说，NEMI、JEITA、IDEALS、NCMS等组织，以及其他焊料合金材料供应商等，均已经证明了SnAgCu（SAC）合金是近、中期推行无Pb生产工艺最理想的无Pb焊料合金，理由如下。

① SAC不含Bi，而且不会与Pb形成低熔点相。形成低熔点合金相是含Bi合金的最主要问题，不能假设元器件引脚或线路板表面处理不会给焊接工艺造成Pb污染。特别是在无Pb转换的早期阶段，只要Pb污染含量达3%，即会形成以Sn10.5Bi或Snl2Bi形式存在的SnBiPb共晶体，其熔点只有96℃。低熔点不仅影响组件在高温环境下（如在汽车内）的使用，而且对所有温度下的疲劳测试都有不良影响。既然元

器件引脚及印制线路板（PWB）表面在未来至少几年内极有可能仍会造成 Pb 污染，所以含 Bi 的焊料合金就不是无 Pb 焊接的理想选择。

② SAC 的熔点相对比较低，当 SAC 合金中 Ag 低于 5.35% 及 Cu 低于 2.3% 时，液固相温差将低于 3℃，最理想的 SAC 合金熔点为 217℃。

③ SAC 只含有 3 种成分。当合金中成分种类变多时，就易产生杂质的问题，制造起来也比较困难，批量生产时熔点或液固相温差会变得难以控制。

④在选择 SAC 合金前必须确认产品要使用的地区或产品销售的目的地。

⑤前期试验证明 SAC 可靠性等于或优于 SnPb 合金。

NEMI 选择 Sn3.9Ag0.6Cu 作为其最佳合金。不过 NEMI 还做了其他一些很有价值的工作，它通过统计显著性试验证明了银含量在 3.0% 至 4.0% 之间变化及铜含量在 0.5% 到 0.7% 之间变化时，焊接性能不会受到影响。

基于 NEMI 所做的工作，Sn3.9Ag0.6Cu 是无 Pb 焊 Sn 的第一选择。不过后续工作证明，Sn3.0Ag0.5Cu（SAC305）可能是一个更好的折中方案，在空洞不良率可接受的水平下，能将墓碑效应降到最低。

（6）SAC305 焊料的优势

为确保再流焊接、波峰焊接、维修及重工之间的兼容性，在 RoHS 转换阶段，可以选择 SAC305 合金为 RoHS 焊料的基础。其具体优势为：

已有生产应用经验，易于使用；接近共晶温度；毒性相对较低；与手工焊接、波峰焊接、再流焊接等兼容性好。

9. SnAgCuBi 四元合金

在 SnAgCuBi 系统中的 Ag、Cu、Bi 三个元素都会影响所得合金的熔点。找出这个四元系统中每个元素的最佳配比，以获得较低的熔化温度，同时又能将机械性能维持在所希望的水平上，显示所希望性能（熔化温度、强度、塑性和疲劳寿命）的最好平衡。

Cu：熔化温度在 0.5wt%Cu 时达到最小，超过 0.5% 后熔化温度几乎保持不变。

Ag：增加 Ag 时溶化温度下降，大约在 3.5wt%Ag 时达到最小。

Bi：Bi 对进一步降低熔化温度起主要作用。可是，加入 Bi 的量是有限的，因为它对疲劳寿命和塑性有非常大的破坏作用。合适的 Bi 的含量为（3 ~ 3.5）wt%。

①在（3.0 ~ 3.1）wt%Bi、（3.0 ~ 3.4）%Ag 和 0.5%Cu 时，能最有效地增加疲劳寿命。再增加任何 Cu 都不会影响疲劳寿命。

②当保持 Bi 在（3 ~ 3.1）wt% 和 Cu 在（0.5 ~ 2.0）wt% 时，3.1wt% 的 Ag 是达到最大疲劳寿命的最佳配比。

③ Ag 与 Sn 之间的相互作用形成 Ag_3Sn 的金属间化合物；Cu 与 Sn 反应形成

Cu_6Sn_5 的金属间化合物。而对 Sn 与 Bi 的相互作用，有专家认为：

Bi 原子作为替代原子进入晶格位置达 1.0%；超过 1.0% 之后，Bi 原子将作为独立的第二相沉淀出来。

最佳化学成分 Sn3.1Ag3.1Bi0.5Cu 提供了较高的强度，其疲劳寿命分别比 Sn37Pb、Sn3.5Ag 高出大约 200% 和 155%。它具有（209 ~ 212）℃的熔化温度，狭窄的黏滞范围（小于或等于 3℃）和润湿性能，特别适合于作为表面贴装应用中的 Sn37Pb 的替代品。因为它提供了较低的再流温度，这是期望的关键所在。虽然它的塑性比 SnAg 和 SnCu 低，但是还能满足要求。

10．SnAgBi、SnAgBiln 合金

①含 Bi 焊料合金对 Pb 的出现非常敏感，主要是在冷却过程中易形成 52Bi30Pb18Sn 的三元合金，其熔化温度为 96℃；

②由于温度低，加速了晶粒的生长和相的积累，当热循环温度超过 96℃时，焊接处的力学性能变差；

③含 Bi 焊料焊缝易翘起；

④抗疲劳特性高于 SnPb 共晶焊料，合金的性能随着 Bi 的增加而降低（SnAg3Bi > SnAg4Bi > SnAg7Bi）；

⑤在 SnAgBi 合金中添加 In 会显著提高疲劳阻抗。

五、IPC SPVC 推荐的无 Pb 焊料合金及其评估

1．IPCSPVC 推荐的无 Pb 焊料合金

IPCSPVC 向工业部门推荐了下述组分的无 Pb 焊料合金：

Sn3Ag0.5Cu（SAC305）；Sn3.8Ag0.7Cu；Sn4Ag0.5Cu.

2．IPC SPVC 对所推荐焊料的研究评估

SPVC 对 SnAgCu 的评估结论如下：

SAC 的润湿能力较 SnPb 弱，但足以形成良好的外观；SAC 焊点的空洞较大，这与工艺参数有关，焊点的空洞与热疲劳没有必然的关系。SAC 焊点疲劳可靠性要高于 SnPb；SAC 焊接中 245℃峰值温度不是必需的，以能形成良好的 IMC 为宜；SAC 含 Ag 的不同，将影响 2P 威布尔分布形状，但没有统计学差异；优先推荐 SAC305 焊料合金。

第二节 电子装联焊接接头设计

一、焊点的接头

1. 焊接接头设计的意义

所谓焊接接头设计，就是把与焊接相关的一些现象和影响因素，如可焊性，与焊点接合部有关的机械的、电气的、化学的等诸特性，在焊接工程实施之前就进行全面的规划。实践证明，能否获得可靠性高的焊点，其基本条件就取决于完善的接头设计。日本有学者统计过，焊点缺陷的40% ~ 50%是由于接头设计不合适而引起的。即便使用了可焊性非常好的材料，如果接头设计有缺陷，那么焊点的可靠性也不会高。

在焊接焊点的形成过程中，焊接参数是控制因素。焊接焊点的接头设计和结构模型、焊接温度、焊接时间、基体金属类型、所用助焊剂种类、加热和冷却方式，以及其他因素等对焊料接头特性，特别是焊点的可靠性的影响是很大的。故对基体金属材料进行选择时，要充分关注下列因素。

①机械性能：材料的抗拉强度、疲劳强度、延伸率和硬度。

②物理性能：材料的密度、融点、热膨胀系数和电阻率。

③化学性能：材料的耐腐蚀性和电极电位。

④焊接特性：材料的可焊性、被焊材料的熔蚀性及合金层的形成等。

为了确保焊接焊点质量和可靠性，有必要对这些因素的影响进一步地进行深入的研究分析。

2. 焊点的接头模型

在前面的章节中已经讨论到，界面的连接靠的是焊料对两个基体金属表面的润湿作用。焊料是连接材料，焊料固着于基体金属表面，因而提供了金属的连续性。除此之外，焊料还用于被桥连起来的两个被润湿的表面，构成二基体金属间的连接环节。此时焊料的性能决定了整个焊接接头的性能。熔点较低的焊料是良好的填充金属，能够导电和导热，并具有可延展性、光泽等所有金属性能。

SnPb焊料的可延展性和该组分焊料中的大多数合金，在室温或接近室温情况下的退火能力，使焊接接头中的焊料成为极好的应力连接材料。由于SnPb焊料具有吸收并随时释放应力的能力，使得装配件在承受振动和受热时，在焊接接头中形成的很大的应力被释放，从而避免了装配件的损坏。假如该应力未被释放而被传递到强度较低的元器件上（如金属—陶瓷结合面等），将导致连接处破裂。由此可见，SnPb 焊料强度低这个“弱点”，实际上是其优点。

我们讨论 SnPb 焊料的物理性质时，所列出的数据只适用于焊料体本身，而不适用于特定接头中的焊料。除非在界面或分层处形成了过量的使填充焊料变脆和降低强度的金属间化合物，否则熔解硬化的效果是提高而不是降低焊接接头的强度。下面我们将讨论焊料体的各种物理性质及其随所采用材料成分的变化。

3. 焊接的基本接头结构

在焊接焊点接头设计中需要考虑两个问题，即机械强度要求和电气上的载流能力。在 PCBA 的组装焊接中广泛采用搭接接头和套接接头。

（1）搭接接头

搭接接头是一种极为常用的焊接接头，两个被焊基体金属搭接在一起，填充于其间的焊料把二者连接为一体。这种接头的强度随搭接面积的变化而变化，在直拉力作用下，接头承受剪切作用力。在弯曲力的作用下，接头承受拉伸或者压缩作用力。

在采用搭接接头的情况下，整个接头强度取决于搭接面积，因而不难用改变搭接面积的办法来满足组装件对接头的强度和电气等性能的要求。

（2）套接接头

这种接头是孔和引线的焊接，在直拉力作用下，该接头主要承受剪切应力。

上述两种方式不论何种，为确保焊料承受的应力沿润湿表面均匀分布都是很重要的。如因设计不当产生了应力集中现象，则在某一时间仅有整个润湿面积中的一部分承受应力，因而当应力超过了填充焊料的极限强度时，将使焊接接头产生裂纹。由于不能利用填充焊料的总强度，该裂纹将从一个应力区扩展到另一个应力区。

在产生应力集中的情况下，认为用增加焊缝中填充焊料的办法能解决应力集中问题是错误的。这样做只能改变产生故障的初始位置。建议搭接接头上不应有弯曲作用，弯曲作用能产生局部应力集中，并使焊料撕裂产生裂放。

为获得良好的焊接接头，另一个重要的考虑因素是间隙（接头中焊料的厚度），它对焊接接头强度的影响很大。间隙的大小受两个方面的要求支配，一方面应使助焊剂和焊料良好地进入焊接区（这要求间隙不能太小），另一方面应在毛细管和表面能的作用下使焊料保持在焊缝中（这要求间隙不能太大）。还要提到一点，焊接接头形成过程中发生的固溶硬化过程，在很大程度上增强了焊料强度。

正确的焊接接头设计还涉及使焊料从被润湿的表面完全排开气体和助焊剂，形成完全实心和均匀填充焊料的保证措施。因此，必须消除不通孔、空穴和类似的气阱。否则，空气或助焊剂蒸汽的膨胀将产生气阱，使得焊接接头横截面的强度显著降低，而不能获得所要求的强度。这些焊料不能进入的区域将导致形成大气阱。

当把两种不同的基体金属焊在一起时，还要考虑两种基体金属在膨胀系数、延展性和其他重要性能方面的差别。

二、影响焊接接头机械强度的因素

1. 施用的焊料量对焊点剪切强度的影响

美国学者 Nightingale 和 Hudson 在致力于证明施用焊料量是影响焊点剪切强度的重要因素的研究中得出如下结论："在实际中，因为施用过多的焊料通常掩盖了虚焊或部分虚焊的焊点，所以必须避免施用过多的焊料。因此可以说，施用多于适当填充焊缝所必需的焊料没有任何益处。"

润湿情况和焊点的可检查性密切相关，在有限的表面上施用过多的焊料掩盖了实际的可检查区域，从而使人们得出错误的结论，这进一步说明要防止焊料过多的焊点。因此，为便于质量控制所要求的薄填充焊料的可检查的焊缝，对于高可靠性焊点来说尤为必要。

2. 与熔化焊料接触的时间对焊点剪切强度的影响

我们知道，焊接连接的成功主要取决于润湿程度，而合金化本身只起副作用。Nightingale 和 Hudson 在论证与熔化焊料接触的时间对焊点剪切强度影响的研究结论中指出："当与熔化焊料接触时间在经验限定的范围内时，该接触时间对焊接焊点强度的影响较小。"

3. 焊接温度对接头剪切强度的影响

Howard H.Manko 的研究结论认为：在最佳焊接条件下，焊点的剪切强度取决于焊接温度。而在特定温度下所选用的助焊剂种类也是一个非常重要的影响因素。并非所有的助焊剂在所有的温度下均能良好地润湿和除去锈膜，对每一种具体的助焊剂来说，均存在一个最佳温度。

4. 接头厚度对强度的影响

接头强度是被焊表面之间间隙的函数，对应接头强度最大的最佳间隙约为0.076mm。采用该间隙时，助焊剂和焊料很容易流入接头，以达到均匀的润湿。当间隙较窄时，容易把空气和助焊剂截留在接头中，从而导致润湿面积减小，并因此而降低接头强度。当间隙较大时，有助于润湿的毛细管作用力较小，而且较厚的焊缝机械强度比较低，并通常接近于焊料合金本身的强度。因此，降低了完全溶解强化的可能性。在焊接中，通常一定量的基体金属溶解到焊料中，使其强度增加。显然，材料的溶解强化现象肯定是接头剪切强度变化的原因。

溶解强化：当少量的合金元素加入合金晶格时，会产生某种物理的内应力使合金强化，该现象称为溶解强化。

Nightingale 和 Hudson 通过试验研究，归纳出可用于表示接头厚度和焊接温度之间关系的公式。并得出了对应最大接头强度下的接头厚度—焊接温度的平滑曲线，该曲线极近似于双曲线，因而得出了如下的实用公式：

$$(T-t)S=K$$

式中 T 是焊接温度；t 是 SnPb 合金的固相线温度；S 是接头厚度；K=0.34（由经验求出的常数）。

以至于可以把它看作有关接头最高强度、接头厚度和焊接温度三者的关系定律。对于 Sn37Pb 低共熔成分的焊料来说，K 值可能是相同的，而且与被焊材料无关，但可能与所采用的助焊剂有关。低温焊接接头和间隙较小的接头几乎总是具有助焊剂杂质。显然，在较高焊接温度下可采用厚度较小的接头，因为高温下焊料的流动性好，而在较低温度下较黏的焊料不能较好地填充和渗入所要填充的间隙。当温度超出了规定的范围时，则不能再使用此曲线，因为在较低的温度下焊料不易润湿基体金属。而当温度过高时，由于氧化和助焊剂等因素的干扰，也可能得出错误的结论。

三、SMT 再流焊接接合部的工艺设计

1．THT 和 SMT 焊点接合部的差异

表面贴装元器件通常是指片式元器件 QFP、PLCC、BGA、CSP 等，表面贴装所形成的焊接接合部与通孔焊接方式所形成的接合部有很大的差异。SMT 的接合过程是在基板焊盘上印刷焊膏—贴装 SMC/SMD—再流焊接而完成其接合过程。从接合强度分析，SMT 所形成焊点的接合强度远不如通孔安装方式（THT）所形成的焊点强度高。

（1）THT 焊点接合部结构对焊点强度的影响

THT 安装是将元器件的引脚直接插入 PCB 的金属化通孔（以下简称 PTH 孔）中，在焊接中再用焊料将其填充，所形成焊点的结构。沿着 PTH 孔的壁面，PTH 和元器件之间的连接将是很牢固的。这种连接结构形成良好焊点的条件，取决于下述因素。

① PTH 孔与元器件之间的间隙：这一间隙值沿直径方向通常取 0.30 ~ 0.60mm。此时，液态焊料就能非常好地填充其中的所有间隙。

② PTH 孔和元器件的可焊性。

③焊点内部发生气孔的预防。

在上述三个因素中，①是在 PCB 图形设计阶段就已确定的，而②③则是在生产现场需要关注的。

从安装工艺性来看，通孔正好还起到了元器件引脚插入时的导向作用，可以减少安装失误。所以从确保焊接接合部的可靠性来看，THT 方式更容易管理。

（2）SMT 焊点接合部结构对焊点强度的影响

SMT 接合部结构仅是通过焊料来支撑其接合强度的。由于其焊接强度的优劣在很大程度上取决于焊膏本身的材料特性。与 THT 方式相比，SMT 的焊点没有像 PTH 孔那样可以支撑焊接部强度的机构。因此，对接合部的可靠性设计和可靠性评估的重点是焊膏的材料特性（特别是疲劳特性）及接合部的形状。由于接合部的形状多种多样，评估时通常采用计算机仿真来进行。

SMT 生产线是由焊膏印刷、贴片、再流焊接等工序组成，这些工序都能构成产品生产中发生质量问题的原因。因此，在生产现场加强对上述各工序及其彼此间的控制和管理，对确保产品质量有着特殊的意义。对接合部可靠性产生影响的主要因素归纳起来有下述四点：

①供给 PCB 焊盘的焊料量。

② PCB 焊盘与元器件电极部之间的间隙。

③元器件的贴放位置与 PCB 焊盘之间的位置偏差。

④焊盘和元器件的可焊性。

上述这些因素都构成了生产现场工艺过程控制的要素，对这些要素控制得好与坏，直接影响焊接接合部的可靠性，这也是对 SMT 再流焊点进行工艺性设计计算的主要出发点，特别是在无铅制程中尤其要关注的地方。

强调对 SMT 再流焊接焊点进行（工艺设计的目的，就是要从设计阶段就对生产现场将会发生的各种不良模式进行预测，以求预先就采取必要的预防措施，将可能发生的不良现象消灭在生产开始之前，即从不让一个不良品产生的理念提高到不让产生不良品的条件存在的高度。）而且工艺设计得好坏还将直接关系到生产效率的提高和产品的良品率。

2. 再流焊接接合部的工艺设计

（1）接合部工艺设计的目的和任务

1）工艺设计的目的

“工艺设计”的目的就是要从设计阶段就对生产现场将会发生的各种不良模式进行预测，将影响产品质量的各种不良因素消灭在生产开始之前。也就是将从不让一个不良品产生的理念，提高到不让产生不良品的条件存在的高度上。

2）工艺设计的任务

针对表面贴装生产现场不同工序组合，可能就是产生质量问题的原因。例如，对接合部可靠性产生影响的因素有：

①焊膏印刷工序对 PCB 焊盘所供给的焊料量的设定。

②贴片工序中元器件与 PCB 焊盘的位置偏差，以及元器件电极部与 PCB 焊盘间的间隙。

③再流焊接工序中温度曲线的优化。

因此，在建立能确保产品生产高质量的 SMT 生产线时，不仅要对现场发生的所有不良模式加以预测，而且还要配备相应的现场纠正措施和对策。

（2）焊接接合部工艺设计的定义和内容

1）焊点接合部工艺设计的基本概念

表面组装与穿孔安装比较，不仅生产现场管理的项目多，而且复杂。在进行确保产品生产质量的 SMT 工艺过程控制时，不仅要对现场可能发生的不良现象加以预测，而且还应采取相应配套的纠正措施和对策。这里将能预防现场发生不良的生产要素的设计，称之为“工艺设计”。

工艺设计的内容可归纳为接合部可靠性设计、PCB 焊盘设计、印刷钢网开口设计三大部分内容，它们都可以利用计算机来进行，其中焊盘设计和钢网开口设计，也可以用手工计算进行。

2）利用计算机进行接合部可靠性设计

利用计算机进行焊接接合部的可靠性设计，即从可靠性的观点出发确定焊接接合部的必要的焊料量。由于 SMC/SMD 再流焊接后所形成的焊点结构多种多样，远比 THT 方式复杂，因此，面对复杂的接合部形状，采用计算机进行接合部的可靠性设计时，首先要确定可靠性的管理项目，及设计内容和设计的顺序。

①确定焊料材质：焊接接合部可靠性的主要故障模式是焊料接合部疲劳寿命而导致焊料裂纹所造成的失效，因此，选择焊料时要特别关注其疲劳寿命特性。目前在有铅情况下普遍使用的焊料是 Sn37Pb，无铅制程时较多使用 Sn3.0Ag0.5Cu（SAC305）和高可靠性产品用的 Sn3.8Ag0.7Cu（SAC387）。

②确定外部负荷：所谓外部负荷是针对所设计的焊料接合部可能遭受的外部应力，这些外部应力往往由于受到环境机械振动和温度剧变等因素而形成。

③焊接接合部设计：在确定了所选用的焊料的疲劳寿命特性和外部负荷后，就可以通过计算机仿真模拟画出能经受住的应力或高温下接合部焊料的轮廓形状。并以此作为标准形状，再由计算机进行确认无误后，表明设计达到了目标。

④设定可靠性管理项目：完成接合部设计后，然后就是设定现场可靠性管理项目。设定时首先应考虑现场的可能变动因素（例如，贴装元器件的位置偏差、印刷焊膏量的误差、接合部焊料轮廓形状变化等），将这些变量输入计算机，再根据这些变量对可靠性所可能造成的影响，确定对这些变量的必要的控制范围，并明确其

为可靠性的管理项目。

上述结果，也可作为生产线上管理可靠性的检查项目，利用计算机的仿真功能，预先对生产线进行可靠性管理项目的研究。

（3）PCB 焊盘设计

焊接接合部可靠性设计完了之后，就是进行焊盘的设计了。必要的焊料量是确保接合部可靠性的前提，元器件的贴装精度可防止元器件的贴装位置偏差。在不影响 PCB 布线间隙和安装密度的前提下，焊盘尺寸通常应尽量往大的允差靠近。对在再流焊接过程中可能出现的桥连、翘立等现象，在设计时要采取一定的预防措施。必须在对各种各样不良现象的发生机理完全掌握后再制定焊区的相关尺寸。

（4）印刷钢网开口尺寸设计

要说接合部可靠性设计是为接合部求得必要的焊料量的话，那么印刷钢网开口尺寸大小的选择，就是为已设计的焊盘区提供再流焊接中实际所需的焊料量。

第十二章　电子装联 PCBA 焊接的 DMF 要求

第一节　PCBA 焊接 DFM 要求对产品生产质量的意义

一、概述

可制造性设计(Design for Manufacture, DMF)具体描述了在进行产品设计过程中，必须要考虑的可制造的工艺性要求。

一项新技术的出现需要许多领域和环节的协调和配合，特别是在当今电子安装领域里，由于电子产品正朝着超薄、超小、超轻、高密度安装方向发展，使得今天的设计人员已不能仅满足于对你所设计的电路、系统的熟悉，还要求你了解你所设计的产品将怎样去制造，了解产品制造的主要工艺环节。只有这样才能使新开发的产品具有较短的制造周期，较低的制造成本，较强的市场竞争能力，才能产生较好的经济效益和社会效益。

产品质量是设计和制造出来的，在生产实践中，由于 PCBA 设计不良而导致的焊接缺陷是层出不穷的，对这类缺陷仅凭改善操作和革新工艺是难以奏效的，这就造成了“先天不足，后天难补”的尴尬局面。因此，电子产品装联焊接的质量控制应开始于 PCBA 的设计阶段，并让开始的设想就能贯穿到交货包装前的整个过程。在每个新的 PCBA 设计的开始阶段就要建立设计、工艺、生产及质检人员间的相互信任，通力合作的机制，也就是说执行工艺、生产及质检人员早期介入产品研发的并行技术路线，这是解决 PCBA 设计不良而造成焊接缺陷的唯一正确途径。

二、DFM 是贯彻执行相关产品焊接质量标准的前提

目前国内外电子产品制造业界，普遍采用 ANSI/J–STD–001 和 IPC–A–610 作为电子装联的质量标准。由于焊点的形成直接受焊盘布局设计的影响。因此，执行 J–STD–001 和它的伙伴文件 IPC–A–610 的前提是：PCBA 的布局和焊盘设计必须遵

循下述文件的约束。

IPC-7351：表面安装器件和焊盘图形标准通用要求。

IPC-2221：PCB 设计通用标准。

IPC-2222：刚性有机 PCB 设计标准。

如果设计没有遵循上述文件的规定，那么 IPC-A-610 和 J-STD-001 所建立的要求就不能应用。例如，如果焊盘布局和 IPC-7351 有很大的不同，那么 IPC-A-610 所定义的焊点形状就不能达到相应的质量要求。

三、良好的 DFM 对 PCBA 生产的重要意义

DFM 主要研究产品本身的物理设计与制造系统各部分之间的相互关系，并把它用于产品设计中，以便将整个制造系统融合在一起进行总体优化。DFM 可以缩短产品的开发周期并降低成本，使之能更顺利地投入生产。

众所周知，设计阶段决定了产品 80% 的制造成本，同样，许多质量特性也是在设计时就固定下来了，因此在设计过程中充分考虑制造因素是非常重要的。

良好的 DFM 是 PCBA 安装组件制造商降低制造缺陷、简化制造过程、缩短制造周期、降低制造成本、优化质量控制、增强产品市场竞争力、提高产品的可靠性和耐用性等的重要环节。它可以使企业以最少的投入取得最好的效益，达到事半功倍的效果。

表面组装件发展到今天，要求我们的电子产品设计制造工程师们不仅要精通设计技术，更要对现代电子产品制造方面的工艺有深入的了解和丰富的实践经验。因为一个不懂得焊膏和焊料流动特性的设计师，也就难以理解桥连、拉尖、墓碑、芯吸等现象发生的原因和机理，也就很难下功夫去合理设计焊盘图形。很难从设计的可制造性、可检测性，以及降低成本和费用的角度去处理好各种设计问题。试想，一个设计完美的方案，如果 DFM、DFT（可检测性设计）不良，要花费大量的制造、检测和返修成本。这个产品即使能制造出来，那它还有什么市场竞争力呢?

例如，电子装联工艺中的 SMT 是一门综合性极强的新兴技术，它的技术内涵比 THT 要丰富得多。对设计师所要求的相关知识面也比 THT 广泛得多，它对工艺设备、工艺经验、被安装的元器件、工艺耗材（焊膏、焊料、助焊剂）等的依存性极大。因此，一个合格的电子设计工程师，不仅要懂得设计，而且还必须是具有较丰富的工艺经验，熟悉工艺装备和各种工艺耗材特性的行家。

大量成功的 PCBA 设计范例表明，只有在设计的初期阶段就对 PCBA 的可制造性、可使用性、可检测性、制造的经济性、质量的稳定性等进行充分的论证和关注，并贯彻于设计的全过程，才可能达到“零缺陷设计”的目的。作为一个企业，也只

有这样才能向市场提供真正意义的性价比高的优质产品。

在工业生产中，由于产品设计的不完善和局限性所引发的产品质量问题，具有批量性的特点，在生产中是很难解决和补偿的，这就是俗语所说的“先天不足，后天难补”的道理。

第二节　电子产品的分类及安装焊接的质量等级和要求

一、电子产品安装焊接的质量等级

在电子产品制造中，为了取得最好的效益和产品的性价比，通常都要按产品的重要程度来确定某产品的制造质量标准。IPC 标准建立了三个通用的终端产品质量等级，以反映在复杂程度、功能方面的要求，这些等级如下。

第一级通用电子产品：包括消费产品、某些计算机和计算机外围设备，主要要求是完整的 PCB 或 PCBA 功能的一般用硬件；

第二级专用服务电子产品：包括那些要求高性能和长寿命的通信设备、复杂的商业机器、仪器和军用设备，并且对这些设备希望有不间断服务但不是关键的，允许一定的外观缺陷；

第三级高可靠性电子产品：包括那些要求连续性工作，不允许停机的关键性的商业与军事用产品设备。诸如生命支持系统和导弹系统等高可靠性的特种装备。

二、电子产品的最终使用类型

对于不同类型的产品，其性能和质量要求也是不尽相同的。除了三个性能等级之外，IPC 表面贴装委员会还为电子产品建立了最终使用的类型，如下所述。

①消费类产品：包括游戏、玩具、音频与视频电子产品。对这类产品要求操作方便，功能全，产品成本特别受关注。

②一般用途计算机：如商业或个人用计算机。与消费类产品相比，对这类产品消费者希望有较长的寿命和较持续的服务。

③电信产品：包括电话、开关系统、PBX 和交换机。对于这些产品希望服务寿命长，能耐受相对恶劣的工作环境。

④商业飞机：要求尺寸小、重量轻和高性能。

⑤工业用和车用产品：关注产品的尺寸和功能。在确保预期要求的质量前提下，成本是非常重要的。

⑥高性能产品：包括基地与舰船上的军用产品、高速与高性能计算机、关键的过程控制器、生命支持的医疗系统。该类产品性能、品质和可靠性都是极为重要的。然后就是尺寸和功能。在确保上述功能要求的前提下，成本要尽可能优化。

⑦太空产品：包括所有在上面的要求，能满足苛刻的外部空间环境条件的产品。这意味着在很大范围内的空间环境和物理极限上的高品质与性能。

⑧军用航空电子设备：用来满足要求非常高的机械与温度变化。尺寸、质量、性能和可靠性都是极为重要的。

⑨汽车引擎用电子产品：要忍受所有使用环境的最恶劣情况。这些产品要面对极度的温度与机械变化。除此之外，还有达到大规模生产的最低成本和最佳的可制造性。

三、电子产品的安装类型

电子产品安装类型的规定进一步地描述了元器件在 PCB 上的布局形式，例如，在 PCB 板上是单面安装还是双面安装抑是混合安装。

类型 I：定义为只在 PCB 一面安装元器件的方式，它们又可区分为 TH 安装（A）、SMT 安装（B）及 SMT/TH 混合安装（C）等形式。

类型 II：定义为 PCB 两面都有元器件的安装方式，它们也可区分为 SMT 混装 FPT 安装（B）、SMT/TH 混装（C）、SMT/TH/FPT/CMT 混装（CX）三种类型。在类型 II 中只限于 B 级或 C 级两种安装方式。

四、电子产品的可生产性级别

IPC 标准（IPC-782A）还提供了三个级别的设计复杂性，它们均表现在对特性、公差、测量、安装（焊接）、成品的测试或者制造工艺的确认上。集中反映在工具、材料或工艺的复杂性等方面均有不同程度的提高，因此在制造成本上也有相应的提高。这些级别是：

A 级——简单的装配技术，用来描述通孔元件的安装；

B 级——中等的装配技术，用来描述表面元件的贴装；

C 级——复杂的装配技术，用来描述在同一 PCBA 中通孔与表面安装相互混合。

第三节　PCBA 波峰焊接安装设计的 OFM 要求

一、现代电子装联波峰焊接技术特征

现代电子装联技术与传统电子装联技术的本质上的不同，就在于前者的发展是围绕 SMT 这一主线来展开的。同样，现代电子装联波峰焊接技术与传统的波峰焊接技术的区别，就在于前者已不再是单纯的 THT（穿孔安装）和单纯的 SMT 的焊接问题，而面对的是更复杂的 SMT 和 THT 混合组装的焊接问题了。因此，PCBA 的安装焊接设计的可制造性（DFM）问题变得越来越突出和重要，它构成了危及现代 PCBA 波峰焊接质量和生产效率的重要因素，严重情况下甚至会导致所设计的产品根本无法正常地制造出来。在生产中这样的案例不胜枚举，特别是在一些从事电子产品代工的 OEM 公司中的反映更为强烈。

二、PCB 布线设计应遵循的 DFM 规则及考虑的因素

安装加工中 PCB 板面的应力分布如下所述。

从结构强度观点来看，PCB 是一个不良结构件。它把不同膨张系数和具有巨大差别弹性模数的材料装配在一起并承受不均匀载荷。而且，它们都装在一个本身可挠折的层压板上，随着振动及自重而运动。这种结构充满着尖角，增加了许多应力集中之处。况且，印制板包括强度不高的层压板及脆弱的铜箔层均不能承受较大的机械应力。当 PCB 在切割、剪切、接插件安装、焊接过程中的装夹都会因基板过度的弯曲变形而在焊接部造成加工应力，导致元器件损伤（产生裂纹、焊点疲劳等）。

由于现在还没有一个非常精细的标准，能确定在元器件损伤前允许 PCB 板有多大的翘曲度。但是元器件在波峰焊接过程的应力开裂（如陶瓷电容等）与 PCB 翘曲度有关，且随基板材料的不同而变化，所以制造和安装中均要求对组装件的翘曲度进行严格的控制和管理。

三、元器件在 PCB 上的安装布局要求

元器件在 PCB 上的安装布局设计，是降低波峰焊接缺陷率的极重要的一环。在 PCB 上进行元器件布局时应尽量满足下列要求。

①元器件布置应远离挠度很大的区域和高应力区，不要布置到 PCB 板的四角和边缘上。离开边缘的最小距离应≥ 5mm。

②元器件分布应尽可能均匀，特别是对热容量较大的元器件更要特别关注，要采取措施避免在波峰焊接过程中出现温度陷眺。

③功率器件要均匀地布置在 PCB 板的边缘。

④贵重的元器件不要布置在靠近 PCB 板的高应力区域，如角部、边缘、接插件、安装孔、槽、拼板的切割、豁口及拐角处。

⑤由于 PCB 尺寸过大易翘曲，安装时即使元器件远离 PCB 边缘，缺陷仍然可能产生，因为垂直于应力梯度方向的元器件最容易产生缺陷。因此应尽力避免采用过大尺寸的 PCB。

四、安装结构形态的选择

在混合安装中最适合于波峰焊接的安装形态如下所述。

随着现代电子产品用 PCBA 组装结构的高密度化，以往单纯的 THT 或者 SMT 的安装结构形态已经被 THT、SMT 混合安装形态所替代，下述三种安装形态已经大量应用。

（1）SMT/THT 安装结构

这是目前流行的混合安装中最简单的一种安装结构形式，它工艺流程最短，一般情况下只需采用波峰焊接工艺一次即可完成全部焊接过程。

（2）（THT、SMT）/SMT 安装结构

当对产品的体积和重量有特殊要求，而且 PCBA 几何尺寸受到严格限制时，采用（THT、SMT）/SMT 这种安装结构越来越普遍，其工艺流程目前有 A 面再流焊和 B 面波峰焊两种形式。

选择此种安装结构时，应注意把大的 SMC/SMD、THC/THD、QFP、PLCC，以及不适合波峰焊的元器件布置在 A 面，而将适合波峰焊的完全密封的较小的 SMC（如矩形、圆柱形片式元件）/SMD（如引脚数小于 28，引脚间距≥ 0.8mm 的 SOT、SOP）布置在 B 面。

五、电源线、地线及导通孔的考虑

1. 电源线、地线

由于 PCB 板上铜箔和基板材料的热膨胀系数及导热速率差异极大，因此，在预热和焊接温度下，分布不均匀的铜箔层易使 PCB 板产生较大的变形和翘曲。故在设计时应满足下列要求。

①大面积的电源线和接地线应画成交叉剖面线（在大面积图形中将讨论）。

②每层上的铜箔图形分布尽可能均匀一致。

2．导通孔

导通孔的主要作用是实现 PCB 各层之间的电气互连。由于现代安装密度大幅度提高，PCB 不断地向多层化发展。因此，导通孔的作用越来越重要，数量也在不断增多。在设计中导通孔的布局和要求如下。

①导通孔的设置应距离安装焊盘≥ 0.63mm，不允许将导通孔设置在焊盘区内。以避免焊接过程中焊料的流失。

②应尽力避免将导通孔设置在 SMC/SMD 元器件体的下面，以防焊接过程中焊料流失和截留助焊剂和污物而无法清除。

③导通孔与电源线或地线相连时，应采用宽度不大于 0.25mm 的细颈导线连接，细颈线长度应大于或等于 0.5mm。

六、采用拼板结构时应注意的问题

采用拼板结构时，当将经过多次安装和焊接的 PCB 板进行分割时，对靠近转角的边缘区的元器件必然产生较大的扭曲变形，从而附加较大的应力而可能导致焊点和元器件开裂或裂纹。由于 SMC/SMD 没有柔性引线来消除 PCB 产生的机械应力，故更易造成 SMC/SMD 的损伤。因此，采用预刻线的拼板结构形式可使分板时翘曲变形最小，从而使元器件所受的应力和缺陷降到最低。拼板的连接和分离可采用双面对刻 V 形槽，V 形槽深度（两面槽深之和）为板厚的 1/3 左右，要求刻槽尺寸精确，且深度均匀。

七、测试焊盘的设置

所设置的测试焊盘应与元器件的安装焊盘分开。对无源元件可用宽度为 0.25mm 的细颈导线将测试盘和元件安装盘分离开；对有源器件焊盘可用 0.2mm 宽度的细颈导线分隔开，其最小间距应＞ 0.4mm。测试点离元器件本体或安装焊盘的最小间隔不小于 1.0mm，距离任何接插件通孔中心（DIP 轴向、柱状插装件）的距离应大于 2.5mm。

八、元器件间距

元器件间距由 PCBA 的安装密度所决定，元器件间安装间距的大小影响着波峰焊接的缺陷率（桥连），也是导致生产成本上升的一个重要因素。因此，只要有可能应尽量取较大的值。设计中其尺寸大小应遵守下述原则。

①对 SMC/SMD 安装焊盘之间及到晶体管焊盘和 SOP 引线焊盘之间，其最小间隔为 1.27mm。

②引线中心距在 0.3 ～ 0.63mm 的细间距器件的安装焊盘周围应留出 2.5mm 以上的间隔。

③插装 DIP 器件和电阻网络、插座本体与焊盘之间的间隔应大于 1.0mm，以利于焊料透孔。

④任何两种不同类型元件间的间隔应大于两种同类元件之间的间隔。

⑤金属化孔或导通孔的焊盘与 SMC 焊盘之间的距离应大于 1.0mm。

九、阻焊膜的设计

不适当的阻焊膜设计将导致下述两种缺陷。

①阻焊膜与布线图配准不良，从而导致湿膜塌落使焊盘表面和周围污染，造成焊点吃锡不良或大量的焊料球。

②阻焊膜过厚超过 PCB 铜箔焊盘厚度，再流焊时便形成吊桥或开路。

从波峰焊接工艺性考虑，阻焊膜的设计应遵守以下原则。

①当两焊盘之间无导线通过时，可采用阻焊膜窗孔的形式。

②当有两个以上靠得很近的 SMC 其焊盘共用一段导线时，应用阻焊膜将其分开，以免焊料收缩时产生应力使 SMC 移位或拉裂。

十、排版与布局

①选用较大尺寸的 PCB 板面时，由于翘曲和质量的原因将导致波峰焊接输送困难，因此，应尽量避免使用大于 250mm × 300mm 的板面。根据各公司自己的产品特点，尺寸应尽量标准化，这样有助于缩短生产工序间调整及重新摆放条形码阅读器位置等所导致的停机时间。

②可在 PCB 板的废边上安排测试电路图样（如 IPC–B–25 梳形图案），以便进行工艺控制，在制造过程中可使用该图样监测表面绝缘电阻、清洁度及可焊性等。

③对于较大的 PCB 板面，应在中心留出一条通道，以便波峰焊接时在中心位置对 PCB 进行支撑，防止板子下垂和焊料溅射，有助于板面焊接的一致性。

十一、元器件的安放

①相似的元器件在板面上应以相同的方式和方向排放，这样可以加快插装速度且更易发现错误。

②尽量使元器件均匀地分布在 PCB 上，以降低波峰焊接过程中发生的翘曲，并有助于使其在经过波峰时热量分布均匀。

③应选用根据工业标准进行过预处理的元件。因为元器件准备是生产过程中效

率低的部分之一，它除增添了额外的工序，增加了静电损坏风险外，还增加了出错的机会。

十二、THT 方式的图形布局

1．PCB 布线的取向

随着电子产品向轻、薄、短、小方向发展，PCB 的布线密度大幅度增加，间距越来越小，这样就增加了波峰焊接时的相邻导线间产生桥连的危险性。因此，设计者应使所有相互靠近的线系尽量取平行于焊接时的运动方向。这样，由于液态焊料和它们之间相互运动所产生 # 擦拭作用，降低了产生桥连的危险性。

良好的 PCB 布线几乎可以完全消除桥连现象。在普通 PCB 上，即使非常小的间隙也可以很安全地进行波峰焊接。笔者专门做了下述试验。

第一种是所有导线其走向均与 PCB 焊接方向一致；第二种是所有导线的走向均与 PCB 焊接方向垂直。

在布线间距相同的情况下，前者没有桥连现象，而后者的桥连现象相当严重。

2．焊盘的形状

焊盘的形状一般要考虑与孔的形状相适配，而孔的形状一般又要与元器件引线的形状相对应。

3．焊盘与孔的同心度

在单面 PCB 中焊盘与孔不同心，则几乎会百分之百地产生孔穴、气孔或吃锡不均匀等焊接缺陷。由于金属表面对液态焊料的吸附力是与被焊基体金属表面面积的大小有关的，面积大的表面表现的吸附力也大，这就导致了液态焊料总是从窄面积处流向宽面积处，窄处的焊料被拉走而出现吃锡量少、干瘪等缺陷。

4．孔、线间隙对波峰焊接的影响

引线直径与焊盘安装孔径的配合是否恰当，不仅直接影响焊点的机械性能和电气特性，而且是造成焊点圆角高度不理想的重要原因，并且还是影响焊点出现孔穴现象的因素。它对波峰焊接焊点连接的成功率的综合性影响是极大的。

试验结论表明焊点孔穴发生率与孔和引线之间的间隙有关，而与焊盘大小无关。大孔配小引线是引发焊点出现孔穴的根源，而焊盘大小则只影响焊点的饱满程度。

由于波峰焊接时焊料必须利用毛细管作用上升到 PCB 上表面而形成金属的连续性。因此，保持孔和引线间适当的间隙是极为重要的。元器件引线直径一般都是标准化了的，对于 PCB 来说，孔径和引线直径的差值，日本学者纲岛瑛推荐取值范围为 0.05 ~ 0.2mm；而美国学者 Howard H.Manko 建议采用的间隙为 0.05 ~ 0.15mm。此时的间隙可以确保在孔壁与引线表面之间，不仅对助焊剂还是对液态焊料都有最好的毛细作用效果。在采用自动插元器件的情况下，采用 0.3 ~ 0.4mm 的间隙效果良好。

5. 焊盘与孔直径的配合

根据大量的现场应用情况可知，焊盘与孔直径配合不当，将严重影响焊点形状的丰满程度。对单面 PCB 板焊点的机械强度将造成影响。为了深入地分析此问题，我们以单面 PCB 板为例，先考察一下由波峰焊接所形成的焊点接头的构成。

据有关文献介绍，非金属化孔的单面板焊点的机械强度，主要取决于焊点接合部的合金化程度和对引线的浸润高度（H）。在合金化比较充分的情况下，则浸润高度对机械强度的影响成为主要因素之一。

焊料浸润高度 H 的形成，主要受焊盘大小和形状、孔直径、引线直径、引线伸出焊盘的高度及焊盘和导线的配合等诸因素的综合影响。

焊点所包裹的焊料量的多少对强度的影响不是很明显的。$15° < \theta < 45°$ 条件的形成，主要取决于焊盘直径和引线之间所取的比例关系。波峰焊接时，焊点上的液态焊料，要分别受到沿焊盘表面和元器件引线伸出焊盘的部分表面两个方向的吸附力 F_1 和 F_2 的共同作用，从而使液面成弯月状。当引线直径（D）和伸出高度（h）一定时，F_2 力基本上是一个定值。因此，F_1 力将成为影响液面形状（即 θ 角大小）的唯一因素。而 F1 力的大小取决于焊盘面积的大小，所以相应于一定的引线直径和 A 高度，就对应着某一个 θ 角所需要的最佳焊盘面积。试验表明：在孔径为 1mm 的条件下，焊盘直径大于 4mm 的焊点，普遍出现吃锡量太少、干瘪的毛病。所以焊盘直径不宜过大，但也不能太小。否则孔的中心与焊盘中心偏离所造成的不良影响的概率也会增大，也会影响焊点的质量。

6. 留孔焊盘

单面 PCB 板在波峰焊接时，为了便于焊后补装元器件用，要求露出孔的焊盘称留孔焊盘。这可在焊盘圆环上开一个 0.5 ~ 0.6mm 宽的槽即可。

十三、导线的线形设计

导线线形设计的优劣，不仅对 PCB 的机电性能有较大影响，而且还是影响波峰焊接缺陷（如桥连、拉尖、焊料瘤等）的重要因素。PCB 导线线形设计的内容是指导线形状、导线宽度、导线间距离等。

1. 导线形状

在设计 PCB 导线的线形时，主要要求导线应平滑均匀，渐变过渡，切忌成直角或锐角的急转弯。以避免在波峰焊接中，在尖角处出现附加应力而引起铜箔断裂、起翘、剥离、形成焊疤或焊料过分堆集等疵病。

2．导线宽度和间距

导线宽度主要决定于其所要求通过的电流。相邻导线间间距的大小，既影响 PCB 相邻导线间的电绝缘性，更是形成波峰焊接中桥连缺陷的主要原因，对于密集型导线簇，在布线区间受到限制时，在保证电流密度要求的情况下，应尽量减小导线宽度以增大导线间的间距，降低焊接中产生桥连的可能。

3．盘、线图形对圆角和热工特性的影响

焊盘图形设计不合理及焊盘与导线的连接处理不当，是造成焊点圆角缺陷的一个极为重要的因素。

左侧——为推荐的焊盘和线形设计，它在波峰焊接中能确保获得较理想的轮廓敷形；

右侧——为不良设计的焊盘和线形，它是导致波峰焊接中焊点轮廓不对称，焊点干瘪、焊料瘤的原因。

4．大面积图形

大面积的铜箔面在波峰焊接时极易形成焊料瘤，造成局部焊料堆集。因此，可以通过设置网孔或开窗口的形式，将大面积导体分割成若干个小线条或面积。窄条窗口分布的方向以取与边缘成 45° 角为宜。

第十三章　SMT 再流焊接焊点的工艺可靠性设计

第一节　SMT 再流焊接焊点的结构特征

表面贴装元器件通常是指片式元器件 QFP、PLCC、BGA、CSP 等，表面贴装所形成的焊接接合部与通孔焊接方式所形成的接合部有很大的差异。SMT 的接合过程是在某板焊盘上通过印刷焊膏→贴装 SMC/SMD →再流焊接而完成其接合过程。从接合强度分析，SMT 所形成焊点的接合强度远不如通孔安装方式（THT）所形成的焊点强度。

一、SMT 焊点结构对焊点强度的影响

SMT 接合部结构仅是通过钎料来支撑其接合强度的。由于其焊接强度的优劣在很大程度上取决于焊膏本身的材料特性，与 THT 方式相比，SMT 的焊点没有像 PTH 孔那样可以支撑焊接部强度的机构。因此，对接合部的可靠性设计和可靠性评估的重点是，焊膏的材料特性（特别是疲劳特性）及接合部的形状。由于接合部的形状多种多样，因此，评估时通常采用计算机仿真来进行。

SMT 生产线由焊膏印刷、贴片、再流焊接等工序组成，这些工序都是构成产品生产中发生质量问题的原因。因此，在生产现场加强对上述各工序及其彼此间的控制和管理，对确保产品质量有着特殊的意义。对接合部可靠性产生影响的主要因素归纳起来有下述 4 点：

①供给 PCB 焊盘的钎料量；

② PCB 焊盘与元器件电极部之间的间隙；

③元器件的贴放位置对 PCB 焊盘之间的位置偏差；

④焊盘和元器件的可焊性。

上述这些因素都构成了生产现场工艺过程控制的要素，对这些要素控制得好与

坏，直接左右焊接接合部的可靠性，这也是对 SMT 再流焊点进行工艺可靠性设计计算的主要出发点，特别是在无铅制程中尤其要关注的地方。

强调对 SMT 再流焊接焊点进行工艺可靠性设计的目的，就是要从产品投产前的工艺准备阶段就对生产现场将会发生的各种不良模式进行预测，以求预先就采取必要的预防措施，将可能发生的不良现象消灭在生产开始之前，即从不让一个不良品产生的理念提高到不让产生不良品的条件存在的尚度。而且工艺可靠性设计得好坏还将直接关系到生产效率的提尚和产品的良品率。

笔者在生产现场屡次见到，再流焊接中的许多缺陷的发生，都是由于事先对元器件引脚（电极）、PCB 焊盘和钢网开口三者之间的形状和尺寸的匹配关系缺乏预先的规划而造成的，这些通过工艺可靠性设计的都是可以得到预防的。

二、现代电子产品使用的片式元器件的封装类型

经过统计，现代电子产品中所采用的片式元器件封装形式主要是 CHIP、BGA、CSP、连接器等。

第二节　再流焊接接合部工艺可靠性设计概述

一、接合部工艺可靠性设计的定义和内容

1. 工艺可靠性设计的基本概念

表面组装与穿孔安装比较，不仅生产现场管理的项目多，而且复杂。在进行确保产品生产质量的SMT工艺过程控制时，不仅要对现场可能发生的不良现象加以预测，而且还应采取相应配套的纠正措施和对策。这里将能预防现场发生不良的生产要素的设计，称为“工艺可靠性设计”。

工艺可靠性设计的内容可归纳为接合部可靠性设计、PCB焊盘设计、印刷钢网开口设计3大部分内容，它们都可以利用计算机来进行，其中焊盘设计和钢网开口设计也可以用手工计算进行。

2. 利用计算机进行接合部可靠性设计

利用计算机进行焊接接合部的可靠性设计，即从可靠性的观点出发确定焊接接合部的必要的钎料量。由于SMC/SMD再流焊接后所形成的焊点结构多种多样，远比THT方式复杂，因此，面对复杂的接合部形状，采用计算机进行接合部的可靠性设计时，首先要确定可靠性的管理项目。

（1）确定钎料材质。焊接接合部可靠性的主要故障模式是钎料接合部疲劳寿命导致钎料裂纹所造成的失效，因此，选择钎料时要特别关注其疲劳寿命特性。目前在有铅情况下普遍使用的钎料是Sn37Pb，无铅制程时较多使用Sn3.0Ag0.5Cu（SAC305）和高可靠性产品用的Sn3.8Ag0.7Cu（SAC387）。

（2）确定外部负荷。所谓外部负荷是针对所设计的钎料接合部可能遭受的外部应力，这些外部应力往往由于受到环境机械振动和温度剧变等因素所形成。

（3）焊接接合部设计。在确定了所选用的钎料的疲劳寿命特性和外部负荷后，就可以通过计算机仿真模拟画出能经受住的应力或高温下接合部钎料的轮廓敷形，并以此作为标准形状，由计算机确认无误后，表明设计达到了目标。

（4）设定可靠性管理项目。完成接合部设计后，就是设定现场可靠性管理项目。设定时首先应考虑现场的可能变动因素（例如，贴装元器件的位置偏差、印刷焊膏量的误差、接合部钎料轮廓形状变化等），将这些变量输入计算机，再根据这些变量对可靠性可能造成的影响，确定对这些变量的必要的控制范围，并明确其为可靠

性的管理项目。

上述结果也可作为生产线上管理可靠性的检查项目，利用计算机的仿真功能，预先对生产线进行可靠性管理项目的研究。

3．PCB 焊盘设计

焊接接合部可靠性设计完之后，就要进行焊盘的设计。

必要的钎料量是确保接合部可靠性的前提，元器件的贴装精度可防止元器件的贴装位置偏差。在不影响 PCB 布线间隙和安装密度的前提下，焊盘尺寸通常应尽量往大的允差靠近。对在再流焊接过程中可能出现的桥连、翘立等现象，在设计时要采取一定的预防措施。必须对各种各样不良现象的发生机理完全掌握后再制定焊区的相关尺寸。

4．印刷钢网开口尺寸设计

要说接合部可靠性设计是为接合部求得必要的钎料量的话，那么印刷钢网开口尺寸大小的选择，就是为已设计的焊盘区提供再流焊接中实际所需的钎料量。

第十四章　PCBA 常见的危及可靠性的故障现象及其分析

第一节　PCBA 和故障

一、概述

现代电子装联工艺主要是以 PCBA 为对象展开的，因此，电子装联工艺可靠性的研究也主要以发生在 PCBA 上的故障现象为对象展开的。PCBA 的故障现象可分为生产过程中发生的和在用户服役期间发生的两大类。

（1）在制造过程中 PCBA（内部的或表面的）发生的故障现象：如爆板、分层、表面多余物、离子迁移和化学腐蚀（锈蚀）等。

（2）在用户服役期间 PCBA 上的各种各样的失效模式和故障表现：如虚焊、焊点脆断、焊点内微组织劣化及可靠性蜕变等。

本章主要讨论发生在 PCBA（不含焊点）上的常见故障现象的失效模式、发生机理及抑制的技术措施。

二、失效分析基础

1. 名词及定义

失效：丧失功能或降低到不能满足规定要求的现象。

失效模式：失效现象的表现形式，与产生原因无关，如开路、短路、参数漂移等。

失效机理：失效模式的物理、化学变化过程，并对导致失效的物理、化学变化提供解释，如电迁移开路、银电化学迁移短路等。

应力：驱动产品完成功能所需的动力和加在产品上的环境条件，是产品性能退化的诱因。

2. 故障分析的目的和失效率曲线

（1）故障分析的目的

故障分析是确定故障原因，搜集和分析数据，以及总结出消除引起特定器件或系统失效的故障机理的过程。

进行故障分析的主要目的是：找出故障的原因；追溯工艺设计、制造工序、用户服役中存在的不良因素；提出纠正措施，预防故障的再发生。

通过故障分析所积累的成果，不断改进工艺设计，优化产品制造过程，提高产品的可使用性，从而达到全面提升产品可靠性的目的。

（2）失效率曲线

1）PCBA 失效率曲线。PCBA 产品失效率曲线包含下述三个层面：

元器件失效率曲线：通过对元器件出厂前的强制老化，可以有效地降低元器件在用户服役期内的失效率。

元器件供应寿命曲线：它描述了元器件到用户后的使用寿命期，它对构成系统的可靠性有着重大影响。

PCBA 组装失效率曲线：它由 SMD 来料寿命、SMD 组装寿命和焊点寿命三部分共同影响。此时 PCBA 的使用寿命基本上取决于焊点寿命。因此，确保每一个焊点的焊接质量是确保系统高可靠性的关键环节。

2）PCBA 典型的瞬时失效率曲线。PCBA 典型的瞬时失效率简称 PCBA 典型失效率。瞬时失效率是 PCBA 工作到某一时刻后的单位时间内发生失效的概率。PCBA 典型的瞬时失效率曲线由早衰区、产品服役区和老化区三个区域构成。

三、PCBA 失效分析的层次和原则

1. 失效分析的层次

在电子产品生产和应用实践中，对 PCBA 和焊点失效的控制和分析，基本上和其他系统的可靠性控制和分析的方法是相同的。

2. 失效分析的原则——机理推理的基础

现场信息；复测（失效模式确认）结果分析；对象的特定工艺和结构的失效机理；特定环境有关的失效机理；失效模式与失效机理的关系；有关知识和经验的长期积累。

第二节　PCBA 在生产过程中发生的缺陷现象

一、PCBA 的翘曲和应力

1．PCB 基材发生翘曲的机理

刚性有机物基板由于成本低、易加工和具有通用性，是迄今为止应用最广泛的。高分子聚合物，尤其是环氧聚合物常用作黏结剂或作为连续相，玻璃纤维通常用于提供更高强度、尺寸稳定性和较小的热膨胀性，最通用的一类基板材料为 FR–4。

FR–4 由芳香族环氧树脂、硬化剂、阻燃剂、玻璃织物和各种添加剂组成。虽然一般环氧聚合物的热膨胀系数 CTE 在 70 ~ 90ppm/℃的范围内，可是玻璃纤维的加入限制了热膨胀形变。理想的 CTE 应该和 Cu 导体接近，大约是 18ppm/℃。导体和基板的热匹配可以使应力降到最小。不匹配的金属—基板结构（层压板）在加热时会弯曲，就像双金属条一样。低热膨胀系数的 FR–4 可以减轻弯曲问题，同时也使组装后的元器件所受的应力减小。玻璃织物只限制了 x–y 平面上的形变，而玻璃聚合物在垂直 z 方向上的膨胀几乎是自由的。实际上，Z 方向上的形变还会增大，因为膨胀的环氧聚合物在 x–y 方向受到限制，只能向 Z 方向膨胀，FR–4 在 z 方向的 CTE 可超过 100ppm/℃。

玻璃化温度 Tg 是 PCB 基材层压板的一个经常用到的判据。Tg 指的是聚合物中发生相变的温度，当几种树脂混合在一起时它不一定是一个精确的常数值。聚合物在低于玻璃化温度时处于一种更刚性的类似于玻璃质状态，这时它具有高强度和低 CTE。升高温度超过 Tg 时，可以使材料转换成一种橡胶态，分子的热运动更快，聚合物也变软，热膨胀率也会增大。虽然还有其他的变化，但我们最关心的是 CTE 的变化。温度低于 Tg 时的 CTE（叫作 $a_1$15 ~ 18，属于理想的范围；温度高于 Tg 时的 CTE（a_2）则可能增加 3 倍以上，这么大的膨胀系数会导致弯曲。而且由于聚合物变得更软，就更容易变形，会使情况变得更糟。

2．PCB 翘曲产生的应力

以波峰焊接为例，PCB 接触液态钎料的一面产生热收缩，而装有元器件的一面也会引起 PCB 本身的翘曲和弯曲。

日本学者田中和吉就 PCB 翘曲而产生应力的过程作了如下的描述：当 3 根以上的引线成一条直线被焊在平的 PCB 上时，如果在此发生 A_1 的翘曲，则被引线固定的间距 S_2 内的 PCB 翘曲就会被矫正至 A_2，如图 14–1 所示。此时引脚承受的负荷分

别为 W_1 和 W_2。

可将其作为连续梁来处理，当忽略引线的变形时，可用力矩分布法来求负载，如下式所示：

$$W=\delta ET^3DA_2/S_2^2$$

式中 W——引线内产生的负荷；

δ——系数；

E——PCB 的杨氏模量；

T^3——PCB 厚度；

D——引线占有的 PCB 宽度（例如，当宽度为 100mm 的 PCB 上并排着 10 排端子时，则 d=100/10=10mm）；

A_2——间距为 S_2 所对应的翘曲量；

S_2——端子排中最外侧两根引线的间距。

将上式用于脉冲变压器和集成电路时，PCB 的翘曲（间距 s_1=150mm 时的翘曲 a_1 为 1mm）发生变化，平均一根引线承受的负荷就达 1 ~ 2kg。

由上可知，由 PCB 翘曲所产生的应力是不能忽视的，否则，零件的质量再加上这些因素，就会导致焊接质量恶化。

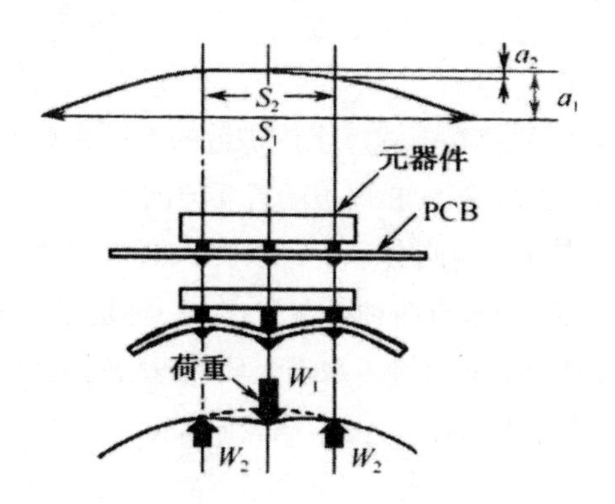

图 14-1　PCB 翘曲所产出的荷重模型

3．抑制措施

①尽量选用 tg 值高的基材；

②尽量避免采用厚度很薄的基材；

③在保证焊接质量的前提下，尽可能采用较低的焊接温度；

④在布线设计时，应力求板面温度场分布均匀。

二、再流焊接的爆板

1．爆板的特征

（1）外观表现

爆板几乎都发生在未开窗口的较大的铜箔面区域，对应的正面都是元器件安装密集区。

不同厂商生产的 HDI 积层多层 PCB 在相似的位置上均有发生，只不过程度不同而已，有残非常明显；有些只是呈点状或线状未连成面，不注意就很难发现。热应力试验后整体外观，正面和反面均出现不同程度的起泡，比率为 100%。

（2）切片试验

再流焊接过程（特别是无铅再流焊）中，发生在 HDI 积层多层 PCB 第二次压合的 PP 层和次层（L2）铜箔棕化面之间的分离现象，我们将其定义为爆板。

对多家公司生产的 HDI 积层多层板发生爆板的部位，分别进行切片分析，发现爆板均发生在（L1 ~ L2）层埋孔密集的区域。且切片显示板件发生爆板非常猛烈，有些第二层线路都被拉裂，并且多发生在大铜箔面下部和埋孔的上方。

2．影响爆板的因素

通过上述对爆板物理现象提出的分析，按影响权重对爆板的主要因素可作如下的排序：

（1）吸湿

下面通过水在 PCB 中的存在形式、水汽扩散的途径和水蒸气压力随温度的变化情况，来揭示水汽的存在是导致 PCB 爆板的首要原因。

PCB 中的水分主要存在于树脂分子中，以及 PCB 内部存在的宏观物理缺陷（如空隙、微裂纹）处。树脂中的水有两种存在方式：一种是存在于树脂的自由体积中；另一种是与树脂的极性基团形成氢键。水进入环氧树脂的过程可分为三个步骤：

水在聚合物网络中体相溶解；自由体积表面吸湿；与聚合物中的亲水基团形成氢键。

环氧树脂的吸水速率和平衡吸水量，主要由自由体积和极性基团的浓度决定。自由体积越大，初期的吸水速率就越快，而极性基团对水具有亲和性，这也是环氧树脂具有较高吸水量的主要原因。极性基团的含量越大，平衡吸水量也就越大。综上所述，环氧树脂初期的吸水速率是由自由体积决定的，而平衡吸水量则由极性基团的含量来决定。

一方面，PCB 在无铅再流焊接时温度升高，导致自由体积中的水和与极性基团形成氢键的水，能够获得足够的能量在树脂内做扩散运动，水向外扩散，并在空隙或微裂纹处聚集，空隙处水的摩尔体积分数增加。

另一方面，随着焊接温度的升高，使水的饱和蒸汽压也同时升高。

在 224℃时水蒸气的饱和蒸汽压为 2500kPa；在 250℃时水蒸气的饱和蒸汽压为 4000kPa；而当焊接温度升到 260℃时，水蒸气的饱和蒸汽压甚至达到 5000kPa。当材料层间的黏合强度低于水汽产生的饱和蒸汽压时，材料即发生爆板现象。因此，焊接前的吸潮是 PCB 发生爆板的主要原因之一。

（2）存储和生产过程中湿气的影响

HDI 积层多层 PCB 属潮湿敏感部件，PCB 中水的存在对其性能有着异常重要的影响。

（3）湿气入侵对界面的冲击

湿气主要入侵树脂体系中各种不同物质之间的界面，存在着水对界面的冲击。

（4）PP 与铜箔面黏附力差

Cu 在金属状态时是一种非极性物质，因此许多黏合剂对铜箔的黏附力极小。铜箔表面若不经过处理，即使使用性能优良的黏结剂也不能使其具有充分的黏附力和耐热性。

早期对铜箔表面进行棕化处理的方法是：通过化学处理使铜箔表面形成红褐色的氧化亚铜（Cu_2O）。它与树脂层压基材板黏结时，虽然常温时黏附力增加了，但在 200℃附近会产生剥离。这是由于 Cu_2O 对热不稳定造成的。

20 世纪 60 年代，日本东芝公司的研究者们发现，用特殊的化学溶液处理后，在铜箔表面形成的黑色天鹅绒状薄膜（CuO），结晶较细密，且能牢固地黏附在铜箔表面上，热稳定性也很好，这就是后来普遍使用的黑化工艺。

20 世纪 90 年代中期，欧、美等国家使用一种新型多层板内层导电图形化学氧化的新型棕化工艺，取代传统的黑化工艺，使得 PP 与铜箔间的黏附力获得了明显的增强，因此，已在业界普遍使用。

3. 抑制爆板的措施

①处理好再流焊接过程中的温度选择，既要达到确保再流焊接质量，又不诱发爆板，这是解决爆板现象的主要出发点之一；

②严格控制 PCB 成品的仓库存放条件，特别是在阴雨天气，要适时增加抽湿机的功率，来控制仓库的湿度；

③改进对无铅制程用 PCB 产品的包装，采用真空薄膜 + 铝膜包装，确保保存时间和干燥度；

④寻找新的耐热性能好、吸湿率低的材料；

⑤改善大铜箔面的透气性。

试验验证：在发生爆板固定位置的铜箔面开直径小于 1mm 的小窗（盲孔）。

批产验证是在上述已介绍的各项对策均落实的基础上，采用61块四拼扳，每块拼扳中开窗和不开窗各2pcs。总共开窗口和未开窗口各122pcs，开窗孔径为0.4mm的盲孔。再经105℃/2h烘板后，经6次无铅再流焊接，爆板发生率为：

未开窗口：122pcs，爆板数1pcs，爆板率为0.82%；

开窗口：122pcs，爆板数0pcs，爆板率为0%。

试验结果证明：对表面有大铜箔面的PCB做局部开窗处理（在铜箔面上开0.4mm孔径的盲孔），对抑制爆板有较好的效果。

三、再流焊接中的分层现象

1．分层现象特征

在再流焊接中，发生在PCB基板内部织物层之间的分离现象，我们将其定义为分层（注意与爆板的区别）。它在单、双和多层等PCB内部都有可能发生，而且往往在焊接之前就可能已存在这种隐患，但由于尺寸比较小，未超出基板验收时的可接受标准。然而，由于再流焊接的高温作用（特别是无铅情况），原已存在的起泡现象在再流焊接过程中迅速扩张发展为分层，以致超出了可接受的质量标准要求。

2．切片图像

某多层PCB内层大铜面区，再流焊接（特别是无铅情况）中的强热经常会造成各内层间的多处微裂。

在此情况下，只要外层未出现起泡或分层隆起，这些隐藏于内层的微裂将不易为人所知，但在可靠性方面却留下了重大隐患（如为CAF生长提供了条件）。

3．影响基板分层的因素

（1）再流焊接峰值温度和时间的影响

以目前最常用的无铅钎料合金SAC305（液化温度为220℃）为例，再流焊接峰值温度范围常取235℃～2455℃，在峰值温度下经历的时间约为50～90s。如此高的温度和热量远远超出了各种PCB基材的Tg值，使得基材软化成a_2橡胶态，刚性几乎完全丧失，导致对Z方向的任何外来拉伸力毫无招架之势。

（2）基材a_2橡胶态的Z-CTE的影响

从切片来看，基材a_2橡胶态的Z-CTE太大，也是导致层压基材内部分层的主因。目前PCB行业针对无铅焊接的高温、高热量采取了如下措施加以改善：

在树脂中添加无机填充材料；提高热分解温度Td的起码门槛温度（如IPC-4101B/99为325℃）；确定相关板材A_2的Z-CTE上限为300ppm/℃；确定最起码的耐热裂时间，如TMA288（T288）的下限为5min等。尽管如此，由于后端组装和焊接工序的复杂性，也很难确保不发生分层缺陷。

4．抑制分层的措施

①在无铅焊接时要选用高Tg值和Td值的层压材料；

②尽量选用A_2橡胶态中Z-CTE偏小的基材；

③在确保产品质量和可靠性要求的前提下，应尽量靠近上述给出的峰值温度范围的低端，选取焊接峰值温度和时间。

美国微电子封装专家C.G.Woychik指出："使用通常的SnPb合金，在再流焊接时元器件和PCB所能承受的最高温度为240℃。而当使用SnAgCu（无铅）合金时，JEDEC规定的最高温度为260℃。温度提高了，就可能危及电子封装组装的完整性。特别是对许多叠层结构材料易使各层间发生脱层，尤其是那些含有较多潮气的新材料。内部含有潮气和温度的升高相结合，将使所用的大多数常用的叠层（HDI积层多层PCB）发生大范围的脱层。"

美国电子组装焊接专家J.S.Hwang在其撰写的《电子组装制造中的焊接材料和工艺》一书中也有这样的描述："考虑到现有无铅材料的熔点温度高于SnPb共晶材料的熔点温度（183℃），为了将再流焊接温度降到最低程度，一条合适的再流焊接温度分布曲线显得特别重要。"他还指出：受目前生产条件所限制，如现有的SMT生产企业和基础设施，包括元器件和PCB所具有的温度特性等，无铅再流焊接峰值温度应该保持在235℃左右。

经过综合分析，在HDI积层多层PCB的无铅再流焊接中，当使用SnAgCu钎料合金时，峰值温度建议取235℃，最高不要超过245℃。实践表明，采取此措施后，效果非常明显。

四、潮湿敏感元器件的爆米花现象

1．定义

（1）潮湿敏感元器件：凡是在储存、运输和安装等过程中，非密封塑封元器件因吸收空气中潮气而诱发损伤，这样的元器件统称为潮湿敏感元器件（以下简称MSD）。

（2）"爆米花"现象：当MSD暴露在再流焊接升高温度的环境时，因渗入MSD内部的潮气蒸发产生足够的压力，使封装塑料从芯片或引脚框上分层，以及引线绑接的芯片损伤及内部裂纹，在极端情况下，裂纹延伸到MSD表面，甚至造成MSD鼓胀和爆裂，这就是人们所说的"爆米花"现象。

（3）MSD的敏感度：MSD受潮湿气体影响的敏感程度称为敏感度。

2．发生机理

IC封装是为了保证1C在处理过程中芯片免受机械应力、环境应力（如潮气和污染）以及静电放电破坏的一种外壳。另外，封装还为测试、老炼（老化）及到下一级封装电学互连提供机械连接。

有机芯片载体的主要缺点，在于制造能保持封装完整性的封装方面需要有专门的工艺技能。目前存在的最大问题是：确保塑封元器件的所有界面均能承受较高的无 Pb 再流焊接的高温，同时又能承受相应的 JEDEC 规定多暴露于潮湿环境的预处理级别，这是业界最为关注的。否则因渗入 MSD 内部的潮气蒸发产生足够的压力，使封装塑料从芯片或引脚框上分层，以及引线绑接的芯片损伤及内部裂纹。当汽化时产生的膨胀压过大时还会导致塑封体爆裂。

BGA 结构中使用的材料的吸湿性在某种程度上是个备受关注的问题。理想的材料是不吸湿的。从封装的角度来看，这个问题是由于层压板中截留有湿气而造成的，在组装过程中截留的湿气会膨胀和突发性地排气，导致局部脱层，从而降低封装的可靠性。

3．对产品可靠性的危害

由于无铅焊接（包括波峰焊接、再流焊接、手工焊接等）温度的提高，生产中潮湿敏感元器件的爆米花现象将变得更频繁和严重，甚至导致生产不能正常进行，产品生产成本明显提高。特别是面对无铅化制程情况时，对 MSD 元器件在库存和生产配送中的潮湿敏感度级别（MSL），都要在原基础上提高一个级别来严格监管。

4．湿气敏感性（烘干、储存、传送、再烘干）

J–STD–O20、J–STD–033 标准规定了湿气敏感性的要求，J–STD–033 标准提供了有关处理湿气敏感性器件的信息。器件被分为 8 个等级。这些等级规定了一个元器件一旦从装运的密封袋中取出后，可闲置在生产现场多长时间。当器件暴露于外界空气的时间超过规定时间时，在使用之前必须再次烘干，以除去吸收的过量水分。

许多 BGA 器件都是湿气敏感性器件，特别要注意 TBGA 和倒装芯片 PBGA 器件。一般来说，陶瓷 BGA/CGA 器件不是湿气敏感性器件。建议 BGA 至少要满足 3 级的技术规范要求。从制造加工的角度来看，使用 5 级和 6 级的器件是很不合适的，因为这种器件要求增加生产车间的面积和需要对器件处理进行控制。在 6 级器件的应用中，需要配备烘干炉。在 125℃下的烘干时间为 4 ～ 48h 或在 40℃下的烘干时间为 5 天，烘干时间的长短取决于封装厚度和尺寸。为了去除 BGA 器件中的湿气，建议建立一个烘干流程。

五、拼板安装分板时对产品质量和可靠性的影响

1．现象

某公司的某产品主板在使用 V 形凹槽分板后发现靠近板边的电容有损坏和焊点

开裂等问题。通过对客户样品进行焊点切片检查后发现，失效大都发生在同一个位置，此元件位于 PCBA 靠近分板边的位置上，初步分析为分板时应力过大进而导致焊点开裂。

2．案例分析

目前行业内对 PCBA 分板主要有 3 种方式：手工、V 形凹槽和邮票孔。这 3 种方式在分板时都存在着或大或小的机械应力。

通过对客户产品的手工和 V 形凹槽两种分板方式下应力测试数据的分析，进而解析分板时机械应力和零件排布对产品质量的影响。

参照 IPC/JEDEC-9704 测试其分板时的主应变，两组测试数据显示，最大应力都已超过了某规定值。

以上几组测试结果显示，所有的分板应力都已经接近某规定值，其中有两个位置远大于某规定值，这和 PCBA 的 V 形凹槽位置距离切割刀片远近有关。

在测试中发现应力异常情况，经分析确定主要原因为 V 形凹槽刀片长期使用没有定期更换存在较大磨损造成的。按供应商推荐，一般为 10 万次裁切或 100km 裁切行程就需更换刀片。在更换切刀后的验证中，分板应力有了明显的改善，均远小于某规定值。通过对刀片间隙大小的调节，发现在能够顺利切开板子的情况下，对分板时产生的应力影响并不明显。

3．改善建议

①手工分板机械应力比较大，不可控因素也相对较多。

② V 形凹槽对切刀的更换保养要求较高，同时切刀对分板时的应力影响非常大，刀片间隙大小对分板时的应力影响较小。

③业界一般对 V 形凹槽的上刀片有足够的重视，定期更换；但对下刀片重视不够，长时间不更换。

④ V 形凹槽上、下刀片需在同一平面上，否则对应力的影响较大。

⑤ PCB 设计时要特别注意靠近分板位置元器件的方向及排布，结合 IPC-2221 设计标准所规定，建议如下：

拼板设计元件排列要避免分割应力而造成的元件损坏，其中，B、D 排列最好，C 其次，A 最容易损坏；片式元件如果与分割处垂直（如元件 A），那么到分割处的距离要不小于 4mm；若平行（如元件 D），距离要不小于 1.5mm。

六、某键盘板再流焊接后焊盘变黑

1．现象表现

2006 年中期，某产品键盘板再流焊接后，发现局部键盘严重变色，摄取 A、B

两焊盘的显微镜像。

2．黑盘发生机理

通过在 Ni 表面置换 Au 的工艺方法所形成的 Au 层是多针孔形的。针孔发生的数量与 ENIGNi/Au 工艺参数及其工序过程控制有关，同时也与化学镀 Au 层的厚度有关。当涂层过薄或工序过程参数控制不当时，就可能造成覆盖在 Ni 上的 Au 层质量低劣，存在大量的针孔，空气中的氧（O_2）穿过这些针孔直接向底层的 Ni 侵蚀。

由于 O_2 源源不断地对 Ni 层表面侵蚀，结果便在沿 Ni/Au 界面的 Ni 层表面形成了一层黑色的氧化镍层，于是便形成了黑盘现象。

由于黑盘现象发生后，此时附在氧化镍层上的 Au 与氧化镍层之间已无任何黏附力，所以才导致了部分 Au 层脱离键盘面而散落在圆形绝缘基材表面上。

3．抑制措施

①改善 ENIGNi/Au 工艺，减少针孔的发生。

②增加化学镀 Au 层的厚度。例如，在镀液中加入特殊的还原剂，使在置换与自催化作用下，使 Au 镀层厚度增厚，以减少针孔。

七、某按键镀金面变色

1．现象表现

某按键产品是已经贴片完的半成品，在库房暂存了 1 年后，发现金面上存在污染物和个别点状锈蚀物。

表面的污染物可以用橡皮擦擦拭或者用二氯甲烷清洗掉，去掉污染物后的底下虽依然是Au面，但颜色已有所变化，污染物附在金面上。但也有个别点较难擦拭掉（被严重锈蚀的点）。

2．结论

从上述分析可知，本案例的发生，主要是在过长的暂存环境中，受大气中的盐雾气氛的侵蚀所致。

八、USB 尾插焊后脱落

1．现象表现

在立体显微镜下观察失效尾插脱落位置的焊盘及已脱落的 USB 尾插的引脚表面（包括固定脚和电连接脚）发现：焊盘表面与对应的引脚表面均有钎料；断裂面呈现灰暗多孔的外观。

2．金相切片 SEM/EDX 分析

（1）不良品 SEM/EDX 分析。在扫描电镜下观察的元素分布具有下述特点：

失效品 USB 尾插固定引脚和电连接引脚的元素分布：均只含 Sn、Pb 元素；失效品 USB 尾插固定引脚和电连接引脚所对应的 PCB 焊盘的元素分布：基本上也只有 Sn、Pb 两个元素。

显然焊点的断裂发生在 SnPb 钎料体上，而非界面上。

（2）固定引脚切片的 SEM/EDX 分析。为甄别固定引脚焊点的失效模式，随后分别对失效品、良品及尚未焊接的 USB 尾插的固定引脚镀层、IMC 等进行 SEM/EDX 分析，结果如下。

①所检样品的引脚的基材为 Cu 合章，镀层为先镀 Ni 后镀 Sn 的工艺。

②不良品固定引脚基材与镀 Ni 层之间存在明显的裂缝。钎料与引脚及钎料与 PCB 焊盘之间的 IMC 层较薄，并且钎料呈现疏松多孔的结构特征。

③良品固定引脚基材与镀 Ni 层之间未见裂缝。固定引脚的钎料与引脚、钎料与 PCB 焊盘之间的 IMC 层均较薄，分别为 329nm 和 1.25μm，且钎料均呈疏松多孔态。

④良品和不良品 IMC 元素 EDX 分析。根据其主要元素及其浓度分析，可见其形成的金属间化合物（IMC）为 Ni_3Sn_4。

⑤未焊接的尾插固定引脚的镀 Sn 层厚度不大均匀，基材 Cu 与镀 Ni 层之间也存在明显的裂缝。

（3）电连接引脚切片的 SEM/EDX 分析。对不良品、良品和未焊接的 USB 尾插的电连接引脚镀层和 IMC 层进行 SEM/EDX 分析发现：

①不良品电连接引脚的基材与 Ni 层之间均存在开裂现象。电连接引脚钎料与引脚、钎料与 PCB 焊盘之间的 IMC 层分别为 950nm、1.50μm。

②不良品电连接引脚的镀 Sn 层和焊接用钎料之间两种材料未能融合。

③电连接引脚的钎料与引脚之间的 IMC 层较薄（438nm），而钎料与 PCB 焊盘之间的 IMC 层也较薄（1.5μm）。

④未焊接的连接器的电连接引脚的镀 Sn 层厚度不均匀，且在引脚材料与镀 Ni 层之间均存在裂缝现象。

3. 综合结论

上述的外观检查和 SEM/EDX 分析表明：

① SEM 分析表明，良品、不良品及未焊接的尾插引脚，不论是固定引脚还是电连接引脚的基材和镀 Ni 层之间均存在明显的裂缝现象，尾插引脚的镀 Ni 层与基材 Cu 结合不良，是由供应商工艺质量问题造成的。说明该批 USB 尾插产品存在明显的质量隐患。

②焊点的钎料与引脚之间的 IMC 层普遍较薄，焊点钎料切面呈现疏松多孔的结构，具有典型的冷焊特征。

③失效焊点中钎料与 PCB 焊盘润湿良好，且已经形成了合金层，故可以排除由于 PCB 焊盘的可焊性问题造成焊接失效的可能。

④尾插的断裂面发生在靠近引脚一侧的钎料中。

4．故障定位

（1）冷焊：由于所检良品或不良品焊点的钎料与引脚之间的 IMC 层均较薄，且焊点内部结构疏松多孔，表明在再流焊接过程中由于热量不足导致再流不够充分，焊点的连接强度很低。

（2）USB 引脚不润湿：USB 引脚的底材为 Cu 合金，镀层为先镀 Ni 后镀 Sn 的工艺。由于纯 Sn 层表面均存在近于一个分子层厚度的致密的氧化 Sn 层（常用助焊剂无法将其清除），因此，再流焊接峰值温度低于 Sn 的熔点（232℃）时，焊接就会发生不润湿的出现。

九、功放过孔断线现象

1．现象表现

某产品主板上的功放在分析校准时，测量导通性时发现有一块不通。重新取下功放，测量焊盘，发现只有在功放过孔的地方测量才是正常的。但当对功放引脚对应的焊盘用烙铁进行清理后，再测量焊盘的导通性，发现原来不能导通的可以正常导通了。故对前期认为断线的板子也做了同焊盘一样的清理工作，居然 30pcs 中又好了 8pcs，另外 22pcs 在过孔中测量也是好的。

2．改善措施

强化工艺过程控制，提高 PCB 制造质量，特别是孔金属化的质量。

改进 PCB 焊盘设计：建议将焊盘盲孔移出焊盘区外，这样可以减弱 CTE 失配带来的危害。盲孔移出了焊盘，消除了功放引脚在再流焊接中的应力影响。

第三节 PCBA 多余物

一、多余物定义

PCBA 制造过程中所发生的，存在于机内的所有非设计和工艺所要求的各种物理的或化学的、可见的和不可见的、气态的或液态的、宏观的或微观的等物质，均属多余物。

多余物是产品潜在的可靠性隐患，必须仔细地清除。特别是对高密度组装和高可靠性产品来说，保持产品的清洁度要求尤为重要。

二、常见的多余物

PCBA 常见的多余物大致可列举如下：

助焊剂残留物；

颗粒状物；

氯化物；

碳化物；

白色残留物：

吸附的潮气或有害气体；

汗迹；

……

上述多余物有可溶性的或不可溶性的，它们可以是有机的或无机的。

三、来源

1．助焊剂残留物

来源于组件的焊接过程，对需清洗的助焊剂而言，应无可见残留物；而对免清洗助焊剂而言，允许有非离子性的助焊剂残留物。

2．颗粒状物

表面残留了灰尘或其他颗粒物，如纤维丝、渣滓、金属颗粒及助焊剂中的结晶物等，它们均是由生产过程中的违章操作和加工、工作场地文明卫生条件差等因素造成的。

3．氯化物

在 PCBA 表面上助焊剂活化剂反应而形成的另一种残余物就是铅盐。属于这一类的残余物有氯化铅等。

助焊剂中很多活化剂会分解，由于在焊接热作用下，释放出氯化氢和自由胺。这些分解产物呈气体状态逸出。氯化物和金属氧化物（Cu_2O、SnO、PbO）可能发生反应。另外，为了提高焊接操作速度所使用的一些高活性助焊剂中，含有产生铅盐的活化剂体系。这些盐可以和来自层压板树脂中的溴化物（防燃层压敷箔基板材料）起反应，生成不可溶解的盐（溴化铅），这也是一种白色粉状离子残余物。

4．碳化物

在 PCB 上存在氯元素时，氯就要侵蚀钎料中的铅，形成的氯化铅（$PbCl_2$）是附着力相当差的化合物。在含有 CO_2 的潮湿空气中，氯化铅是不稳定的，很容易转变为较稳定的碳酸铅，并在转变过程中释放出另一个氯离子，该氯离子再次游离侵蚀氧化铅。该转变过程的最终产物碳酸铅是多孔的白色粉点状材料。而且上述反应过程能一直无休止地循环进行下去，直到钎料合金中的所有铅都消耗殆尽为止。它是一种危害极大的缺陷。

5. 白色残留物

白色残留物形成因素较复杂，诸如：

（1）PCBA 焊接后或清除助焊剂残留物后会留下一些不溶的白色残余物。这些残余物集中在焊好的 PCBA 的某些特定区域，或者在 PCB 板面上形成一层均匀的白色结构物。

（2）助焊剂中活化剂的分解物。当对溶剂成分的控制失效时，活化剂残余物常常形成白色粉末状残留物。如果清洗不净，这些离子残余物就留在 PCBA 上。清洗溶剂饱和以及在清洗系统中停留时间过于短暂，也会导致从助焊剂活化剂中析出白色粉末状残余物。

（3）白色污染物中另一种类型的离子残余物，是在 PCBA 表面和阻焊膜之间形成的白色颗粒状斑点。这是由丁清洗不当而产生的一种离子残余物，有时更换一种阻焊膜材料即可消除。

（4）来自层压板的聚合反应产物。充分的聚合反应是 PCB 基板获得光滑、无孔、抗钎接性和不受溶剂侵蚀的坚固表面所需要的。在这种化学反应中，两种或更多的单体或同类聚合物相结合形成一个高分子，当聚合反应不充分或过度时就会产生白色残余物。

（5）来自助焊剂中的聚合反应产物。助焊剂中的松香在波峰焊接过程中反复加热对聚合过程起了催化作用，使松香聚合成长链分子，而且在焊接温度下还存在着活化剂对聚合反应的催化作用。这种牢固黏附在 PCBA 上的白色残余物（聚合松香）一旦形成，甚至连最有效的氟化或氯化溶剂都不能溶解掉它。解决的办法是把 PCB 重新浸润在松香助焊剂中，助焊剂中的短链松香将溶解这种长链的聚合松香，之后就可重新用普通溶剂清除掉。

白色残余物不是离子性的就是非离子性的，由于它呈白色，能掩饰各种不同类型的缺陷。它的形成可以追溯到 PCB 的制造方面，因此这种白色残余物很难消除。但可以辨别白色残余物是来自 PCB 刻蚀，还是来自电镀、自重熔过程的化学物质，或来自元器件上的蜡、钎料合金中的杂质等因素。

6. 吸附的潮气或有害气体

这类多余物最常见于在无温、湿度控制和被污染的工业大气环境中组装的产品。

7. 汗迹

在 PCBA 组装过程中，操作者未遵守工艺规范要求所致。

第四节　PCBA 的清洁度标准

一、概述

1. 清洁度的意义

高可靠性的应用，要求受控的、完善的焊后清洗工艺。随着现代电子产品运行的高频、高速化，PCB 布线密度的增加，芯片引脚间距的微细化，使得对 PCBA 的清洁度要求越来越高，焊后的洁净化处理，已经构成了提高 PCBA 工艺可靠性的一项重要的工艺手段，也是确保三防涂敷最佳质量和性能的一项重要步骤。

2. 污染物的组成

污染物由离子（极性）、非离子（非极性）和微细的污物组成。离子污染物由助焊剂活性剂、残留的电镀盐和操作污物组成；非离子污染物包括松香、油、脂、熔化液体和游离材料中的已反应的非挥发性的残留物。微小的污染物则由钎料球或钎料渣、操作污物、钻孔或灰尘和空气中的微粒物质组成。

人的汗液属于一种盐类，汗液中的液体成分挥发后，留下的微量固体成分就是 NaCl（盐），它藏纳于指纹中污染 PCB 板面。所以，不允许人手（未戴手套）直接接触 PCB 板面。

3. 极性污染物

极性污染物是当其溶于水时能形成离子的污染物。例如，当人手指藏纳的盐溶于水中时，NaCl 分子游离成正的 Ni 离子和负的 Cl 离子。在离子状态，NaCl 增加水的导电性，可能引起电路中信号改变，产生电迁移和腐蚀。典型的极性污染物来自电镀和蚀刻材料，PCB 或元器件制造过程的化学物质，松香或助焊剂中合成催化的活性剂，助焊剂反应物和来自手工处理的沉淀物。

4. 非极性污染物

非极性污染物是当其溶于水时不形成离子的污染物。它们可能是亲水的或憎水的（通常亲油）。吸湿的材料可能促使表面水膜的形成，从而造成表面绝缘电阻的降低，在适当条件下，还附能引发电迁移。不溶于水的非离子残留物，由松香、合成树脂、低残留 / 免洗助焊剂配方中的有机化合物、钎料丝（线）中助焊剂的增塑剂、化学反应产品、油脂、指纹油、不付溶的无机化学成分和焊膏中的触变添加剂等组成。

5. 微细残留物

对微细残留物要求机械能量能将其去掉。常见的微细残留物是来自灰尘中的硅酸材料、水解或氧化的松香、某些助焊剂反应产品（一些白色残留物）、硅脂、硅油、基材的玻璃纤维、阻焊材料中的硅土和黏土填充剂，以及钎料球和钎料等。

二、PCBA 清洁度要求

对于污染的分析，不仅要判断它对外观和功能的影响，还应视它为一种警告。对每种污染都有一个容忍度的基本标准。J-STD 提供的离子污染测试，IPC-TM-650 提供的应用环境情况下进行的绝缘电阻测试和其他电气参数测试，是可推荐的建立清洁度标准的方法。

不像过去松香助焊剂主宰工业的“那段好时光”，新的表面涂层、助焊剂、焊接与清洗系统正不断出现。很明显，没有“万能的”答案。由于这个理由，标准与规格强调用来证明可靠性的测试规程，而不是一个简单的通过一个失效数字。

再仔细地看一下 IPC 标准，特别是 IPC-6012，刚性印制板的技术指标与性能揭示了，应该在文件中规定阻焊层、钎料或替代的表面涂层之后的对光板的清洁度要求。这意味着装配制造商必须告诉电路板制造商他们希望光板有多清洁。它也给使用免洗工艺的装配制造商，留有余地来对进厂的电路板规定一个更加严格的清洁度要求。

装配制造商不仅需要规定进厂的 PCB 的清洁度，而且要与用户对装配好的产品的清洁度要求达成一致。按照 J-STD-001，除非用户规定，制造商应该规定清洁度要求和测试清洁度的项目（表面绝缘电阻、离子污染浓度、松香或其他表面有机污染物）。清洁度测试将取决于使用的助焊剂和清洁化学品。如果使用松香助焊剂，J-STD-001 提供了 1、2、3 类产品的分类要求。

下面列出的数据是氯化物含量的合理判断点。当氯化物含量超过下列水平时，会增加电解失效的危险性：

对低固体助焊剂：氯化物含量应 $< 0.39\mu g/cm^2$；

对高固体松香助焊剂：氯化物含量应 $< 0.70\mu g/cm^2$；

对水溶性助焊剂：氯化物含量应 $< 0.75 \sim 0.78\mu g/cm^2$；

对 Sn/Pb 金属化的光板：氯化物含量应 $< 0.31\mu g/cm^2$。

真正的清洁度取决于产品和所希望的最终使用环境。但是怎么决定什么样的清洁度对一个特定的最终使用环境是足够的呢？必须通过彻底和严格的分析，研究每一个潜在的污染物与最终使用情形，进行长期的可靠性测试。一个好的例子就是：

IPC、美国环保局（EPA）、美国国防部（DOD）主办的，于 20 世纪 80 年代后期完成的深入的清洁与清洁度测试程序。这个程序调查研究了在电子制造清洁工艺中使用的、减少氟氯化碳（CFC）水平的新的材料与工艺。

第十五章　PCBA 焊点失效分析

第一节　PCBA 焊点失效分析基础

一、名词及定义

界面失效：发生在焊盘与钎料的接合面上的失效现象。

钎料疲劳失效：由于重复作用在焊点上的循环应力，导致钎料疲劳而发生的失效现象。

张力载荷引起蠕变断裂失效：由于作用在焊点上的张力超出了焊点所能承受的连接强度，而使钎料发生蠕变断裂的现象。

二、损坏机制和焊点失效概述

电子组装的可靠性依赖于各个元器件的可靠性，以及这些元器件界面间的力学、热学及电学的可靠性。这些接触截面——表面贴装焊接层是唯一的，因为焊点不但提供了电气连接，还提供了电子元器件到 PCB 焊盘的机械连接，同时还有元器件严重发热时的散热功能。一个中单独的焊点很难说可靠还是不可靠，但是电子元器件通过焊点连接到 PCB 上后，这个焊点就变得唯一了，也就具有了可靠性的意义。

这此特点有 3 个要素：元器件、PCB 和焊点。再和使用条件、设计寿命及可接收性失效概率结合在一起时，就可以对电子组装的表面贴装焊接层的可靠性做出判定。

截至目前，元器件与 PCB 间的互连，主要还是由焊接技术来完成的。电子组件的设计已使外种不同类型的工艺组合为一体，形成机械的、电的、热的互连整体。这些组合已从镀通孔（PTH）技术发展到表面安装技术（SMT）。前者把单、双面 PCB 和 PTH 的设计技巧融合为一体，而后者则包括一些用于有引脚及无引脚元件、标准小间距和极小间距器件以及球栅和圆柱栅面阵列器件（BGA、CSP、CGA 等）等的安装。这些不同类型的焊接技术为批量或单件制造其中一件制造的互连提供了耐用、持久和廉价的方法。

依运行环境的不同，电子组件也许会被连续地使用数月或数年，还可能经受大范围的电源变化、体热循环、振动和机械性能降低，以及暴露在恶劣的环境之中。由焊接造成的互连失效，不仅直接取决于所经历的环境条件，也与前端的制造、返工和修理的历史有关。其中包括焊点设计及其几何形状、制造工艺和参数、热状态记录、钎料的类型和化学性能、PCB 布线，以及引脚材料的类型和状况等。

无论焊点的结构如何，它都是一个复杂的复合系统，这个系统由基板材料、大量钎料、元器件（有脚的、无脚的）的金属镀覆层等相互间通过冶金连接等组成。焊接的特性在很大程度上取决于钎料本身固有的机械、物理特性（二者又取决于钎料的化学成分）。大量的钎料和基板组成的复合体以及前端的热 - 机械历史决定着焊接的条件、状态和特性，并且直接决定着焊点的微观结构。例如，钎料合金的凝固范围既包括固相也包括液相，这些在共晶相中占了大部分体积的非共晶合金一般是大颗粒的，并且呈枝状结晶生长。在低倍放大镜下观察，它们有使焊点呈现颗粒状的趋势。随后，这些因素又在很大程度上影响着焊点的特性，诸如蠕变和疲劳强度、延展性、电导率、热导率、热扩散系数、热膨胀系数、耐腐蚀性及抵抗其他环境影响的能力等。

三、焊点和焊接层类型

1．焊点的组成

焊点是一个复杂的结构体系。一个焊点由不同的材料构成，通常由以下几部分组成：

① PCB 上的母材；

②钎料中靠近 PCB 形成的一层合金层；

③钎料组成成分中的固溶体成分；

④钎料的晶粒结构，至少由两相组成，包含不同比例的钎料组成成分，还有意或无意间带入的污染物；

⑤钎料成分和元器件母材中的一层或多层合金层；

⑥元器件引脚中的母材。

钎料中的晶粒结构本来就是不稳定的。因为在室温下，SnPb 钎料的重结晶温度是在其共晶温度之下的，晶粒尺寸随着时间的增加而增加。晶粒结构的生长减少了细晶粒的内能。这种晶粒的增长过程随着温度的升高及在循环载荷中输入的应变能的增加而增强。晶粒的生长过程会到达某个特定点，它是累积疲劳损伤的一种迹象。这种迹象在对焊点进行加速试验时比焊点在工作环境中使用表现得更为明显。

污染物，像 Pb 的氧化物及助焊剂残留物，绝大多数滞留在晶粒的边界处。随着晶粒的生长，这污染物的浓度在晶粒边界处增长，因此会延缓晶粒的生长。当消耗掉钎料约 25% 的疲劳寿命后，在晶粒边界的交叉处就可以看到微空穴；当消耗掉钎料约 40% 的疲劳寿命后，微空穴变成微裂痕，这些微裂痕相互聚结形成大裂痕，最后会导致整个焊点断裂。

2. 焊接连接热膨胀不匹配分类

焊点常常连接的是特性不相同的材料，导致整体热膨胀不匹配。作为主要材料的钎料，在特性上与焊接结构材料有很大的不同，因而导致了局部热膨胀不匹配。热膨胀不匹配的严重性以及由此造成的可靠性隐患，依赖于电子组装的设计参数和工作使用环境。

（1）整体热膨胀不匹配。整体热膨胀不匹配是由不同热膨胀的电子元器件或连接器与 PCB 通过表面上的焊点连接在一起造成的。由于热膨胀系数（CTE）以及造成热能在有源器件内耗散的热梯度的不同，使得整体热膨胀的程度也有所不同。在 FR–4 印制板上，整体 CTE 不匹配从高可靠性组装选用的 CTE 为 2ppm/℃到陶瓷元件的约 14ppm/℃之间。

（2）局部热膨胀不匹配。局部热膨胀不匹配是由钎料和电子元器件或与其焊接的 PCB 具有不同的 CTE 所造成的。由于钎料 CTE 及基材中不同范围内变化的 CTE 的不同，使得局部热膨胀的程度也有所不同。典型的局部 CTE 不匹配值从铜的约 7ppm/℃到陶瓷的约 18ppm/℃，以及 42 合金和可伐合金的约 20ppm/℃。局部热膨胀不匹配比整体热膨胀不匹配要小，是由于作用的距离、最大的润湿区域面积都要比整体热膨胀不匹配小得多的缘故。

（3）内部膨胀不匹配。钎料内部 CTE（约 6ppm/℃）的不匹配是由钎料中富 Sn 相和富 Pb 相的不同的 CTE 导致的，一些处理过的无 Pb 钎料有相近的 CTE 特性。内部热膨胀的不匹配常常是最小的，这是因为其作用距离、晶粒结构的尺寸远比其润湿长度或元器件尺寸要小的缘故。

四、焊接连接部失效

1. 焊接连接部失效现象

任何焊接连接部的第一次完全断裂即视为连接元器件和基板的焊接层失效。假如考虑的焊点都是受到剪切力而不是拉力作用，焊点的机械失效未必和电气失效一样。电气失效最初是由焊点的机械失效引起的，当焊点受到机械或热扰动时，可随机产生一个持续时间小于 1 μs 的高阻抗。从实际应用的角度来看，第一次观察到上述现象即视为焊点失效。但在有些应用场合下，这种失效定义方式不一定合适。比如，带有快速上升沿的高速信号会在焊点完全机械失效之前损耗掉，这种失效也许就需要一种更为严格的失效定义方式。类似地，将电子组装置于机械振动或冲击负载中，失效定义方式就需要考虑由于累积疲劳损伤造成的焊点机械衰减。

2. 焊接连接部失效分类

最常见的 BGA 的失效，有可能是由组装过程或潜在的焊接连接部失效引起的。这些缺陷是由不完善的组装过程、材料不良或组装过程中额外的机械应力造成的。缺陷可以是焊接连接部部分开裂、发丝状裂纹、焊接连接部全部开裂及焊盘部分翘起。在常规检测过程中用 X 射线和在线测试的检测方法是很难检测到这些缺陷的。

这些缺陷存在很大的可靠性问题，因为这些缺陷是间歇性的，会导致严重的失效问题。很多情况下，这些缺陷要在失效返回后才能被发现，因此需要费用更昂贵的破坏性实验去确定失效的根源。

（1）失效特征①：冷焊。焊点冷焊是由于再流焊接过程中峰值温度低（$<$ 190℃，对 Sn63Pb 而言）的原因造成的。焊膏部分熔化将会使焊点产生冷焊现象。冷焊焊点的 BGA 表面粗糙，有时会在与 PCBA 连接的界面处出现钎料收缩现象。

（2）失效特征②：焊盘不可焊。PCB 焊盘上的有机物污染会导致 PCB 焊盘和 BGA 钎料球界面的不可焊。钎料会润湿 BGA 钎料球但是不会润湿焊盘，这样就会产生部分或完全开路的电路接触。这种失效特征很可能是 PCB 做 Ni/Au 表面处理时电镀镍过程中所导致的，这种现象也就是大家所熟知的“黑盘”现象；也有可能是 PCB 供应商在对 BGA 区域进行返修处理过程中，重新涂敷阻焊掩膜造成的。

（3）失效特征③：拉长焊点。焊点的这种失效特征是在 BGA 钎料球和 BGA 器件基板之间形成的。这会导致 BGA 钎料球下拉产生圆柱形或平坦顶端的拉长钎料球。拉长钎料球这种失效特征由在波峰焊接过程中顶侧的高温所致。在波峰焊接过程中，BGA 钎料球由于顶侧的高温而软化。热机械应力造成钎料球从 BGA 器件基板上脱落，从而造成焊点出现裂缝。

（4）失效特征④：钎料球脱落。钎料球脱落发生在黏结钎料球的过程中，或是由于处理不当造成的。这种缺陷特征往往很清晰，使用 X 射线或 ICT 等测试手段很容易检测到。

（5）失效特征⑤：芯片翘曲。当 BGA 封装在再流过程中发生翘曲时，就产生这种失效特征。最严重的一种情况就是：封装中间部位向下弯曲，两边向上抬起，使得钎料球和焊膏界面没有润湿时，这两部分就已再流了。很多情况下，这种失效特征很可能与拉长（柱状）焊点联系在一起，且旁边有失效的焊点。

（6）失效特征⑥：机械失效。在 PCB 的组装过程中，由于 PCB 的扰曲以及在线测试时造成的机械应力是很常见的现象。随着 BGA 尺寸逐渐增大，在边角焊点上产生的应力变得越来越明显。需要明确的一点是，由机械应力导致的缺陷往往是焊点失效潜在的原因。

因为有破裂部位的焊点界面是最弱的，裂缝可以在BGA钎料球内部或在PCB上，也可在封装界面上或在PCB抬起的焊盘上。

BGA焊点的强度与机械应力之间的关系是下列几个因素综合的结果：

BGA所处的位置；PCB的厚度；层叠形式；焊盘尺寸；凝固机制；钎料量。

作为弥补，一些设计尤其是在蜂窝电话行业已经采用了更大的边角焊盘，采用拉长的焊盘以及在BGA底部填充胶增强可靠性。

从组装的角度来看，使用合适的夹具及正确的处理方式是避免焊点产生破裂的方法。

（7）失效特征⑦：不充分加热。这种失效特征是由于钎料球变成膏状使得BGA钎料球没有受到充分的加热造成的。

第二节　虚焊及冷焊

一、概述

1．问题的提出

在电子产品装联焊接中，长期以来虚焊、冷焊现象一直是困扰焊点工作可靠性的一个最突出的问题，特别是高密度组装和无铅焊接中此现象更为突出。历史上，电子产品（包括民用和军用）因虚焊或冷焊造成电子装备失效而酿成事故的情况不胜枚举。

虚焊现象成因复杂，影响面广，隐蔽性大，因此造成的损失也大。在实际工作中为了找齐一个虚焊点，往往要花费不少的人力和物力，而且根治措施涉及面广，建立长期稳定的解决措施也是不容易的。为此，虚焊问题一直是电子行业关注的焦点。

在现代电子装联焊接中，冷焊是间距＜0.5mm的μBGA、CSP封装芯片再流焊接中的一种高发性缺陷。在这类器件中，由于焊接部位的隐蔽性，热量向钎料球焊点部位传递困难，因此，冷焊发生的比率比虚焊还要高。然而，由于冷焊在缺陷现象表现上与虚焊非常相似，因此，往往被误判为虚焊而被掩盖。在处理本来是由于冷焊现象而导致电路功能失效问题时，往往按虚焊来诊治，结果是费了劲，效果却甚微。

冷焊与虚焊造成的质量后果表现形式相似，但形成机理却不一样，不通过视觉图像甄别，就很难将虚焊和冷焊区分开来。在生产过程中很难完全暴露出来，往往要到用户使用一段时间（短则几天，长则数月甚至一年）后才能暴露无遗。因此，不仅造成的影响极坏，而且后果也是严重的。

2．虚焊和冷焊的相似性

虚焊与冷焊从现象表现上有许多相似之处，这正是在实际工作中常常造成误判的原因。因此，准确地辨识虚焊和冷焊的相似性与相异性，对电子产品制造中的质量控制是非常重要的。

虚焊和冷焊的相似性主要表现在下述几个方面：

①冷焊和虚焊所造成的焊点失效均具有界面失效的特征，即焊点的电气接触不良或微裂纹是发生在焊盘和钎料相接触的界面上的。

②冷焊和虚焊的定义相似，均是界面未形成所需要的金属间化合物层（以下简称界面合金层或 IMC）。

③在工程应用中发生的效果和危害相似，即都存在电气上接触不良，电气性能不稳定，连接强度差。尤其是对 PBGA 和 CSP 而言，这种焊点缺陷是隐匿的，短则几天，长则数月甚至上年，才能暴露出来。

正因为如此，本章特将虚焊、冷焊现象单独列出来进行重点讨论。

二、虚焊

1．定义和特征

（1）定义。在焊接参数（温度、时间）全部正常的情况下，焊接过程中凡在连接界面上未形成合适厚度的 IMC 层的现象，均可定义为虚焊。显而易见，虚焊是一种典型的界面失效模式。

将虚焊焊点撕裂开，在基体金属和钎料之间几乎没有相互楔入的残留物，分界面平整，无金属光泽，好像用浆糊黏住的一样。

（2）IMC 生成。在正常焊接条件下，焊接过程中界面金属间化合物层（IMC）的生成及其化学成分，随 PCB 表面所采取的涂敷层材料的不同而不同。

2．虚焊发生的机理

发生虚焊的根本原因是焊盘不可焊。PCB 焊盘上的有机物污染会导致 PCB 焊盘和 BGA 钎料球界面不可焊。钎料会润湿 BGA 钎料球但是不会润湿焊盘，这会产生部分或完全开路的电路接触。这种失效特征很可能是 PCB 做 Ni/Au 表面处理时，电镀镍过程中所导致的，也就是大家所熟知的“黑盘”现象。

由于不可焊的界面层的阻隔，熔融钎料合金中的 Sn 很难和基体铜之间发生冶金反应，因而不能形成 IMC 层；或者 IMC 很不明显，甚至出现裂缝。

3．影响虚焊的因素

（1）基体金属表面丧失可焊性。在生产中由于储存、保管和传递不善，导致基体金属表面氧化、硫化及污染（油脂、汗渍等）而丧失可焊性。

（2）ENIGNi/Au 镀层的黑盘现象。ENIGNi/Au 镀层的黑盘现象表现如下：

在焊接之前对镀层进行金相切片；在焊接之后对焊点进行金相切片。

（3）可焊性保护涂层与助焊剂不匹配。目前，元器件引脚焊端或 PCB 焊盘的可焊性保护镀层种类不断刷新。一种新的镀层结构的确定，必须要考虑与现有焊膏或助焊剂性能上的匹配。例如，某芯片的引脚焊端采用了新的 Ni/Pd/Au 镀层结构，再流焊接时仍采用目前业界普遍使用的焊膏，因此出现了严重不润湿现象，虚焊比率相当高。

更换型号为与其相匹配的（OL213）焊膏后，则润湿性获得明显改善。它表明了镀层和焊膏的匹配性非常重要。

（4）助焊剂活性太弱。

（5）可焊性保护层太薄。以 HASL/Sn37Pb 涂层为例，当经受不妥当的多次加热后，使得 IMC 层（Cu_6Sn_5）生长得太厚，纯钎料层不断被消耗而变薄，甚至消失。造成 IMC 层直接暴露在空气中而加速氧化，从而导致半润湿或反润湿等不良现象的发生。

三、冷焊

1. 定义和特征

在焊接中钎料与基体金属之间没有达到最低要求的润湿温度，或者虽然局部发生了润湿，但冶金反应不完全而导致的现象，可定义为冷焊。

以 Sn63Pb 钎料为例，当再流焊接过程中峰值温度低（＜ 190℃）时就极易形成冷焊。焊膏部分熔化将会使焊点产生冷焊现象。冷焊焊点的 BGA 表面粗糙，有时会在与 PCB 连接的界面处出现钎料收缩的现象。

有些冷焊现象在接合界面上没有形成 IMC 层，而且这种界面往往还伴生着裂缝。

这种焊点钎料纯粹是黏附在焊盘表面，当撕去条码粘带时，CSP 芯片便跟着被撕裂下来，毫无连接强度可言。

2. 机理

冷焊发生的原因主要是焊接时热量供给不足，焊接温度未达到钎料的润湿温度，因而接合界面上没有形成 IMC 或 IMC 过薄。或者界面上还存在微裂缝。

3. 冷焊焊点的判据

μBGA、CSP 冷焊焊点具有 3 个最典型的特征，这些特征通常可以作为 μBGA、CSP 冷焊焊点的判据。

①再流焊接中 IMC 层生长发育不完全；

②表面橘皮状和坍塌高度不足（以 SnPb 钎料为例）。

μBGA、CSP 冷焊焊点表面呈橘皮状及坍塌高度不足，这是冷焊所特有的物理现象。其形成机理可描述如下。

μBGA、CSP 在再流焊接时，由于封装体的重力和表面张力的共同作用，正常情况下都要经历下述过程：

阶段 A 的开始加热→阶段 B 的第一次坍塌→阶段 C 的第二次坍塌 3 个基本阶段。

如果再流过程只进行到 B 阶段的第一次坍塌，便因热量供给不足，而不能持续进行到阶段 C，从而形成冷焊焊点。

（1）阶段 A。

（2）阶段 B。经历了第一阶段加热后的钎料球，在接近或通过其熔点温度时，钎料球将经受一次垂直塌落，直径开始增大。此时的钎料处于一个液、固相并存的糊状状态，由于热量不够，钎料球和焊盘之间冶金反应是很微弱的，故其连接是很脆弱的，且钎料球表面状态是粗糙和无光泽的。

（3）阶段 C。当进一步加热时，钎料球钎料达到峰值温度，钎料球与焊盘之间开始发生冶金反应，产生第二次垂直坍塌。此时钎料球变平坦，形成水平拉长的圆台形状，表面呈现平滑而光亮的结构。由于界面合金层的形成，从而大大地改善了焊点的机械强度和电气性能。此时芯片离板高度与开始时的高度相比，减小了 1/4 ~ 1/2。

4．诱发 μBGA、CSP 冷焊的原因

在上述状态下，μBGA、CSP 再流过程中，热量传递就只能是 μBGA、CSP 封装体和 PCB 首先加热，然后依靠封装体和 PCB 基材等热传导到焊盘和 μBGA、CSP 的钎料球，以形成焊点。例如，如果 240℃的热空气作用在封装表面，焊盘与 μBGA、CSP 钎料球将逐渐加热，温度上升的程度与其他元器件相比就将出现一个迟后时间，假若不能在要求的再流时间内上升到所要求的润湿温度，便会发生冷焊。

5．解决 μBGA、CSP 冷焊发生率高的可能措施

①采用梯形温度曲线（延长峰值温度时间）。

②改进再流焊接热量的供给方式。

（1）强制对流加热。采用此种加热方式就热交换而言，热传输性比红外线差，因而生产效率不如红外线加热方式高，耗电也较多。另外，由于热传输性小，因而受元器件体积大小的影响，各元器件间的升温速率的差异变大。

在强制热风对流再流焊接设备中，循环气体的对流速度至关重要。为确保循环

气体能作用于PCB的任一区域，气流必须具有足够大的速度或压力。这在一定程度上易造成薄型PCB基板的抖动和元器件的移位。

（2）红外线加热。红外线（HR）是具有3～10μm波长的电磁波。通常PCB、助焊剂、元器件的封装等材料都由原子化学结合的分子层构成，这些高分子物质因分子伸缩、变换角度而不断振动。当这些分子的振动频率与相近的红外线电磁波接触时，这些分子就会产生共振，振动就变得更激烈。频繁振动发热，热能在短时间内能够迅速均等地传到整个物体。因此，物体不需要从外部进行高温加热，也会充分变热。

红外线加热再流焊接的优点是：被照射的同一物体表面呈均匀的受热状态，被焊件产生的热应力小，热效率高，因而可以节省能源。

缺点是：被同时照射的各物体，因其表面色泽的反光程度及材质不同，彼此间因吸收的热量的不同而导致彼此间出现温差，个别物体因过量吸收热能而可能出现过热。

（3）“IR+强制对流”是解决μBGA、CSP冷焊的主要技术手段。“IR+强制对流”加热的基本概念是：使用红外线作为主要的加热源达到最佳的热传导，并且抓住对流的均衡加热特性以减小元器件与PCB之间的温度差别。对流加热方式对加热大热容量的元器件有帮助，同时对较小热容量元器件过热时的冷却也有帮助。

现代的最先进的再流炉技术结合了对流与红外辐射加热两者的优点。元器件之间的最大温度差别可以保持在8℃以内，同时在连续大量生产期间，PCB之间的温度差别可稳定在大约1℃。

第三节　BGA焊点的常见失效模式及机理

一、界面失效

1. 界面失效的特征

界面失效的特征是：焊点的电气接触不良或微裂纹发生在焊盘和钎料相接触的界面层上。

2. 界面失效机理

（1）虚焊。前面已予介绍，这里不再赘述。

（2）冷焊。前面已予介绍，这里不再赘述。

（3）不合适的IMC层。不合适的IMC层对界面失效的影响，本书相关章节已给出详细讨论，在此不再重复。

二、钎料疲劳失效

1．钎料疲劳失效特征

焊点钎料疲劳失效的特征是：微裂纹或断裂位置都是发生在钎料体的内部或IMC 附近，按其发生的位置常见的有 3 种：

① PCB 焊盘侧钎料体疲劳裂纹。

②钎料体的主裂纹发生在芯片侧。

③ PCB 基板侧和芯片侧同时出现钎料体疲劳裂纹。

焊点钎料疲劳失效是由于工作环境中存在着随机振动、正弦振动、载荷冲击、温度冲击与循环等的周期性循环外力作用的结果。这种环境条件是普遍存在的，特别是在航天、航空、航海、车载等电子产品中尤为明显。

表面贴装器件，焊点承担了电气的、热学的及机械连接等多重作用，并且一直是可靠性的薄弱环节。焊点受损原因以热循环诱发最为常见，而徐变和应力松弛则是循环受损的主因。材料徐变一般在温度高于绝对熔化温度的 0.6 倍（$T_k/T_{km}>0.6$）时出现。

2．钎料疲劳失效机理

焊点因热循环受损的常见原因如下：

器件与 PCB 间的整体 CTE 失配，诱发各种应力；器件和 PCB 在厚度方向与表面区域出现温度梯度；附着于元器件与 PCB 之间的钎料局部 CTE 失配。

减少元器件与 PCB 的 CTE 失配，即减少热循环受损情况。对带外部引脚的表面贴装元器件来说，柔性的引脚已使 CTE 失配问题有所缓解。而面阵列封装中球的刚性给可靠性带来了不利的影响。实验表明，BGA 的故障不是出现在球与封装之间，就是出现在球与 PCB 焊盘之间。

与界面失效相反，所有这些失效的焊点主要是由于钎料疲劳引发的。对其余的封装做类似的金相切片分析，结果均一样。

三、张力载荷引起蠕变断裂

1．张力载荷引起蠕变断裂的特征

张力载荷引起蠕变断裂的特征是：裂缝或断裂面通常都发生在截面面积比较小、抗拉强度最脆弱的横断面上，有的甚至还发生在焊盘铜箔与 PCB 基材之间。

2．张力载荷引起蠕变断裂机理

对大多数便携式电子产品，如移动电话、呼机、PDA 等，相对于环境温度的变化都不是非常严酷的，且其极限温度范围也较小，使用寿命也相对较短（3 ~ 5 年）。因此，在此类产品中，焊点通常不会因热循环而失效，相反，PCB 的弯曲将是失效的主要原因。

四、弯曲试验常见的失效

PCB 的局部弯曲可能引起蠕变断裂，蠕变断裂可能发生在产品工厂组装后的几天甚至几年之后。失效的形成原因是：

（1）安装结构缺陷。造成弯曲也许只是因为一个将 PCB 固定到机箱上的螺钉，由于张力载荷分致焊点钎料蠕变，在固定螺钉附近的元器件的焊点会逐渐失效并最终断裂。

（2）按键压力引起弯曲而导致焊点失效。PCB 弯曲时焊点失效的发生是因为按键压力的作用，人多数产品都是将键盘区和 PCB 上的镀金部分相联系。每次，当一个键被压下时，PCB 就将会发生变形，变形的幅度和在焊点上产生的应力，取决于产品的整体机械设计。在一个移动电话的筹命期内，由于按键导致的 PCB 弯曲的次数可能会达到几十万次。

（3）应力过大产生焊点疲劳失效。第三种弯曲失效机理发生在便携式产品掉到地上时，导致 PCB 剧烈振动，在元器件焊点上引起应力，严重时由于应力过大或焊点疲劳而产生失效。随着细间距球栅阵列封装（BGA）和芯片级封装（CSP）的普遍应用，PCB 的弯曲成了便携式产品可靠性的关键因素。因此，人们不得不采用环氧树脂黏结剂，对上述封装器件进行底部填充来提高可靠性，抑制焊点失效。

参考文献

［1］吴九辅．电子装联技术［M］．陕西科学技术出版社，1991.

［2］李晓麟．实用电子装联技术（10）［J］．电子工艺技术，2002，24（5）：42–44.

［3］喻波．浅析我国电子装联技术的发展［J］．军民两用技术与产品，2014（19）.

［4］倪靖伟，汪方宝．电子装联技术对产品可靠性的影响［C］．中国电子制造技术论坛．2006.

［5］帅小兵．电子装联技术工艺规范分析［J］．电子技术与软件工程，2014（19）：118–118.

［6］陈炳伟．无铅焊接在电子装联技术中的应用［J］．科技经济市场，2007（5）：192–193.

［7］何良松．电子装联技术工艺规范分析［J］．工业 b，2016（7）：00231.

［8］齐成．电子装联技术中焊膏的网印技术要点［J］．网印工业，2010（5）：39–40.

［9］陈正浩．电子装联可制造性设计［J］．电子工艺技术，2006，27（3）：177–181.

［10］樊融融．现代电子装联再流焊接技术［M］．电子工业出版社，2009.

［11］鲜飞．波峰焊接工艺技术的研究［J］．电子工业专用设备，2005，18（12）：196–199.

［12］李海宁，纪茂峰．液压支架焊接工艺装备现状与自动化焊接技术解决方案［J］．煤矿机械，2006，27（5）：825–826.

［13］於朋，王少锋，胡松青．长输管道全自动焊接工艺技术研究［J］．青岛大学学报（工程技术版），2014，29（1）：115–119.

［14］李明智，原孝贞．浅谈焊接技术的发展及焊接工艺的基本原理［J］．应用能源技术，2008（7）：16–18.

［15］王大志．焊接技术与焊接工艺问答［M］．机械工业出版社，2007.

［16］施喆文．混装电路板焊接工艺技术探讨［J］．电子工艺技术，2002，23（2）：59-62.

［17］于敏利．机器人全自动双丝焊接工艺技术［J］．新技术新工艺，2010（2）：89-91.

［18］亓树成，袁歌，阙庭丽，等．免补口防腐不锈钢环焊接工艺技术［J］．油气田地面工程，2017，36（9）：83-85.

［19］李孝轩，胡永芳，禹胜林，等．倒装芯片焊接工艺技术研究［C］．电子机械与微波结构工艺学术会议．2008.

［20］陈阳．钛合金焊接工艺技术研究［J］．山东工业技术，2017（18）：26.